现代数学基础

65 Hilbert 空间上的广义逆算子与 Fredholm 算子

■ 海国君　阿拉坦仓

高等教育出版社·北京

图书在版编目（CIP）数据

Hilbert 空间上的广义逆算子与 Fredholm 算子／海国君，阿拉坦仓编著．－－北京：高等教育出版社，2018.9
ISBN 978-7-04-050549-8

Ⅰ.①H… Ⅱ.①海… ②阿… Ⅲ.①希尔伯特空间－逆算子②弗雷德霍姆算子 Ⅳ.①O177.1

中国版本图书馆 CIP 数据核字（2018）第 206542 号

Hilbert 空间上的广义逆算子与 Fredholm 算子
HILBERT KONGJIAN SHANG DE GUANGYI NISUANZI YU FREDHOLM SUANZI

策划编辑	吴晓丽	责任编辑	吴晓丽	封面设计	张　楠	版式设计	张　杰
责任校对	李大鹏	责任印制	毛斯璐				

出版发行	高等教育出版社	网　　址	http://www.hep.edu.cn
社　　址	北京市西城区德外大街4号		http://www.hep.com.cn
邮政编码	100120	网上订购	http://www.hepmall.com.cn
印　　刷	高教社（天津）印务有限公司		http://www.hepmall.com
开　　本	787mm×1092mm　1/16		http://www.hepmall.cn
印　　张	16		
字　　数	330 千字	版　次	2018 年 9 月第 1 版
购书热线	010-58581118	印　次	2018 年 9 月第 1 次印刷
咨询电话	400-810-0598	定　价	59.00元

本书如有缺页、倒页、脱页等质量问题，请到所购图书销售部门联系调换
版权所有　侵权必究
物料号　50549-00

前　　言

　　法国数学家 Dieudonné 在《*History of Functional Analysis*》中提及 "泛函分析" 的狭义概念: 泛函分析主要是研究拓扑向量空间和满足若干代数及拓扑性质的、从一个拓扑向量空间到另一个拓扑向量空间的映射 (见 [11]). 由此看出泛函分析主要研究对象是空间和映射. 通常, 无穷维空间中的映射又称算子. 在无穷维空间上算子理论的研究可追溯到 20 世纪初 Fredholm, Hilbert 和 Riesz 等人的有关积分方程[①]的工作. 经过半个世纪的发展, 在 20 世纪 50 年代, 算子理论成为独立的数学分支. 随后, 算子理论与其他数学分支相互渗透并影响, 在微分方程、概率论乃至计算数学、最优化理论和控制理论等数学分支中都有着重要的应用, 成为弹性力学、电磁场理论和量子场理论等学科中的重要研究工具.

　　本书以 Hilbert 空间上的有界线性算子为主线, 着重介绍了有界线性算子的基本知识, 包括广义逆算子和 Fredholm 算子的基本性质等. 作者撰写本书有两个目标: 一是试图弥补缺少算子广义逆和 Fredholm 算子方面中文教材或专著的遗憾. 虽然国外学者 Nashed [28], Campbell [5], Taylor [35] 和 Aiena [1, 2] 等人较全面地介绍过算子广义逆和 Fredholm 算子的有关结论, 但是这方面的中文专著较少. 在 Fredholm 算子方面, 关肇直、张恭庆、童裕孙等前辈们做过简单的介绍 [18, 36]. 二是为本方向的研究生提供较为适当的算子理论教材或参考书. 因为研究生来自全国各大高等院校, 其泛函分析尤其是算子理论的基础参差不齐, 有些在本科期间学过泛函分析并具备了一定的算子理论基础; 而有些未曾接触过算子理论甚至泛函分析. 因此, 作者采用从简单到复杂、从基础理论到前沿科学的思路, 尽量以简洁明快的语言介绍算子理论的相关知识, 试图撰写一本既通俗易懂又能触及前沿科学的算子理论教材. 所以, 本书在编排上注重循序渐进的学习过程, 从有限维空间

[①] 1888 年, P. du Bois-Reymond 研究 Dirichlet 问题时首次用了 "积分方程" 的名称 (见 [4]).

引进无穷维空间、从矩阵性质讲到有界线性算子的谱理论、从可逆性延伸到广义逆以及 Fredholm 算子, 努力做到使感兴趣的读者通过这本书可以学习或了解到算子理论的基本知识以及某些前沿问题. 本书可作为数学专业研究生或高年级本科生的教材或参考书, 也可供相关专业的教师或科研人员参考.

本书共有八章, 内容包括 Hilbert 空间理论、有界线性算子的谱、算子广义逆以及 Fredholm 算子理论等. 第一章主要介绍了 Hilbert 空间及其基本性质. 从有限维空间入手, 把其相关的性质推广到 ℓ_2 空间上, 从而引进了无穷维 Hilbert 空间的概念, 试图揭示有限维空间和无穷维空间的共同点以及区别. 此外, 还讨论了 Hilbert 空间的正交分解定理、标准正交基以及可分性等. 第二章和第三章介绍了有界线性算子及其谱理论. 先从有限维空间上的矩阵抽象出有界线性算子的定义, 进而讨论了线性算子的连续性与有界性的关系、有界线性算子的矩阵表示、升标、降标、投影算子以及共轭算子等的基本性质. 最后讨论了线性算子的可逆性, 从而引出谱的定义. 再依据可逆性所满足的各种条件, 将谱集分类, 进一步研究了谱的相关性质. 第四章和第五章讨论了具有特殊性质的有界线性算子. 着重介绍了正常算子、自共轭算子、部分等距算子、紧算子、Hilbert-Schmidt 算子、迹类算子及其相关的性质. 此外, 还介绍了算子极分解定理. 第六章介绍算子广义逆, 主要讨论了内逆、外逆、广义逆、Moore-Penrose 逆和 Drazin 逆等的存在性问题以及所满足的基本性质. 另外, 讨论了这些广义逆之间的关系以及乘积算子之广义逆的表示等问题. 最后, 第七章和第八章介绍了 Fredholm 算子、Weyl 算子以及 Browder 算子及其相关的性质. 重点讨论了 Fredholm 算子、Weyl 算子以及 Browder 算子的基本性质和扰动定理等. 本书最后还讨论了本质谱、Weyl 谱和 Browder 谱等的基本性质. 本书中所用到的研究方法是常规的, 但是通过学习本书, 读者不但掌握相关知识而且还可以研究广义逆和 Fredholm 算子理论中的某些前沿问题, 如广义逆的表示问题、Weyl 定理和 Browder 定理等. 当然, 关于广义逆和 Fredholm 算子理论方面还有很多前沿内容, 但考虑到本书的篇幅和研究方法之限制, 未能在此一一讨论. 相信感兴趣的读者可以自行学习.

在本书写作期间得到了内蒙古大学无穷维 Hamilton 系统研究中心的各位老师和同学们的大力支持和帮助. 黄俊杰教授、侯国林教授、吴德玉教授和额布日力吐教授在繁忙的教学科研之余, 仔细审读了书稿并提出了宝贵的意见和建议; 本方向的研究生做了本书的校对工作, 对此作者表示衷心感谢! 感谢内蒙古大学数学科学学院和呼和浩特民族学院的各位领导和全体同事, 他们所提供的轻松愉快的工作环境, 保证了本书的撰写进度. 两位作者的家人始终全力支持作者的科研事业, 为作者营造了温馨的家庭氛围, 谨以此书献给她们. 本书的研究内容得到了国家自然科学基金 (批准号: 11761052, 11761029, 11371185) 的资助.

由于时间仓促, 加上编者水平所限, 谬误和不当之处敬请专家和读者批评指正!

海国君　阿拉坦仓

2017 年 9 月

于呼和浩特

目 录

第一章　Hilbert 空间 ·· **1**
　§1.1　$\mathbb{C}^n$ 空间 ··· 1
　§1.2　ℓ_2 空间 ··· 5
　§1.3　Hilbert 空间 ··· 7
　§1.4　正交分解 ··· 12
　§1.5　正交基 ··· 15
　§1.6　可分 Hilbert 空间 ··· 20

第二章　Hilbert 空间上的有界线性算子 ································ **23**
　§2.1　定义及例子 ··· 23
　§2.2　连续性 ··· 27
　§2.3　有界线性算子的矩阵表示 ··· 32
　§2.4　升标和降标 ··· 36
　§2.5　投影算子 ··· 43
　§2.6　共轭算子 ··· 47
　§2.7　不变子空间 ··· 53
　§2.8　有界线性算子的算子矩阵表示 ··· 54

第三章　有界线性算子的谱 ································ **63**
　§3.1　可逆性 ··· 63
　§3.2　有界线性算子的谱 ··· 69

§3.3 预解式 ··· 72
§3.4 谱半径 ··· 76
§3.5 谱映射定理 ··· 83
§3.6 点谱、连续谱和剩余谱 ·· 84
§3.7 近似点谱和压缩谱 ··· 88
§3.8 左谱和右谱 ··· 94

第四章 正常算子、部分等距算子以及极分解 97

§4.1 正常算子 ··· 97
§4.2 自共轭算子 ··· 102
§4.3 正算子 ··· 105
§4.4 部分等距算子 ··· 115
§4.5 极分解 ··· 119

第五章 紧算子及其谱 127

§5.1 紧算子 ··· 127
§5.2 弱收敛与紧性 ··· 131
§5.3 Hilbert-Schmidt 算子 ··· 137
§5.4 迹类算子 ··· 141
§5.5 紧算子的谱 ··· 148
§5.6 紧算子的标准型 ··· 154

第六章 算子广义逆 161

§6.1 内逆和外逆 ··· 162
§6.2 广义逆 ··· 166
§6.3 Moore-Penrose 逆 ··· 169
§6.4 Drazin 逆 ··· 172
§6.5 乘积算子的广义逆 ··· 186

第七章 Fredholm 算子理论 193

§7.1 约化最小模 ··· 193
§7.2 Fredholm 算子 ··· 196
§7.3 Fredholm 算子的扰动理论 ··· 204
§7.4 Weyl 算子 ··· 208
§7.5 Browder 算子 ··· 213

第八章　本质谱理论的简介 ·············· 223
§8.1　本质谱 ·············· 223
§8.2　Weyl 谱 ·············· 228
§8.3　Browder 谱 ·············· 230

参考文献 ·············· 235

主要符号表 ·············· 239

索引 ·············· 241

则 $\alpha \in \mathbb{C}$ 并且

$$\begin{aligned}
0 &\leqslant (x - \alpha y, x - \alpha y) \\
&= (x, x) - \overline{\alpha}(x, y) - \alpha(y, x) + |\alpha|^2 (y, y) \\
&= (x, x) - \frac{(y, x)}{(y, y)}(x, y) - \frac{(x, y)}{(y, y)}(y, x) + \left|\frac{(x, y)}{(y, y)}\right|^2 (y, y) \\
&= \|x\|^2 - \frac{|(x, y)|^2}{\|y\|^2}.
\end{aligned}$$

因此

$$|(x, y)| \leqslant \|x\|\|y\|.$$

另一方面, 当 x 和 y 均为非零向量时, 等式

$$|(x, y)| = \|x\|\|y\|$$

成立当且仅当

$$(x - \alpha y, x - \alpha y) = 0,$$

即

$$x = \alpha y.$$

$\square$

注 1.1.1 对 $x = (|x_1|, |x_2|, \cdots, |x_n|)$ 和 $y = (|y_1|, |y_2|, \cdots, |y_n|)$ 应用 Cauchy-Schwarz 不等式即得

$$\sum_{i=1}^{n} |x_i y_i| \leqslant \left(\sum_{i=1}^{n} |x_i|^2\right)^{\frac{1}{2}} \left(\sum_{i=1}^{n} |y_i|^2\right)^{\frac{1}{2}}.$$

根据 Cauchy-Schwarz 不等式可得如下常用的不等式.

定理 1.1.2 设 x 和 y 是 $\mathbb{C}^n$ 中的两个向量. 则

$$|\|x\| - \|y\|| \leqslant \|x + y\| \leqslant \|x\| + \|y\|.$$

证 一方面, 由 Cauchy-Schwarz 不等式可知

$$\begin{aligned}
\|x + y\|^2 &= (x + y, x + y) \\
&= (x + y, x) + (x + y, y) \\
&\leqslant \|x + y\|\|x\| + \|x + y\|\|y\|.
\end{aligned}$$

于是

$$\|x + y\| \leqslant \|x\| + \|y\|.$$

另一方面, 利用上面不等式可得

$$\|x\| = \|(x+y) - y\|$$
$$\leqslant \|x+y\| + \|y\|,$$

即

$$\|x\| - \|y\| \leqslant \|x+y\|.$$

同样可证

$$\|y\| - \|x\| \leqslant \|x+y\|.$$

因此

$$|\|x\| - \|y\|| \leqslant \|x+y\|.$$

□

通常, 不等式

$$\|x+y\| \leqslant \|x\| + \|y\|$$

称为三角不等式; 以 $\|x-y\|$ 表示 $\mathbb{C}^n$ 中元素 x 和 y 的距离.

数学分析中提过实数集 $\mathbb{R}$ 是完备的, 即 $\mathbb{R}$ 中的任意 Cauchy 列都收敛. 类似性质对 n 维空间 $\mathbb{C}^n$ 也成立.

定理 1.1.3 设 $\{x_k\}$ 是 $\mathbb{C}^n$ 中的序列. 如果

$$\|x_k - x_m\| \to 0 \ (k, m \to \infty),$$

则存在 $x_0 \in \mathbb{C}^n$ 使得

$$\|x_k - x_0\| \to 0 \ (k \to \infty).$$

证 设 $x_k = (x_1^{(k)}, x_2^{(k)}, \cdots, x_n^{(k)})$. 当 $j = 1, 2, \cdots, n$ 时,

$$\left|x_j^{(k)} - x_j^{(m)}\right| \leqslant \|x_k - x_m\| \to 0 \ (k, m \to \infty).$$

因此, 对每一个 j, $\{x_j^{(k)}\}_{k=1}^\infty$ 是复平面上的 Cauchy 列, 进而存在 $x_j^{(0)} \in \mathbb{C}$ 使得

$$\left|x_j^{(k)} - x_j^{(0)}\right| \to 0 \ (k \to \infty).$$

令 $x_0 = (x_1^{(0)}, x_2^{(0)}, \cdots, x_n^{(0)})$. 则 $x_0 \in \mathbb{C}^n$ 且

$$\|x_k - x_0\|^2 = \left|x_1^{(k)} - x_1^{(0)}\right|^2 + \left|x_2^{(k)} - x_2^{(0)}\right|^2 + \cdots + \left|x_n^{(k)} - x_n^{(0)}\right|^2.$$

所以

$$\|x_k - x_0\| \to 0 \ (k \to \infty).$$

□

§1.2 ℓ_2 空间

空间 $\mathbb{C}^n$ 上定义内积之后, $\mathbb{C}^n$ 具有实数 $\mathbb{R}$ 或平面 $\mathbb{R}^2$ 类似的性质, 如向量的范数、两点的距离以及三角不等式等. 那 $\mathbb{C}^n$ 怎么推广? 很自然的想法是 n 维向量 $(x_1, x_2, \cdots, x_n)$ 推广到无穷数组 $(x_1, x_2, x_3, \cdots)$ 上.

考虑 $x = (x_1, x_2, x_3, \cdots)$, $y = (y_1, y_2, y_3, \cdots)$ 和 $\alpha \in \mathbb{C}$. 定义

$$x + y = (x_1 + y_1, x_2 + y_2, x_3 + y_3, \cdots), \tag{1.2.1}$$

$$\alpha x = (\alpha x_1, \alpha x_2, \alpha x_3, \cdots). \tag{1.2.2}$$

在 $\sum\limits_{i=1}^{\infty} |x_i|^2$ 和 $\sum\limits_{i=1}^{\infty} |y_i|^2$ 收敛的前提下, 由注 1.1.1 可得

$$\begin{aligned}\sum_{i=1}^{n} |x_i y_i| &\leqslant \left(\sum_{i=1}^{n} |x_i|^2\right)^{\frac{1}{2}} \left(\sum_{i=1}^{n} |y_i|^2\right)^{\frac{1}{2}} \\ &\leqslant \left(\sum_{i=1}^{\infty} |x_i|^2\right)^{\frac{1}{2}} \left(\sum_{i=1}^{\infty} |y_i|^2\right)^{\frac{1}{2}} \\ &< +\infty,\end{aligned}$$

因此, 无穷级数

$$\sum_{i=1}^{\infty} x_i \overline{y_i}$$

是收敛的. 此时, 我们可定义 x 和 y 的内积

$$(x, y) = \sum_{i=1}^{\infty} x_i \overline{y_i} = x_1 \overline{y_1} + x_2 \overline{y_2} + x_3 \overline{y_3} + \cdots, \tag{1.2.3}$$

以及 x 的范数

$$\|x\| = \sqrt{(x, x)} = \left(\sum_{i=1}^{\infty} |x_i|^2\right)^{\frac{1}{2}}. \tag{1.2.4}$$

显然,

$$|(x, y)| \leqslant \|x\| \|y\|.$$

用 ℓ_2 表示满足条件 $\sum\limits_{i=1}^{\infty} |x_i|^2 < \infty$ 的所有数列 $(x_1, x_2, x_3, \cdots)$ 之集. 集合 ℓ_2 在上述定义的加法运算 (1.2.1) 和数乘运算 (1.2.2) 下构成一个线性空间.

空间 ℓ_2 中按 (1.2.3) 和 (1.2.4) 定义内积和范数. 不难验证, ℓ_2 上定义的内积满足 §1.1 中列出的性质 (i)—(iv). 另外, 上面不等式说明: ℓ_2 中 Cauchy-Schwarz

不等式成立, 从而推出

$$\bigl|\|x\| - \|y\|\bigr| \leqslant \|x+y\| \leqslant \|x\| + \|y\|.$$

与 $\mathbb{C}^n$ 类似, 空间 ℓ_2 还有一个重要的性质, 即 ℓ_2 的完备性.

定理 1.2.1 设 $\{x_n\}$ 是 ℓ_2 中的向量列且满足 $\|x_m - x_n\| \to 0 \ (m,n \to \infty)$. 则存在 ℓ_2 中的元素 x_0 使得 $\|x_n - x_0\| \to 0 \ (n \to \infty)$.

证 设 $x_n = (x_1^{(n)}, x_2^{(n)}, x_3^{(n)}, \cdots)$. 类似于定理 1.1.3 的证明, 对每个 i, 存在 $x_i^{(0)} \in \mathbb{C}$ 使得 $\lim\limits_{n\to\infty} x_i^{(n)} = x_i^{(0)}$. 令 $x_0 = (x_1^{(0)}, x_2^{(0)}, x_3^{(0)}, \cdots)$. 下面证明 $x_0 \in \ell_2$ 且 $\|x_n - x_0\| \to 0 \ (n \to \infty)$.

注意

$$\bigl|\|x_n\| - \|x_m\|\bigr| \leqslant \|x_n - x_m\|,$$

结合

$$\|x_m - x_n\| \to 0 \ (m,n \to \infty)$$

即得 $\{\|x_n\|\}$ 是 $\mathbb{R}$ 中的 Cauchy 列, 从而有界. 故存在 $M > 0$ 使得

$$\|x_n\| \leqslant M \ (n = 1, 2, \cdots).$$

于是, 对任意的正整数 j 我们有

$$\begin{aligned}
\sum_{i=1}^{j} \left|x_i^{(0)}\right|^2 &= \lim_{n\to\infty} \sum_{i=1}^{j} \left|x_i^{(n)}\right|^2 \\
&\leqslant \lim_{n\to\infty} \|x_n\|^2 \\
&\leqslant M^2.
\end{aligned}$$

令 $j \to \infty$, 则

$$\sum_{i=1}^{\infty} \left|x_i^{(0)}\right|^2 \leqslant M^2 < \infty,$$

即 $x_0 \in \ell_2$.

下面证明 $\|x_n - x_0\| \to 0 \ (n \to \infty)$. 由于 $\|x_m - x_n\| \to 0 \ (m,n \to \infty)$, 于是对任给的 $\varepsilon > 0$, 存在正整数 N, 使得 $n, m > N$ 时,

$$\|x_n - x_m\| < \varepsilon.$$

故, 对任意的正整数 p 有

$$\sum_{i=1}^{p} \left|x_i^{(n)} - x_i^{(m)}\right|^2 \leqslant \|x_n - x_m\|^2 < \varepsilon^2.$$

固定 $n > N$, 令 $m \to \infty$, 则由 $\lim\limits_{m \to \infty} x_i^{(m)} = x_i^{(0)}$ $(i = 1, 2, \cdots)$ 可知

$$\sum_{i=1}^{p} \left| x_i^{(n)} - x_i^{(0)} \right|^2 = \lim_{m \to \infty} \sum_{i=1}^{p} \left| x_i^{(n)} - x_i^{(m)} \right|^2 < \varepsilon^2.$$

再令 $p \to \infty$ 即得

$$\|x_n - x_0\|^2 = \sum_{i=1}^{\infty} \left| x_i^{(n)} - x_i^{(0)} \right|^2 < \varepsilon^2.$$

因此, 当 $n > N$ 时

$$\|x_n - x_0\| < \varepsilon,$$

即

$$\|x_n - x_0\| \to 0 \ (n \to \infty).$$

$\square$

§1.3　Hilbert 空间

空间 $\mathbb{C}^n$ 和 ℓ_2 中, 我们均定义了内积 (x, y), 其满足 §1.1 中的性质 (i)—(iv). 其他线性空间中能否定义内积使其满足 §1.1 中的性质 (i)—(iv)? 为此, 本节介绍 Hilbert 空间.

前两节我们提过集合 $\mathbb{C}^n$ 和 ℓ_2 在对应的加法和数乘运算下构成一个线性空间. 现在给出加法和数乘运算以及线性空间的定义.

定义 1.3.1　设 $\mathcal{X}$ 是非空集合, $\mathbb{F}$ 为 $\mathbb{C}$ 或 $\mathbb{R}$. 对 $x \in \mathcal{X}$ 和 $y \in \mathcal{X}$, 定义加法运算 $x + y$, 其满足

(i) $x + y = y + x$;
(ii) $(x + y) + z = x + (y + z)$;
(iii) $\mathcal{X}$ 中存在唯一的元素 0(称为零元素) 使得每一个 $x \in \mathcal{X}$ 有 $x + 0 = x$;
(iv) 对 $x \in \mathcal{X}$ 存在唯一元素 $-x$ 使得 $x + (-x) = 0$.

对 $x \in \mathcal{X}$ 和 $\alpha \in \mathbb{F}$, 定义数乘运算 αx, 其满足

(v) $\alpha(x + y) = \alpha x + \alpha y$;
(vi) $(\alpha + \beta) x = \alpha x + \beta x$;
(vii) $1 \cdot x = x$;
(viii) $0 \cdot x = 0$.

如果对任意的 $x \in \mathcal{X}, y \in \mathcal{X}$ 和 $\alpha \in \mathbb{F}$, $x + y$ 和 αx 均为 $\mathcal{X}$ 中的元素, 则称集合 $\mathcal{X}$ 为 $\mathbb{F}$ 上的线性空间, 或简称为线性空间.

容易看出 $\alpha \cdot 0 = 0$, $-1 \cdot x = -x$ 且 $0 \in \mathcal{X}$. 通常, $x + (-y)$ 简记为 $x - y$.

定义 1.3.1 中, 如果 $\mathbb{F} = \mathbb{R}$, 称 $\mathcal{X}$ 为实线性空间. 如果 $\mathbb{F} = \mathbb{C}$, 称 $\mathcal{X}$ 为复线性空间. 此外, 有些书上, 把线性空间称为向量空间, 元素称为向量或点.

设 $\mathcal{M}$ 是 $\mathcal{X}$ 的子集. 如果 $\mathcal{M}$ 满足下面两个条件, 则 $\mathcal{M}$ 称为 $\mathcal{X}$ 的子空间:

(i) 如果 $x \in \mathcal{M}$ 且 $y \in \mathcal{M}$, 则 $x + y \in \mathcal{M}$;

(ii) 如果 $\alpha \in \mathbb{F}$ 且 $x \in \mathcal{M}$, 则 $\alpha x \in \mathcal{M}$.

容易看出, 线性空间的子集合未必是子空间, 那包含该子集的最小子空间怎么刻画? 为此, 我们引进生成子空间的概念.

考虑空间 $\mathcal{X}$ 的子集 $\mathcal{S}$. 令 $\mathcal{M}$ 为 $\mathcal{S}$ 的所有有限个元素的线性组合之全体, 即

$$\mathcal{M} = \left\{ \sum_{i=1}^{k} \alpha_k u_k : u_1, u_2, \cdots, u_k \in \mathcal{S}, \alpha_1, \alpha_2, \cdots, \alpha_k \in \mathbb{F}, k \text{ 为正整数} \right\}.$$

不难验证 $\mathcal{M}$ 是 $\mathcal{X}$ 子空间且 $\mathcal{S} \subseteq \mathcal{M}$. $\mathcal{M}$ 称为由 $\mathcal{S}$ 生成的子空间, 记 $\mathcal{M} = \operatorname{span} \mathcal{S}$. 可以证明, $\mathcal{M}$ 是包含 $\mathcal{S}$ 的所有子空间的交集, 是包含 $\mathcal{S}$ 的最小子空间.

下面介绍空间的基和维数的定义, 这是空间理论中最重要的概念. 设 $x_1, x_2, \cdots, x_n$ 为线性空间 $\mathcal{X}$ 中的向量组. 如果存在非零常数 $\alpha_1, \alpha_2, \cdots, \alpha_n$ 使得

$$\alpha_1 x_1 + \alpha_2 x_2 + \cdots + \alpha_n x_n = 0,$$

则 $x_1, x_2, \cdots, x_n$ 称为线性相关的. 如果 $x_1, x_2, \cdots, x_n$ 不是线性相关的, 则称其为线性无关的. 如果 $x_1, x_2, \cdots, x_n$ 为线性无关的且

$$\mathcal{X} = \operatorname{span}\{x_1, x_2, \cdots, x_n\},$$

则称 $x_1, x_2, \cdots, x_n$ 为空间 $\mathcal{X}$ 的基, n 称为 $\mathcal{X}$ 的维数, 记 $\dim \mathcal{X} = n$. 此时, $\mathcal{X}$ 称为 n 维空间.

设 $\mathcal{S}$ 是 $\mathcal{X}$ 的无穷子集. 如果 $\mathcal{S}$ 的任意有限个向量均为线性无关的, 则称 $\mathcal{S}$ 为线性无关的. 如果空间 $\mathcal{X}$ 中含有无穷多个线性无关的向量, 则称 $\mathcal{X}$ 为无穷维空间.

例 1.3.1 $\mathbb{C}^n$ 是 n 维线性空间. 事实上, 令 $e_i = (0, 0, \cdots, 0, 1, 0, \cdots, 0)$ 为第 i 个分量为 1, 其他分量为 0 的 n 维向量, $i = 1, 2, \cdots, n$. 可验证 $\mathbb{C}^n = \operatorname{span}\{e_1, e_2, \cdots, e_n\}$. 因此, $e_1, e_2, \cdots, e_n$ 是 $\mathbb{C}^n$ 的基, 进而 $\mathbb{C}^n$ 是 n 维线性空间.

例 1.3.2 ℓ_2 是无穷维线性空间. 用 $e_i = (0, 0, \cdots, 0, 1, 0, \cdots)$ 表示 ℓ_2 中第 i 个分量为 1, 其他分量为 0 的元素, $i = 1, 2, \cdots$. 不难证明 $\{e_1, e_2, \cdots\}$ 为线性无关的向量组. 因此, ℓ_2 是无穷维空间.

我们在线性空间 $\mathbb{C}^n$ 和 ℓ_2 上定义了一种运算, 即内积. 那么, 抽象的线性空间上怎么引进内积?

定义 1.3.2 设 $\mathcal{X}$ 是复线性空间. 在 $\mathcal{X} \times \mathcal{X}$ 上定义一个复值函数 $(\cdot, \cdot)$: $\mathcal{X} \times \mathcal{X} \to \mathbb{C}$ 使得对任意的 $x, y, z \in \mathcal{X}$ 以及 $\alpha \in \mathbb{C}$ 有

(i) $(x, x) \geqslant 0$; $(x, x) = 0$ 当且仅当 $x = 0$;

§1.3 Hilbert 空间

(ii) $(x,y) = \overline{(y,x)}$;
(iii) $(\alpha x, y) = \alpha(x,y)$;
(iv) $(x+y, z) = (x,z) + (y,z)$.

函数 $(\cdot, \cdot)$ 称为 $\mathcal{X}$ 上的一个内积, 而定义内积的空间 $\mathcal{X}$ 称为内积空间.

设 $\mathcal{X}$ 为内积空间. 对任意 $x, y \in \mathcal{X}$, 称 $\|x\| = \sqrt{(x,x)}$ 为 x 的范数; $\|x-y\|$ 为 x 和 y 的距离. 范数等于 1 的向量称为单位向量. 类似于定理 1.1.1 和 1.1.2 的证明方法可得

(i) Cauchy-Schwarz 不等式: $|(x,y)| \leqslant \|x\|\|y\|$, $|(x,y)| = \|x\|\|y\|$ 当且仅当存在 $\alpha \in \mathbb{C}$ 使得 $x = \alpha y$;
(ii) 三角不等式: $\|x+y\| \leqslant \|x\| + \|y\|$;
(iii) $|\|x\| - \|y\|| \leqslant \|x+y\|$.

习题 1.1 设 $\mathcal{X}$ 为内积空间. 如果 $x, y \in \mathcal{X}$, 则

$$\|x+y\| = \|x\| + \|y\|$$

当且仅当存在常数 t 使得

$$x = ty.$$

习题 1.2 设 $\mathcal{X}$ 为内积空间, x 和 y 是 $\mathcal{X}$ 中的任意元素. 则

$$\|x+y\|^2 + \|x-y\|^2 = 2(\|x\|^2 + \|y\|^2).$$

上面等式称为平行四边形法则. 如果 $\mathcal{X}$ 是复内积空间, 则

$$(x,y) = \frac{1}{4}(\|x+y\|^2 - \|x-y\|^2 + \mathrm{i}\|x+\mathrm{i}y\|^2 - \mathrm{i}\|x-\mathrm{i}y\|^2).$$

如果 $\mathcal{X}$ 是实内积空间, 则

$$(x,y) = \frac{1}{4}(\|x+y\|^2 - \|x-y\|^2).$$

上面两个等式分别称为复或实的极化恒等式.

在解析几何中, 两个向量为正交向量当且仅当其数量积为零, 而在直角坐标系下数量积即为内积. 因此可用内积刻画向量的正交性. 这一思路可推广到内积空间中. 设 $\mathcal{X}$ 为内积空间. 如果 $x, y \in \mathcal{X}$ 且 $(x,y) = 0$, 则称 x 和 y 为正交的 (或垂直的), 记 $x \perp y$. 不难看出, 对任意的 $x \in \mathcal{X}$ 有 $x \perp 0$. 此外, $x \perp y$ 当且仅当 $y \perp x$. 如果 $x \perp y$, 直接计算可得所谓的 "勾股定理":

$$\|x+y\|^2 = \|x\|^2 + \|y\|^2.$$

设 $\mathcal{X}$ 为内积空间, $\{x_n\}$ 是 $\mathcal{X}$ 中的点列且 $x \in \mathcal{X}$. 如果

$$\lim_{n \to \infty} \|x_n - x\| = 0,$$

则称 $\{x_n\}$ 收敛到 x, 记 $x_n \to x \ (n \to \infty)$ 或 $\lim_{n\to\infty} x_n = x$. 如果点列 $\{x_n\}$ 满足
$$\|x_n - x_m\| \to 0 \ (n, m \to \infty),$$
则称 $\{x_n\}$ 为 Cauchy 列.

定理 1.3.1 设 $\mathcal{X}$ 是内积空间, x 和 y 为 $\mathcal{X}$ 中的元素. 如果 $\mathcal{X}$ 中的点列 $\{x_n\}$ 和 $\{y_n\}$ 分别收敛到 x 和 y, 则
$$\lim_{n\to\infty}(x_n, y_n) = (x, y),$$
即内积 (x, y) 是 x 和 y 的连续函数.

证 由于 y_n 收敛到 y, 因此
$$|\|y_n\| - \|y\|| \leqslant \|y_n - y\| \to 0 \ (n \to \infty),$$
即
$$\lim_{n\to\infty} \|y_n\| = |y|.$$
故 $\{\|y_n\|\}$ 为收敛数列, 从而
$$\begin{aligned}|(x_n, y_n) - (x, y)| &= |(x_n, y_n) + (x, y_n) - (x, y_n) - (x, y)| \\ &= |(x_n - x, y_n) + (x, y_n - y)| \\ &\leqslant \|x_n - x\|\|y_n\| + \|x\|\|y_n - y\| \\ &\longrightarrow 0 \ (n \to \infty).\end{aligned}$$
所以
$$\lim_{n\to\infty}(x_n, y_n) = (x, y).$$
□

习题 1.3 设 $\{x_n\}$ 是 $\mathcal{X}$ 中的收敛数列, 则 $\|\lim_{n\to\infty} x_n\| = \lim_{n\to\infty} \|x_n\|$. 换言之, 内积空间上的范数 $\|\cdot\|$ 是连续的.

定义 1.3.3 设 $\mathcal{H}$ 是内积空间. 如果 $\mathcal{H}$ 中的任意 Cauchy 列 $\{x_n\}$ 都在 $\mathcal{H}$ 中收敛, 即存在 $x \in \mathcal{H}$ 使得 $x_n \to x \ (n \to \infty)$, 则称 $\mathcal{H}$ 为 Hilbert 空间(又称完备的内积空间).

例 1.3.3 $\mathbb{C}^n$ 和 ℓ_2 均为 Hilbert 空间. 实际上, 由定理 1.1.3 和定理 1.2.1 直接推出.

例 1.3.4 设 $C[a,b]$ 表示闭区间 $[a,b]$ 上连续函数的全体. 则在通常的加法和数乘运算下, $C[a,b]$ 构成一个线性空间. 对任意的 $x, y \in C[a,b]$, 定义

$$(x,y) = \int_a^b x(t)\overline{y(t)}\mathrm{d}t.$$

容易验证, (x,y) 满足内积的性质 (i)—(iv), 因此 $C[a,b]$ 在上述定义的内积下成为一个内积空间. 但是, 在对应的范数 $\|x\| = \sqrt{(x,x)}$ 下, $C[a,b]$ 不是 Hilbert 空间, 可考虑 $C[0,1]$ 中的函数列

$$f_n(x) = \begin{cases} 1, & 0 \leqslant x \leqslant \dfrac{1}{2}, \\ 1 - 2n\left(x - \dfrac{1}{2}\right), & \dfrac{1}{2} \leqslant x \leqslant \dfrac{1}{2n} + \dfrac{1}{2}, \\ 0, & \dfrac{1}{2n} + \dfrac{1}{2} \leqslant x \leqslant 1. \end{cases}$$

下面介绍一类很重要的 Hilbert 空间 $L^2[a,b]$.

例 1.3.5 设 $L^2[a,b]$ 表示区间 $[a,b]$ 上平方可积函数的全体, 即

$$L^2[a,b] = \left\{x : \int_a^b |x(t)|^2 \mathrm{d}t < \infty\right\}.$$

显然, $C[a,b] \subset L^2[a,b]$. 在 $L^2[a,b]$ 上, 定义内积和范数如下:

$$(x,y) = \int_a^b x(t)\overline{y(t)}\mathrm{d}t,$$

$$\|x\| = \left(\int_a^b |x(t)|^2 \mathrm{d}t\right)^{\frac{1}{2}},$$

其中 $x, y \in L^2[a,b]$. 可以证明 $L^2[a,b]$ 在上述定义的内积和范数下是 Hilbert 空间.

最后介绍 Hilbert 空间的乘积空间.

例 1.3.6 设 $\mathcal{H}$ 和 $\mathcal{K}$ 是 Hilbert 空间. 令

$$\mathcal{H} \times \mathcal{K} = \{\langle x,y \rangle : x \in \mathcal{H}, y \in \mathcal{K}\}.$$

在集合 $\mathcal{H} \times \mathcal{K}$ 上定义如下加法和数乘运算:

$$\langle x_1, y_1 \rangle + \langle x_2, y_2 \rangle = \langle x_1 + x_2, y_1 + y_2 \rangle,$$
$$\alpha \langle x_1, y_1 \rangle = \langle \alpha x_1, \alpha y_1 \rangle,$$

其中 $\langle x_1, y_1 \rangle \in \mathcal{H} \times \mathcal{K}$, $\langle x_2, y_2 \rangle \in \mathcal{H} \times \mathcal{K}$ 且 $\alpha \in \mathbb{C}$. 直接验证可得 $\mathcal{H} \times \mathcal{K}$ 为线性空间. 对 $\langle x_1, y_1 \rangle \in \mathcal{H} \times \mathcal{K}$ 和 $\langle x_2, y_2 \rangle \in \mathcal{H} \times \mathcal{K}$, 定义

$$(\langle x_1, y_1 \rangle, \langle x_2, y_2 \rangle) = (x_1, x_2) + (y_1, y_2).$$

容易验证 $(\cdot,\cdot)$ 是 $\mathcal{H}\times\mathcal{K}$ 上的内积. 由此定义 $\langle x,y\rangle\in\mathcal{H}\times\mathcal{K}$ 的范数

$$\|\langle x,y\rangle\| = (\langle x,y\rangle,\langle x,y\rangle)^{\frac{1}{2}}$$
$$= (\|x\|^2 + \|y\|^2)^{\frac{1}{2}}.$$

可以证明, 在上述定义的内积和范数下, $\mathcal{H}\times\mathcal{K}$ 是 Hilbert 空间. 通常, 人们称 $\mathcal{H}\times\mathcal{K}$ 为 $\mathcal{H}$ 和 $\mathcal{K}$ 的乘积空间.

§1.4 正 交 分 解

对内积空间 $\mathcal{X}$ 的子集 $\mathcal{S}$, 令

$$\overline{\mathcal{S}} = \{x\in\mathcal{X}: \text{存在点列}\{x_n\}\subset\mathcal{S}\text{ 使得 }\lim_{n\to\infty}x_n = x\}.$$

$\overline{\mathcal{S}}$ 称为 $\mathcal{S}$ 的闭包. 显然, $\mathcal{S}\subseteq\overline{\mathcal{S}}$. 如果 $\mathcal{S} = \overline{\mathcal{S}}$, 称 $\mathcal{S}$ 为闭集. 如果 $\mathcal{S}$ 是 $\mathcal{X}$ 的子空间且是闭集, 则称 $\mathcal{S}$ 为闭子空间.

定义 1.4.1　设 $\mathcal{X}$ 为内积空间, $\mathcal{S}$ 为 $\mathcal{X}$ 的子集. 如果 $x\in\mathcal{X}$ 与 $\mathcal{S}$ 中的任意点 z 均正交, 则称 x 与 $\mathcal{S}$ 正交, 记为 $x\perp\mathcal{S}$. 与 $\mathcal{S}$ 正交的点之全体称为 $\mathcal{S}$ 的正交补, 记 $\mathcal{S}^\perp$, 即

$$\mathcal{S}^\perp = \{x\in\mathcal{X}: x\perp\mathcal{S}\}.$$

$\mathcal{S}^\perp$ 的正交补记为 $\mathcal{S}^{\perp\perp}$.

习题 1.4　设 $\mathcal{X}$ 为内积空间, $\mathcal{S}$ 和 $\mathcal{M}$ 是 $\mathcal{X}$ 的子集. 则

(i) $\mathcal{X}^\perp = \{0\}$, $\{0\}^\perp = \mathcal{X}$;

(ii) 如果 $\mathcal{S}\subseteq\mathcal{M}\subseteq\mathcal{X}$, 则 $\mathcal{M}^\perp\subseteq\mathcal{S}^\perp$;

(iii) $\mathcal{S}\cap\mathcal{S}^\perp\subseteq\{0\}$, $\mathcal{S}\subset\mathcal{S}^{\perp\perp}$, $\mathcal{S}^\perp = \overline{\mathcal{S}}^\perp$.

下面介绍正交补的性质.

定理 1.4.1　设 $\mathcal{X}$ 为内积空间. 如果 $\mathcal{S}$ 是 $\mathcal{X}$ 的子集, 则 $\mathcal{S}^\perp$ 是 $\mathcal{X}$ 的闭子空间.

证　先证明 $\mathcal{S}^\perp$ 是线性空间. 设 $x,y\in\mathcal{S}^\perp$ 且 $\alpha\in\mathbb{C}$. 对任意的 $z\in\mathcal{S}$, 不难验证

$$(x+y,z) = (x,z) + (y,z) = 0;$$
$$(\alpha x,z) = \alpha(x,z) = 0.$$

因此 $x+y\in\mathcal{S}^\perp$ 且 $\alpha x\in\mathcal{S}^\perp$. 于是 $\mathcal{S}^\perp$ 是 $\mathcal{X}$ 的子空间.

现在证明 $\mathcal{S}^\perp$ 为闭集. 设 $\{x_n\}$ 是 $\mathcal{S}^\perp$ 中的点列且

$$\lim_{n\to\infty}x_n = x.$$

由内积的连续性, 对任意的 $z \in \mathcal{S}$ 有
$$(x, z) = \lim_{n \to \infty} (x_n, z) = 0,$$
即 $x \in \mathcal{S}^\perp$. 于是 $\mathcal{S}^\perp$ 是闭子空间. □

下面给出 Hilbert 空间的一个基本定理.

定理 1.4.2 (正交分解定理) 设 $\mathcal{H}$ 为 Hilbert 空间, $\mathcal{S}$ 是 $\mathcal{H}$ 的闭子空间. 则对任意的 $x \in \mathcal{H}$, 存在唯一的 $y_0 \in \mathcal{S}$ 和 $z_0 \in \mathcal{S}^\perp$ 使得 $x = y_0 + z_0$.

证 首先证明对任意的 $x \in \mathcal{H}$, 存在 $y_0 \in \mathcal{S}$ 使得
$$\|x - y_0\| = \inf_{y \in \mathcal{S}} \|x - y\|.$$
由下确界的定义, 存在 $\{y_n\} \subset \mathcal{S}$ 使得
$$\lim_{n \to \infty} \|x - y_n\| = \inf_{y \in \mathcal{S}} \|x - y\|.$$
令 $d = \inf_{y \in \mathcal{S}} \|x - y\|$. 由于 $\frac{1}{2}(y_m + y_n) \in \mathcal{S}$, 对任意的正整数 n, m 有
$$\left\| x - \frac{1}{2}(y_m + y_n) \right\| \geqslant d.$$
另一方面, 由平行四边形法则,
$$\|y_n - y_m\|^2 = \|y_n - x + x - y_m\|^2$$
$$= 2\|y_n - x\|^2 + 2\|y_m - x\|^2 - 4 \left\| x - \frac{1}{2}(y_m + y_n) \right\|^2.$$
注意
$$\lim_{n \to \infty} \|y_n - x\| = d$$
且
$$\left\| x - \frac{1}{2}(y_m + y_n) \right\| \geqslant d,$$
故
$$\|y_n - y_m\| \to 0 \quad (n, m \to \infty).$$
因为 $\mathcal{S}$ 是闭子空间, 因此存在 $y_0 \in \mathcal{S}$ 使得 $\lim_{n \to \infty} y_n = y_0$. 结合范数的连续性可得
$$\|x - y_0\| = \|x - \lim_{n \to \infty} y_n\|$$
$$= \lim_{n \to \infty} \|x - y_n\| = d.$$
其次证明对任意的 $x \in \mathcal{H}$, 存在 $y_0 \in \mathcal{S}$ 和 $z_0 \in \mathcal{S}^\perp$ 使得 $x = y_0 + z_0$. 不失一

般性, 假设 $x \notin \mathcal{S}$. 由前面证明, 存在 $y_0 \in \mathcal{S}$ 使得
$$\|x - y_0\| = \inf_{y \in \mathcal{S}} \|x - y\| = d.$$
由此可证 $x - y_0 \in \mathcal{S}^\perp$. 实际上, 对任意的 $y \in \mathcal{S}$ 和 $\alpha \in \mathbb{C}$, 由 $y_0 + \alpha y \in \mathcal{S}$ 知
$$\begin{aligned} d^2 &\leqslant \|x - y_0 - \alpha y\|^2 \\ &= (x - y_0 - \alpha y, x - y_0 - \alpha y) \\ &= \|x - y_0\|^2 - \overline{\alpha}(x - y_0, y) - \alpha(y, x - y_0) + |\alpha|^2 \|y\|^2. \end{aligned}$$
上式中, 取 $\alpha = (x - y_0, y)\|y\|^{-2}$, 由 $\|x - y_0\|^2 = d^2$ 可得
$$|(x - y_0, y)|^2 \leqslant 0,$$
即
$$(x - y_0, y) = 0.$$
由 y 的任意性可知, $x - y_0 \in \mathcal{S}^\perp$. 令 $z_0 = x - y_0$ 即可.

最后证明唯一性. 设 $x = y_1 + z_1$, 其中 $y_1 \in S, z_1 \in S^\perp$. 则
$$x_0 - x_1 = y_1 - y_0 \in \mathcal{S} \cap \mathcal{S}^\perp = \{0\},$$
从而 $x_0 = x_1$ 且 $y_0 = y_1$. □

定理 1.4.2 中的 y_0 称为 x 在 $\mathcal{S}$ 上的投影. 如果 $\mathcal{S}$ 为 Hilbert 空间 $\mathcal{H}$ 的闭子空间, 由定理 1.4.2 可知, $\mathcal{H}$ 可表示为
$$\mathcal{H} = \mathcal{S} \oplus \mathcal{S}^\perp.$$
上式称为 $\mathcal{H}$ 的正交分解.

习题 1.5 设 $\mathcal{M}$ 是 Hilbert 空间 $\mathcal{H}$ 的闭子空间, $x \in \mathcal{H}$. 证明: 如果 $y_0 \in \mathcal{M}$ 且 $x - y_0 \perp \mathcal{M}$, 则
$$\|x - y_0\| = \inf_{y \in \mathcal{M}} \|x - y\|.$$

利用正交分解定理可得下面的结论.

定理 1.4.3 设 $\mathcal{S}$ 是 Hilbert 空间 $\mathcal{H}$ 的子空间. 则

(i) $\overline{\mathcal{S}} = \mathcal{S}^{\perp\perp}$;

(ii) $\mathcal{S}^\perp = \{0\}$ 蕴含着 $\overline{\mathcal{S}} = \mathcal{H}$.

证 (i) 注意 $\mathcal{S}^{\perp\perp}$ 为闭子空间且 $\mathcal{S} \subseteq \mathcal{S}^{\perp\perp}$, 因此 $\overline{\mathcal{S}} \subseteq \mathcal{S}^{\perp\perp}$. 下面证明反包含关系. 设 $x \in \mathcal{S}^{\perp\perp}$. 由于 $\overline{\mathcal{S}}$ 为闭子空间, 据正交分解定理可知存在 $y \in \overline{\mathcal{S}}, z \in \overline{\mathcal{S}}^\perp = \mathcal{S}^\perp$ 使得 $x = y + z$. 因为 $\overline{\mathcal{S}} \subseteq \mathcal{S}^{\perp\perp}$, 故 $y \in \mathcal{S}^{\perp\perp}$, 从而 $z = x - y \in \mathcal{S}^{\perp\perp}$. 但是 $z \in \mathcal{S}^\perp$. 于是 $z = 0$, 即 $x = y \in \overline{\mathcal{S}}$.

(ii) 结合 (i) 和 $\{0\}^\perp = \mathcal{H}$ 即可. □

§1.5 正 交 基

在三维空间中,互为垂直的三个向量 x 轴、y 轴和 z 轴可以构成一组基.把这一性质推广到一般的 Hilbert 空间中,就会出现正交基的概念.

定义 1.5.1 设 $\{u_1, u_2, \cdots\}$ 是内积空间 $\mathcal{X}$ 的子集.当 $i \neq j$ 时,
$$(u_i, u_j) = 0,$$
则称 $\{u_1, u_2, \cdots\}$ 为 $\mathcal{X}$ 中的正交系.如果正交系 $\{u_1, u_2, \cdots\}$ 中每一个向量都是单位向量,则该正交系称为标准正交系.

显然,ℓ_2 中的集合 $\{e_1, e_2, \cdots\}$ 是标准正交系,其中 e_i 是第 i 个分量为 1 其余分量为 0 的向量.

习题 1.6 设 $\{u_1, u_2, \cdots\}$ 为内积空间 $\mathcal{X}$ 中的正交系.证明 $\{u_1, u_2, \cdots\}$ 是线性无关的.

习题 1.7 证明 $\{\sqrt{2} \sin k\pi t : k = 1, 2, \cdots\}$ 是 $C[0, \pi]$ 中的标准正交系.

习题 1.8 (Gram-Schmidt 正交化) 设 $\{u_1, u_2, \cdots\}$ 为内积空间 $\mathcal{X}$ 中的线性无关的集合.令

$$v_1 = u_1, \qquad w_1 = \frac{v_1}{\|v_1\|},$$

$$v_k = u_k - \sum_{i=1}^{k-1}(u_k, w_i)w_i, \quad w_k = \frac{v_k}{\|v_k\|} \quad (k = 2, 3 \cdots).$$

证明 $\{w_1, w_2, \cdots\}$ 是 $\mathcal{X}$ 中的标准正交系并且

$$\mathrm{span}\{x_1, x_2, \cdots\} = \mathrm{span}\{u_1, u_2, \cdots\}.$$

用上述方法,对 $C[-1, 1]$ 中的集合 $\{1, t, t^2, \cdots\}$ 进行标准正交化.

下面讨论内积空间中标准正交系的重要性质.

定理 1.5.1 (Bessel 不等式) 设 $\mathcal{X}$ 是内积空间,$\{u_1, u_2, \cdots\}$ 是 $\mathcal{X}$ 中的标准正交系.则对任意的 $x \in \mathcal{X}$,有

$$\sum_{n=1}^{\infty} |(x, u_n)|^2 \leqslant \|x\|^2.$$

证 对任意的正整数 k 有

$$0 \leqslant \left\| x - \sum_{n=1}^{k}(x, u_n)u_n \right\|^2$$

$$= \left(x - \sum_{n=1}^{k}(x,u_n)u_n, x - \sum_{n=1}^{k}(x,u_n)u_n\right)$$

$$= \|x\|^2 - \sum_{n=1}^{k}|(x,u_n)|^2,$$

即

$$\sum_{n=1}^{k}|(x,u_n)|^2 \leqslant \|x\|^2.$$

对上式令 $k \to \infty$, 即得结论. □

设 $\{u_n\}_{n=1}^{\infty} \subset \mathcal{X}$, $\{\alpha_n\}_{n=1}^{\infty} \subset \mathbb{C}$. 令

$$S_k = \sum_{n=1}^{k}\alpha_n u_n.$$

如果点列 $\{S_k\}$ 在 $\mathcal{X}$ 中收敛, 则称级数 $\sum_{n=1}^{\infty}\alpha_n u_n$ 收敛, 记

$$\lim_{k \to \infty} S_k = \sum_{n=1}^{\infty}\alpha_n u_n.$$

推论 1.5.2 设 $\mathcal{X}$ 是内积空间, $\{u_1, u_2, \cdots\}$ 是 $\mathcal{X}$ 中的标准正交系.

(i) 对任意的 $x \in \mathcal{X}$, 有 $\lim_{n \to \infty}(x,u_n) = 0$;

(ii) 如果 $x = \sum_{n=1}^{\infty}\alpha_n u_n$, 则 $\alpha_n = (x,u_n), n = 1, 2, \cdots$.

证 (i) 对任意的 $x \in \mathcal{X}$, 由定理 1.5.1 可知, 级数

$$\sum_{n=1}^{\infty}|(x,u_n)|^2$$

收敛, 进而其一般项趋于零. 因此

$$\lim_{n \to \infty}(x,u_n) = 0.$$

(ii) 设 $x = \sum_{n=1}^{\infty}\alpha_n u_n$. 则

$$x = \lim_{k \to \infty}\sum_{n=1}^{k}\alpha_n u_n.$$

由内积的连续性,

$$(x,u_n) = \left(\lim_{k \to \infty}\sum_{n=1}^{k}\alpha_n u_n, u_n\right)$$

$$= \lim_{k \to \infty} \left(\sum_{n=1}^{k} \alpha_n u_n, u_n \right).$$

另一方面, 因为 $\{u_1, u_2, \cdots\}$ 是标准正交系, 因此

$$\left(\sum_{n=1}^{k} \alpha_n u_n, u_n \right) = \alpha_n.$$

故 $\alpha_n = (x, u_n)$. □

注 1.5.1 设 $\{u_1, u_2, \cdots\}$ 是内积空间 $\mathcal{X}$ 中的标准正交系, $x \in \mathcal{X}$. 如果

$$x = \sum_{n=1}^{\infty} \alpha_n u_n,$$

由定理 1.5.1 和推论 1.5.2 知

$$\sum_{n=1}^{\infty} |\alpha_n|^2 = \sum_{n=1}^{\infty} |(x, u_n)|^2 \leqslant \|x\|^2 < \infty.$$

因此, $\{\alpha_n\} \in \ell_2$.

如果 $\{\alpha_n\} \in \ell_2$, 是否存在 $x \in \mathcal{X}$ 使得 $x = \sum\limits_{n=1}^{\infty} \alpha_n u_n$?

定理 1.5.3 设 $\mathcal{H}$ 是 Hilbert 空间, $\{u_1, u_2, \cdots\}$ 是 $\mathcal{H}$ 中的标准正交系, $\{\alpha_n\} \in \ell_2$. 则存在 $x \in \mathcal{H}$ 使得

$$x = \sum_{n=1}^{\infty} \alpha_n u_n.$$

此时

$$\|x\|^2 = \sum_{n=1}^{\infty} |\alpha_n|^2.$$

证 令 $x_k = \sum\limits_{n=1}^{k} \alpha_n u_n$. 对任意的 k 和 m, 不妨设 $k < m$, 我们有

$$\|x_k - x_m\|^2 = \left(\sum_{n=k+1}^{m} \alpha_n u_n, \sum_{n=k+1}^{m} \alpha_n u_n \right) = \sum_{n=k+1}^{m} |\alpha_n|^2.$$

由 $\{\alpha_n\} \in \ell_2$ 知

$$\|x_k - x_m\| \to 0 \quad (k, m \to \infty),$$

即 $\{x_k\}$ 是 Cauchy 列. 因为 $\mathcal{H}$ 是 Hilbert 空间, 因此存在 $x \in \mathcal{H}$ 使得

$$\sum_{n=1}^{\infty} \alpha_n u_n = \lim_{k \to \infty} x_k = x.$$

此时, 等式
$$\|x\|^2 = \sum_{n=1}^{\infty} |\alpha_n|^2$$
由
$$\|x_k\|^2 = \left(\sum_{n=1}^{k} \alpha_n u_n, \sum_{n=1}^{k} \alpha_n u_n\right) = \sum_{n=1}^{k} |\alpha_n|^2$$
和
$$\|x\|^2 = \|\lim_{k\to\infty} x_k\|^2 = \lim_{k\to\infty} \|x_k\|^2$$
即可推出. □

对于 Hilbert 空间 $\mathcal{H}$ 中的标准正交系 $\{u_1, u_2, \cdots\}$ 而言, 任意元素 $x \in \mathcal{H}$ 能否写成 $x = \sum_{n=1}^{\infty} \alpha_n u_n$ 的形式? 为此, 引进标准正交基的概念.

定义 1.5.2 设 $\{u_1, u_2, \cdots\}$ 是 Hilbert 空间 $\mathcal{H}$ 中的 (标准) 正交系. 如果对任意的 $x \in \mathcal{H}$, 存在复数列 $\alpha_1, \alpha_2, \cdots$ 使得
$$x = \sum_{n=1}^{\infty} \alpha_n u_n,$$
则称 $\{u_1, u_2, \cdots\}$ 为 $\mathcal{H}$ 的 (标准) 正交基.

如果 $\{u_1, u_2, \cdots\}$ 是 $\mathcal{H}$ 中的标准正交系, 由推论 1.5.2 知, 定义 1.5.2 中的 $\alpha_n = (x, u_n)$. 因此, $\{u_1, u_2, \cdots\}$ 为 $\mathcal{H}$ 的标准正交基当且仅当任意 $x \in \mathcal{H}$ 均可表示为
$$x = \sum_{n=1}^{\infty} (x, u_n) u_n.$$

显然, 标准正交基必定是标准正交系, 但反之不然. 例如, 在 ℓ_2 空间中, $\{e_2, e_3, \cdots\}$ 是标准正交系, 但不是标准正交基. 那在什么条件下, 标准正交系能成为标准正交基? 在有限维空间 $\mathbb{C}^n$ 中, 如果 $\{u_1, u_2, \cdots, u_k\}$ 是 $\mathbb{C}^n$ 中的标准正交系, 则由正交系的线性无关性容易证明 $\{u_1, u_2, \cdots, u_k\}$ 是标准正交基当且仅当 $n = k$. 下面主要讨论无穷维空间中标准正交基的判别准则.

定理 1.5.4 如果 $\{u_1, u_2, \cdots\}$ 是 Hilbert 空间 $\mathcal{H}$ 中的标准正交系, 则下面叙述等价.

(i) $\{u_1, u_2, \cdots\}$ 是 $\mathcal{H}$ 的标准正交基;

(ii) 对每一个 $x \in \mathcal{H}$,
$$\|x\|^2 = \sum_{n=1}^{\infty} |(x, u_n)|^2;$$

(iii) $\mathcal{H} = \overline{\text{span}\{u_1, u_2, \cdots\}}$;
(iv) $(x, u_n) = 0$ $(n = 1, 2, \cdots)$ 蕴含着 $x = 0$.

证 (i)$\Rightarrow$(ii). 设 $x = \sum\limits_{n=1}^{\infty}(x, u_n)u_n$. 则

$$\|x\|^2 = \left(\sum_{n=1}^{\infty}(x, u_n)u_n, \sum_{n=1}^{\infty}(x, u_n)u_n\right)$$

$$= \lim_{k\to\infty}\left(\sum_{n=1}^{k}(x, u_n)u_n, \sum_{n=1}^{k}(x, u_n)u_n\right)$$

$$= \lim_{k\to\infty}\sum_{n=1}^{k}|(x, u_n)|^2$$

$$= \sum_{n=1}^{\infty}|(x, u_n)|^2.$$

(ii)$\Rightarrow$(iii). 对任意的 $x \in \mathcal{H}$, 令

$$x_k = \sum_{n=1}^{k}(x, u_n)u_n.$$

则 $x_k \in \text{span}\{u_1, u_2, \cdots\}$ 且

$$\|x - x_k\|^2 = \|x\|^2 - \sum_{n=1}^{k}|(x, u_n)|^2.$$

由 (ii) 知,

$$\lim_{k\to\infty} x_k = x.$$

因此, $x \in \overline{\text{span}\{u_1, u_2, \cdots\}}$, 从而 $\mathcal{H} \subset \overline{\text{span}\{u_1, u_2, \cdots\}}$. 反之显然.

(iii)$\Rightarrow$(iv). 因为 $(x, u_n) = 0$ $(n = 1, 2, \cdots)$, 因此 $x \perp \text{span}\{u_1, u_2, \cdots\}$. 结合

$$\overline{\text{span}\{u_1, u_2, \cdots\}} = \mathcal{H},$$

可得 $x = 0$.

(iv)$\Rightarrow$(i). 由 Bessel 不等式和范数的连续性可证 $\sum\limits_{n=1}^{\infty}(x, u_n)u_n$ 是收敛的, 记

$$y = \sum_{n=1}^{\infty}(x, u_n)u_n.$$

对任意的 k, 计算可知

$$(x - y, u_k) = (x, u_k) - \left(\sum_{n=1}^{\infty}(x, u_n)u_n, u_k\right)$$

$$= (x, u_k) - \sum_{n=1}^{\infty} (x, u_n)(u_n, u_k) = 0.$$

由 (iv) 得 $x - y = 0$, 从而 $x = y$. □

注意, 定理 1.5.4 (ii) 中的等式称为 Parseval 等式.

习题 1.9 设 $\{u_1, u_2, \cdots\}$ 是 Hilbert 空间 $\mathcal{H}$ 的标准正交基, $\{v_1, v_2, \cdots\}$ 是 $\mathcal{H}$ 中的标准正交系. 证明: 如果

$$\sum_{n=1}^{\infty} \|u_n - v_n\|^2 < \infty,$$

则 $\{v_1, v_2, \cdots\}$ 也是 $\mathcal{H}$ 的标准正交基.

§1.6 可分 Hilbert 空间

上一节介绍了标准正交基的概念以及性质. 那么, 具有标准正交基的 Hilbert 空间有什么性质呢?

定义 1.6.1 设 $\mathcal{H}$ 为 Hilbert 空间. 如果 $\mathcal{H}$ 具有标准正交基 $\{u_1, u_2, \cdots\}$, 则称 $\mathcal{H}$ 为可分的 Hilbert 空间.

可以证明, 可分 Hilbert 空间的闭子空间也是可分的. 为给出可分 Hilbert 空间的重要性质, 先介绍线性等距映射的定义.

定义 1.6.2 设 $\mathcal{X}$ 和 $\mathcal{Y}$ 是内积空间. 如果存在从 $\mathcal{X}$ 到 $\mathcal{Y}$ 的满射 $T: \mathcal{X} \to \mathcal{Y}$ 使得对任意的 $u, v \in \mathcal{X}$ 和 $\alpha, \beta \in \mathbb{C}$, 有

  (i) $T(\alpha u + \beta v) = \alpha Tu + \beta Tv$;
  (ii) $(Tu, Tv) = (u, v)$.

则称 $\mathcal{X}$ 与 $\mathcal{Y}$ 为同构的. 此时, T 称为 $\mathcal{X}$ 和 $\mathcal{Y}$ 之间的同构映射.

注意, 同构映射是保持距离不变的映射, 即 $\|Tu\| = \|u\|$.

定理 1.6.1 设 $\mathcal{H}$ 为可分 Hilbert 空间.

  (i) 如果 $\mathcal{H}$ 为无穷维的, 则 $\mathcal{H}$ 与 ℓ_2 是同构的;
  (ii) 如果 $\mathcal{H}$ 为 n 维空间, 则 $\mathcal{H}$ 与 $\mathbb{C}^n$ 是同构的.

证 设 $\mathcal{H}$ 为无穷维的, 则 $\mathcal{H}$ 具有标准正交基, 记为 $\{u_1, u_2, \cdots\}$. 对任意 $x \in \mathcal{H}$, 定义

$$Tx = \{(x, u_n)\}.$$

由注 1.5.1 可得 $\{(x, u_n)\} \in \ell_2$, 因此 T 为 $\mathcal{H}$ 到 ℓ_2 的映射. 再由定理 1.5.3, T 是满

射. 最后, 对任意的 $x, y \in \mathcal{H}$ 和 $\alpha, \beta \in \mathbb{C}$, 容易验证

$$T(\alpha x + \beta y) = \alpha Tx + \beta Ty;$$
$$(Tx, Ty) = (x, y).$$

因此, T 是 $\mathcal{H}$ 到 ℓ_2 的同构映射, 进而 $\mathcal{H}$ 与 ℓ_2 是同构的.

类似的方法可证 (ii). □

Hilbert 空间的同构关系满足三条性质:

(i) $\mathcal{H}$ 与本身是同构的 (自反性);

(ii) $\mathcal{H}$ 与 $\mathcal{K}$ 同构, 则 $\mathcal{K}$ 与 $\mathcal{H}$ 同构 (对称性);

(iii) $\mathcal{H}$ 与 $\mathcal{K}$ 同构, $\mathcal{K}$ 与 $\mathcal{Z}$ 同构, 则 $\mathcal{H}$ 与 $\mathcal{Z}$ 也同构 (传递性).

因此, 任意无穷维的可分 Hilbert 空间之间均是同构的.

相对于可分 Hilbert 空间, 是否存在不是可分的 Hilbert 空间? 见下例.

例 1.6.1 设 $\mathcal{S} = \{e^{i\lambda t} : \lambda \in \mathbb{R}\}$. 显然, 对任意的 $\lambda \in \mathbb{R}$, $e^{i\lambda t}$ 是 $(-\infty, +\infty)$ 上连续的复值函数. 在 $\mathrm{span}\mathcal{S}$ 上定义内积和范数:

$$(f, g) = \lim_{T \to +\infty} \frac{1}{2T} \int_{-T}^{T} f(t) \overline{g(t)} \mathrm{d}t,$$
$$\|f\| = \sqrt{(f, f)},$$

其中 $f, g \in \mathrm{span}\mathcal{S}$. 令 $\mathcal{H} = \overline{\mathrm{span}\mathcal{S}}$, 可以证明 $\mathcal{H}$ 是 Hilbert 空间. 另一方面, 若 $\lambda \neq \mu$, 容易验证 $(e^{i\lambda t}, e^{i\mu t}) = 0$, 进而 $\mathcal{S}$ 是 $\mathcal{H}$ 中的正交系. 显然, $\mathcal{S}$ 不是可数集, 因此 $\mathcal{H}$ 不是可分的.

第二章　Hilbert 空间上的有界线性算子

线性算子理论起源于 20 世纪初的微分方程和积分方程的研究. 线性算子可分为有界线性算子和无界线性算子. 本章主要介绍 Hilbert 空间上有界线性算子的概念及基本性质, 包括其定义、矩阵表示、共轭算子等. 在本章, $\mathcal{H}$ 和 $\mathcal{K}$ 表示 Hilbert 空间.

§2.1　定义及例子

在线性代数课程中, 我们学过 n 阶矩阵 A 能把 n 维向量 x 映到另一个 n 维向量 y, 即
$$Ax = y.$$
根据矩阵乘法运算, 对任意的 $x, y \in \mathbb{C}^n$ 以及 $\alpha \in \mathbb{C}$ 有
$$A(x+y) = Ax + Ay,$$
$$A(\alpha x) = \alpha Ax.$$
下面把这种映射推广到无限维空间上.

定义 2.1.1　设 $\mathcal{X}$ 和 $\mathcal{Y}$ 是线性空间, T 是从 $\mathcal{X}$ 到 $\mathcal{Y}$ 的映射. 对任意的 $x, y \in \mathcal{X}$ 和 $\alpha \in \mathbb{C}$, 如果 T 满足

(i) $T(x+y) = Tx + Ty$,

(ii) $T(\alpha x) = \alpha Tx$,

则称 T 为从 $\mathcal{X}$ 到 $\mathcal{Y}$ 的线性算子. 如果 $\mathcal{X} = \mathcal{Y}$, 则称 T 为 $\mathcal{X}$ 上的线性算子.

显然, 线性代数中的 $n \times m$ 矩阵是从 m 维空间 $\mathbb{C}^m$ 到 n 维空间 $\mathbb{C}^n$ 的线性算子. 对高等数学中所学的函数 $f(x) = x^2$ 和 $g(x) = 2x$ 而言, f 和 g 均为从 $\mathbb{R}$ 到 $\mathbb{R}$ 的映射, 但是 f 不是线性算子, 而 g 是线性算子.

定义 2.1.2　设 T 是从 $\mathcal{H}$ 到 $\mathcal{K}$ 的线性算子. 如果存在常数 M 使得对任意的 $x \in \mathcal{H}$ 有
$$\|Tx\| \leqslant M\|x\|,$$
则称 T 为有界线性算子. 此时, T 的范数 $\|T\|$ 定义为
$$\|T\| = \sup_{\|x\| \leqslant 1} \|Tx\|.$$

空间 $\mathcal{H}$ 上的恒等算子 (又称单位算子)$I_\mathcal{H}$ 是把 $\mathcal{H}$ 中的任意元素 x 映成其本身 x 的线性算子, 即 $I_\mathcal{H} x = x$. 在不引起混淆的情况下, 简记为 I. 从 $\mathcal{H}$ 到 $\mathcal{K}$ 的零算子 0 是把 $\mathcal{H}$ 中的任意元素 x 均映成 $\mathcal{K}$ 中零向量 0 的线性算子, 即 $0x = 0$. 显然, I 的范数为 1; 零算子的范数为 0.

如果 T 是从 $\mathcal{H}$ 到 $\mathcal{K}$ 的有界线性算子, 则存在 M 使得
$$\|Tx\| \leqslant M\|x\|, \quad x \in \mathcal{H}.$$
显然, 当 $\|x\| \leqslant 1$ 时, $\|Tx\| \leqslant M$. 因此 $\|T\| \leqslant M$, 进而 $\|T\|$ 是非负有限数.

用 $\mathcal{B}(\mathcal{H}, \mathcal{K})$ 表示从 $\mathcal{H}$ 到 $\mathcal{K}$ 的有界线性算子之全体. 若 $\mathcal{H} = \mathcal{K}$, 记 $\mathcal{B}(\mathcal{H}) = \mathcal{B}(\mathcal{H}, \mathcal{H})$.

习题 2.1　设 $T \in \mathcal{B}(\mathcal{H}, \mathcal{K})$. 证明
(i) $\|T\| = \sup\limits_{x \neq 0} \dfrac{\|Tx\|}{\|x\|} = \sup\limits_{\|x\|=1} \|Tx\|$;
(ii) $\|T\| = \sup\limits_{\|x\|=\|y\|=1} |(Tx, y)| = \sup\limits_{\|x\| \leqslant 1, \|y\| \leqslant 1} |(Tx, y)|$;
(iii) $\|Tx\| \leqslant \|T\|\|x\|, \quad x \in \mathcal{H}$.

习题 2.2　设 $T \in \mathcal{B}(\mathcal{H}, \mathcal{K})$. 证明
$$\|T\| = \inf\{M : \|Tx\| \leqslant M\|x\|, x \in \mathcal{H}\}.$$

线性算子的有界性怎么判断? 除了定义还可以用闭图像定理. 下面仅列出闭图像定理, 其证明在第三章给出. 如果 T 是从 $\mathcal{H}$ 到 $\mathcal{K}$ 的线性算子, 则集合
$$\mathcal{G}(T) = \{\langle x, Tx \rangle : x \in \mathcal{H}\}$$
称为 T 的图.

习题 2.3　设 T 是从 $\mathcal{H}$ 到 $\mathcal{K}$ 的线性算子. 则 $\mathcal{G}(T)$ 是 $\mathcal{H} \times \mathcal{K}$ 的线性子空间.

定理 2.1.1 (闭图像定理)　设 T 是从 $\mathcal{H}$ 到 $\mathcal{K}$ 的线性算子. 如果 $\mathcal{G}(T)$ 是闭的, 则 T 是有界线性算子.

值得一提的是, 计算有界线性算子的范数显得较为复杂. 下面给出常见的一些有界线性算子.

例 2.1.1 设 A 是从 $\mathcal{H}$ 到 $\mathcal{K}$ 的线性算子. 如果 $\dim \mathcal{H} < \infty$, 则 A 为有界线性算子.

实际上, 由于 $\dim \mathcal{H} < \infty$, 不妨设 $\{u_1, u_2, \cdots, u_n\}$ 为 $\mathcal{H}$ 的标准正交基. 则任意的 $x \in \mathcal{H}$ 可表示为

$$x = \sum_{k=1}^{n} (x, u_k) u_k$$

并且

$$\|x\|^2 = \sum_{k=1}^{n} |(x, u_k)|^2.$$

因此

$$Ax = \sum_{k=1}^{n} (x, u_k) Au_k,$$

进而结合 Cauchy-Schwarz 不等式即得

$$\begin{aligned}
\|Ax\| &= \left\| \sum_{k=1}^{n} (x, u_k) Au_k \right\| \\
&\leqslant \sum_{k=1}^{n} |(x, u_k)| \|Au_k\| \\
&\leqslant \left(\sum_{k=1}^{n} |(x, u_k)|^2 \right)^{\frac{1}{2}} \left(\sum_{k=1}^{n} \|Au_k\|^2 \right)^{\frac{1}{2}} \\
&= \left(\sum_{k=1}^{n} \|Au_k\|^2 \right)^{\frac{1}{2}} \|x\|.
\end{aligned}$$

于是

$$\|A\| \leqslant \left(\sum_{k=1}^{n} \|Au_k\|^2 \right)^{\frac{1}{2}}.$$

故 A 是有界线性算子.

例 2.1.2 设 $k(s, t)$ 是 $a \leqslant s, t \leqslant b$ 上的连续函数. 对 $x = x(t) \in L^2[a, b]$, 令

$$(Kx)(s) = \int_a^b k(s, t) x(t) \mathrm{d}t.$$

则 K 为 $L^2[a, b]$ 上的有界线性算子.

事实上, 因为积分是线性的, 从而容易验证 K 是线性的. 由 Cauchy-Schwarz

不等式可得
$$\left|\int_a^b k(s,t)x(t)\mathrm{d}t\right| \leqslant \int_a^b |k(s,t)x(t)|\mathrm{d}t$$
$$\leqslant \left(\int_a^b |k(s,t)|^2\mathrm{d}t\right)^{\frac{1}{2}} \left(\int_a^b |x(t)|^2\mathrm{d}t\right)^{\frac{1}{2}}$$
$$= \left(\int_a^b |k(s,t)|^2\mathrm{d}t\right)^{\frac{1}{2}} \|x\|,$$

于是
$$\|Kx\|^2 = \int_a^b |Kx|^2 \mathrm{d}s$$
$$= \int_a^b \left|\int_a^b k(s,t)x(t)\mathrm{d}t\right|^2 \mathrm{d}s$$
$$\leqslant \|x\|^2 \int_a^b \int_a^b |k(s,t)|^2 \mathrm{d}t\mathrm{d}s.$$

注意到 $k(s,t)$ 是连续函数，因此积分
$$\int_a^b \int_a^b |k(s,t)|^2 \mathrm{d}t\mathrm{d}s$$
是有限的. 于是 K 是有界线性算子并且
$$\|K\| \leqslant \left(\int_a^b \int_a^b |k(s,t)|^2 \mathrm{d}t\mathrm{d}s\right)^{\frac{1}{2}}.$$

通常，例 2.1.2 中的算子 K 称为积分算子，$k(s,t)$ 称为 K 的核函数.

例 2.1.3 对 $x=(x_1,x_2,x_3,\cdots)\in \ell_2$，令
$$S_l x = (x_2,x_3,x_4,\cdots).$$
则 S_l 为 ℓ_2 上的有界线性算子.

事实上，对任意的 $x=(x_1,x_2,\cdots)\in \ell_2$，由于
$$\|S_l x\|^2 = \sum_{n=1}^{\infty} |x_{n+1}|^2$$
$$\leqslant \sum_{n=1}^{\infty} |x_n|^2 = \|x\|^2,$$
于是
$$\|S_l\| \leqslant 1,$$

即 S_l 为 ℓ_2 上的有界线性算子.

另一方面, 对 ℓ_2 中的 $e_1 = (1, 0, \cdots)$ 和 $e_2 = (0, 1, 0, \cdots)$ 而言, 计算即得
$$\|S_l e_2\| = \|e_1\| = 1.$$

故 $\|S_l\| = 1$.

通常, 人们称 S_l 为 ℓ_2 上的左移算子.

例 2.1.4 对 $x = (x_1, x_2, x_3, \cdots) \in \ell_2$, 令
$$S_r x = (0, x_1, x_2, \cdots).$$

则 S_r 称为 ℓ_2 上的右移算子. 可以证明 $\|S_r x\| = \|x\|$, 即 $\|S_r\| = 1$. 于是, S_r 为 ℓ_2 上的有界线性算子.

习题 2.4 设 $a(t)$ 为区间 $[a, b]$ 上的连续函数. 对 $x \in L^2[a, b]$, 定义
$$T_a x = a(t) x(t).$$

证明 $T_a \in \mathcal{B}(L^2[a, b])$.

注意, 高等数学中提到的函数的有界性与本节所介绍的线性算子的有界性是不同的. 所谓的有界线性算子就是把单位球面映射到有界集上的线性算子; 而函数的有界性是指其值域为有界集. 考虑函数 $f(x) = 2x$. 显然, 它是无界函数; 但是作为线性算子, 它是有界的.

§2.2 连 续 性

定义 2.2.1 设 $T \in \mathcal{B}(\mathcal{H}, \mathcal{K})$. 如果
$$\lim_{n \to \infty} x_n = x_0$$
蕴含着
$$\lim_{n \to \infty} T x_n = T x_0,$$
则称 T 在 x_0 处连续. 若 T 在任意 $x \in \mathcal{H}$ 处均连续, 则称 T 为连续的.

由于
$$\lim_{n \to \infty} T x_n = T x_0$$
当且仅当
$$\lim_{n \to \infty} T(x_n - x_0) = 0,$$
从而可推出 T 为连续的当且仅当 T 在 $x = 0$ 处连续. 下面定理说明线性算子的有界性与连续性的关系.

定理 2.2.1 设 T 是从 $\mathcal{H}$ 到 $\mathcal{K}$ 的线性算子. 则 T 为有界的当且仅当 T 为连续的.

证 设 T 有界, 即存在常数 $M > 0$ 使得对任意 $x \in \mathcal{H}$ 有
$$\|Tx\| \leqslant M\|x\|.$$
如果 $\lim\limits_{n\to\infty} x_n = x_0$, 则
$$\begin{aligned}\|Tx_n - Tx_0\| &= \|T(x_n - x_0)\| \\ &\leqslant M\|x_n - x_0\| \longrightarrow 0 \ (n \to \infty),\end{aligned}$$
即
$$\lim_{n\to\infty} Tx_n = Tx_0.$$
于是 T 为连续的.

反之, 若 T 为连续的, 则 T 必为有界的. 若不然, 假设 T 为无界的, 则存在 $x_n \in \mathcal{H}$ 使得
$$\|Tx_n\| \geqslant n\|x_n\|, \ n = 1, 2, \cdots.$$
记 $y_n = \frac{1}{n\|x_n\|}x_n$. 易知 $\lim\limits_{n\to\infty} y_n = 0$, 但由上式可得 $\|Ty_n\| \geqslant 1$. 这与 T 的连续性矛盾. □

习题 2.5 如果 $T \in \mathcal{B}(\mathcal{H}, \mathcal{K})$, 则 T 的图 $\mathcal{G}(T)$ 是闭的.

众所周知, 连续函数的和、数乘以及复合均为连续函数. 线性算子情况又如何? 设 $T \in \mathcal{B}(\mathcal{H}, \mathcal{K})$ 且 $S \in \mathcal{B}(\mathcal{H}, \mathcal{K})$. $T + S$ 和 αT 分别定义为
$$(T+S)x = Tx + Sx,$$
$$(\alpha T)x = \alpha Tx,$$
其中 $x \in \mathcal{H}, \alpha \in \mathbb{C}$. 容易验证, $T + S$ 和 αT 均为线性算子且
$$\|\alpha T\| = |\alpha|\|T\|,$$
$$\|T + S\| \leqslant \|T\| + \|S\|.$$
因此, $\mathcal{B}(\mathcal{H}, \mathcal{K})$ 在上述加法和数乘运算下构成一个线性空间.

习题 2.6 设 $T \in \mathcal{B}(\mathcal{H}, \mathcal{K}), S \in \mathcal{B}(\mathcal{H}, \mathcal{K})$. 证明
$$|\|T\| - \|S\|| \leqslant \|T - S\|.$$

两个算子 $T \in \mathcal{B}(\mathcal{H}, \mathcal{K})$ 和 $S \in \mathcal{B}(\mathcal{K}, \mathcal{H})$ 的乘积算子 ST 定义为
$$(ST)x = S(Tx), \quad x \in \mathcal{H}.$$

对任意的 $x,y \in \mathcal{H}$ 和 $\alpha, \beta \in \mathbb{C}$, 易知
$$ST(\alpha x + \beta y) = \alpha STx + \beta STy$$
且
$$\|STx\| \leqslant \|S\|\|Tx\| \leqslant \|S\|\|T\|\|x\|.$$
因此 $ST \in \mathcal{B}(\mathcal{H})$ 且
$$\|ST\| \leqslant \|S\|\|T\|.$$

在高等数学课程中, 如果连续函数列是一致收敛的, 则其极限也是连续函数. 下面把类似结论推广到有界线性算子上. 为此, 先介绍算子列及其收敛等概念.

定义 2.2.2 设 $T \in \mathcal{B}(\mathcal{H}, \mathcal{K}), T_n \in \mathcal{B}(\mathcal{H}, \mathcal{K})$. 如果
$$\lim_{n \to \infty} \|T_n - T\| = 0,$$
则称 T_n 按范数收敛到 T, 记为
$$\lim_{n \to \infty} T_n = T.$$
对任意 $\varepsilon > 0$, 存在 $N \in \mathbb{N}$ 使得 $n, m > N$ 时,
$$\|T_n - T_m\| < \varepsilon,$$
则算子列 $\{T_n\}$ 称为 Cauchy 列.

习题 2.7 设 $T_n \in \mathcal{B}(\mathcal{H}, \mathcal{K})$, $T \in \mathcal{B}(\mathcal{H}, \mathcal{K})$. 证明: 如果 $\lim\limits_{n \to \infty} T_n = T$, 则 $\lim\limits_{n \to \infty} \|T_n\| = \|T\|$.

定理 2.2.2 设 $T_n \in \mathcal{B}(\mathcal{H}, \mathcal{K})$. 如果 $\{T_n\}$ 是 Cauchy 列, 则存在 $T \in \mathcal{B}(\mathcal{H}, \mathcal{K})$ 使得
$$\lim_{n \to \infty} T_n = T.$$

证 因为 T_n 是 Cauchy 列, 因此, 对任意 $\varepsilon > 0$, 存在 $N \in \mathbb{N}$ 使得当 $n, m > N$ 时,
$$\|T_n - T_m\| < \varepsilon.$$
对任何给定的 $x \in \mathcal{H}$, 根据上面不等式得
$$\|T_n x - T_m x\| \leqslant \|T_n - T_m\|\|x\| < \varepsilon \|x\|,$$
于是 $\{T_n x\}$ 是 $\mathcal{K}$ 中的 Cauchy 列, 从而存在唯一的 $y \in \mathcal{K}$ 使得
$$\lim_{n \to \infty} T_n x = y.$$

现在定义算子 $T: \mathcal{H} \longrightarrow \mathcal{K}$ 如下:
$$Tx = y.$$
不难验证, T 是线性的.

现在证明 T 是有界的. 因为
$$|\|T_n\| - \|T_m\|| \leqslant \|T_n - T_m\|,$$
因此, $\{T_n\}$ 是 Cauchy 列蕴含着 $\{\|T_n\|\}$ 是 Cauchy 列, 进而 $\|T_n\|$ 是有界的. 于是, 存在 $M > 0$ 使得
$$\|T_n\| < M, \ n = 1, 2, \cdots.$$
注意
$$\lim_{n \to \infty} T_n x = Tx,$$
所以
$$\|Tx\| = \lim_{n \to \infty} \|T_n x\| \leqslant \lim_{n \to \infty} \|T_n\| \|x\| \leqslant M \|x\|.$$
故 T 是有界的.

最后证明 $\{T_n\}$ 收敛到 T. 事实上, 对任意 $\varepsilon > 0$, 存在 $N \in \mathbb{N}$ 使得当 $n, m > N$ 时,
$$\|T_n x - T_m x\| \leqslant \|T_n - T_m\| \|x\| < \varepsilon \|x\|.$$
令 $m \to \infty$, 由
$$\lim_{m \to \infty} T_m x = Tx$$
可推出
$$\|(T_n - T)x\| \leqslant \varepsilon \|x\|,$$
即
$$\|T_n - T\| \leqslant \varepsilon.$$
所以
$$\lim_{n \to \infty} T_n = T.$$

$\square$

定理 2.2.3 设 $\{T_n\}$ 是 $\mathcal{B}(\mathcal{H}, \mathcal{K})$ 中的算子列. 如果对于每一个 $x \in \mathcal{H}$ 有 $\sup_n \|T_n x\| < \infty$, 则 $\sup_n \|T_n\| < \infty$.

证 反证法, 假设 $\sup_n \|T_n\| = \infty$. 对于正数列 $\{\alpha_k\}$, 存在子列 $\{T_{n1}, T_{n2}, \cdots\}$

以及 $\mathcal{H}$ 中的元素 $\{x_1, x_2, \cdots\}$ 使得

$$\|T_{nk}\| > \alpha_k, \quad \|x_k\| = \frac{1}{4^k},$$

且

$$\|T_{nk}x_k\| > \frac{2}{3}\|T_{nk}\|\|x_k\| = \frac{2}{3 \cdot 4^k}\|T_{nk}\|.$$

由于

$$\sum_{k=1}^{\infty} \|x_k\| = \sum_{k=1}^{\infty} \frac{1}{4^k} < \infty,$$

于是 $\sum\limits_{k=1}^{\infty} x_k$ 收敛, 从而存在 $x \in \mathcal{H}$ 使得

$$x = \sum_{k=1}^{\infty} x_k.$$

对每一个 $k = 1, 2, \cdots$, 注意

$$T_{nk}x = T_{nk}x_k + T_{nk}\left(\sum_{i=1}^{k-1} x_i\right) + T_{nk}\left(\sum_{i=k+1}^{\infty} x_i\right),$$

于是

$$\|T_{nk}x\| \geqslant \|T_{nk}x_k\| - C_{k-1} - \|T_{nk}\|\frac{1}{3 \cdot 4^k}$$

$$\geqslant \frac{1}{3 \cdot 4^k}\|T_{nk}\| - C_{k-1}$$

$$> \frac{\alpha_k}{3 \cdot 4^k} - C_{k-1},$$

其中

$$C_{k-1} = \sup_n \left\|T_n\left(\sum_{i=1}^{k-1} x_i\right)\right\|$$

是有限数. 令 $\alpha_k = 3 \cdot 4^k(C_{k-1} + k)$, 则 $\sup\limits_n \|T_n x\| = \infty$. 这与已知条件矛盾. □

定理 2.2.4 设 $T \in \mathcal{B}(\mathcal{H})$. 如果对任意的 $x \in \mathcal{H}$ 有 $(Tx, x) = 0$, 则 $T = 0$.

证 对任意的 $x, y \in \mathcal{H}$, 由已知条件知

$$(Tx + Ty, x + y) = 0,$$

从而

$$(Tx, y) + (Ty, x) = 0.$$

先将上式中的 y 换为 iy, 再两端乘以 i, 即得

$$(Tx, y) - (Ty, x) = 0.$$

上面两式相加可得 $(Tx, y) = 0$. 故 $T = 0$. □

注 2.2.1 如果空间 $\mathcal{H}$ 是实 Hilbert 空间, 则定理 2.2.4 不成立. 考虑 $\mathbb{R}^2$ 上的算子

$$T = \begin{pmatrix} 0 & 1 \\ -1 & 0 \end{pmatrix}.$$

§2.3 有界线性算子的矩阵表示

设 $\mathcal{H}$ 为可分的无穷维 Hilbert 空间. 因此存在可数多个标准正交基 $\{u_1, u_2, \cdots\}$, 进而 $\mathcal{H}$ 中的任一元素 x 均可表示为

$$x = \sum_{n=1}^{\infty} (x, u_n) u_n.$$

如果 $T \in \mathcal{B}(\mathcal{H})$ 且 $y = Tx$, 则

$$y = \sum_{m=1}^{\infty} (y, u_m) u_m,$$

$$Tx = \sum_{n=1}^{\infty} (x, u_n) T u_n.$$

注意到 $y = Tx$ 和

$$Tu_n = \sum_{m=1}^{\infty} (Tu_n, u_m) u_m, \tag{2.3.1}$$

即得

$$\sum_{m=1}^{\infty} (y, u_m) u_m = \sum_{m=1}^{\infty} \sum_{n=1}^{\infty} (x, u_n)(Tu_n, u_m) u_m.$$

由此可得

$$\begin{cases} (y, u_1) = \sum\limits_{n=1}^{\infty} (x, u_n)(Tu_n, u_1), \\ (y, u_2) = \sum\limits_{n=1}^{\infty} (x, u_n)(Tu_n, u_2), \\ \qquad \vdots \\ (y, u_m) = \sum\limits_{n=1}^{\infty} (x, u_n)(Tu_n, u_m), \\ \qquad \vdots \end{cases}$$

上式可用如下矩阵方程表示:

$$\begin{pmatrix} (Tu_1,u_1) & (Tu_2,u_1) & \cdots & (Tu_n,u_1) & \cdots \\ (Tu_1,u_2) & (Tu_2,u_2) & \cdots & (Tu_n,u_2) & \cdots \\ \vdots & \vdots & & \vdots & \\ (Tu_1,u_m) & (Tu_2,u_m) & \cdots & (Tu_n,u_m) & \cdots \\ \vdots & \vdots & & \vdots & \end{pmatrix} \begin{pmatrix} (x,u_1) \\ (x,u_2) \\ \vdots \\ (x,u_n) \\ \vdots \end{pmatrix} = \begin{pmatrix} (y,u_1) \\ (y,u_2) \\ \vdots \\ (y,u_m) \\ \vdots \end{pmatrix}.$$

由此引出下面的定义.

定义 2.3.1 设 $T \in \mathcal{B}(\mathcal{H})$. 如果 $\{u_n\}_{n=1}^\infty$ 为 $\mathcal{H}$ 的标准正交基, 则矩阵

$$\begin{pmatrix} (Tu_1,u_1) & (Tu_2,u_1) & \cdots & (Tu_n,u_1) & \cdots \\ (Tu_1,u_2) & (Tu_2,u_2) & \cdots & (Tu_n,u_2) & \cdots \\ \vdots & \vdots & & \vdots & \\ (Tu_1,u_m) & (Tu_2,u_m) & \cdots & (Tu_n,u_m) & \cdots \\ \vdots & \vdots & & \vdots & \end{pmatrix}$$

称为 T 在标准正交基 $\{u_n\}_{n=1}^\infty$ 下的矩阵表示.

例 2.3.1 用 e_i 表示 ℓ_2 中的第 i 个分量为 1 其余分量为 0 的元素. 考虑 ℓ_2 上的恒等算子 I 和左移算子 S_l 在标准正交基 $\{e_n\}_{n=1}^\infty$ 下的矩阵表示.

一方面, 对恒等算子 I 而言, 由于

$$(Ie_j, e_i) = \begin{cases} 1, & i = j; \\ 0, & i \neq j. \end{cases}$$

因此恒等算子 I 在标准正交基 $\{e_n\}_{n=1}^\infty$ 下的矩阵表示为

$$\begin{pmatrix} 1 & 0 & 0 & \cdots \\ 0 & 1 & 0 & \cdots \\ 0 & 0 & 1 & \cdots \\ \vdots & \vdots & \vdots & \end{pmatrix}.$$

另一方面, 对左移算子 S_l 来讲, 计算可得

$$(S_l e_j, e_i) = (e_{j-1}, e_i) = \begin{cases} 1, & i = j-1; \\ 0, & i \neq j-1. \end{cases}$$

于是, 左移算子 S_l 在标准正交基 $\{e_n\}_{n=1}^{\infty}$ 下的矩阵表示为

$$\begin{pmatrix} 0 & 1 & 0 & \cdots \\ 0 & 0 & 1 & \cdots \\ 0 & 0 & 0 & \cdots \\ \vdots & \vdots & \vdots & \end{pmatrix}.$$

习题 2.8 求出 ℓ_2 上的右移算子 S_r 在标准正交基 $\{e_n\}_{n=1}^{\infty}$ 下的无穷矩阵表示.

由上面的讨论可知, 如果 T 是 ℓ_2 上的有界线性算子, 则 T 在给定标准正交基 $\{e_n\}_{n=1}^{\infty}$ 下具有矩阵表示 $((Te_j, e_i))_{i,j=1}^{\infty}$. 反之, 任意无穷矩阵是否为 ℓ_2 上的某一有界线性算子的矩阵表示呢? 答案是否定的. 因为据 (2.3.1) 式可得对每一个 $n = 1, 2, \cdots$ 有

$$\sum_{m=1}^{\infty} |(Tu_n, u_m)|^2 < \infty,$$

即无穷矩阵 $((Tu_j, u_i))_{i,j=1}^{\infty}$ 的每一个列向量均为 ℓ_2 中的元素.

设 $A = (a_{ij})_{i,j=1}^{\infty}$ 为无穷矩阵. 如果存在 ℓ_2 上的有界线性算子 T 使得 A 是算子 T 在标准正交基 $\{e_1, e_2, \cdots\}$ 下的矩阵表示, 则称无穷矩阵 A 诱导 ℓ_2 上的有界线性算子 T. 那么, 什么条件下无穷矩阵诱导出有界线性算子? 下面给出较为简单的例子.

例 2.3.2 设

$$A = \begin{pmatrix} a_{11} & a_{12} & \cdots \\ a_{21} & a_{22} & \cdots \\ \vdots & \vdots & \end{pmatrix}.$$

如果

$$\sum_{i=1}^{\infty} \sum_{j=1}^{\infty} |a_{ij}|^2 < \infty,$$

则 A 可诱导出 ℓ_2 上的有界线性算子.

事实上, 对 $x = (x_1, x_2, \cdots) \in \ell_2$, 令

$$y = (y_1, y_2, \cdots, y_i, \cdots)$$
$$= \left(\sum_{j=1}^{\infty} a_{1j} x_j, \sum_{j=1}^{\infty} a_{2j} x_j, \cdots, \sum_{j=1}^{\infty} a_{ij} x_j, \cdots \right).$$

由于

$$|y_i| = \left|\sum_{j=1}^{\infty} a_{ij}x_j\right|$$

$$\leqslant \sum_{j=1}^{\infty} |a_{ij}x_j|$$

$$\leqslant \left(\sum_{j=1}^{\infty} |a_{ij}|^2\right)^{\frac{1}{2}} \left(\sum_{j=1}^{\infty} |x_j|^2\right)^{\frac{1}{2}}$$

$$= \left(\sum_{j=1}^{\infty} |a_{ij}|^2\right)^{\frac{1}{2}} \|x\|,$$

因此

$$\sum_{i=1}^{\infty} |y_i|^2 \leqslant \|x\|^2 \sum_{i=1}^{\infty}\sum_{j=1}^{\infty} |a_{ij}|^2.$$

因为

$$\sum_{i=1}^{\infty}\sum_{j=1}^{\infty} |a_{ij}|^2 < \infty,$$

所以 $y \in \ell_2$. 现在定义线性算子 $T: \ell_2 \longrightarrow \ell_2$ 为

$$Tx = y.$$

不难验证 T 是线性的并且

$$\|Tx\|^2 = \|y\|^2 = \sum_{i=1}^{\infty} |y_i|^2$$

$$\leqslant \left(\sum_{i=1}^{\infty}\sum_{j=1}^{\infty} |a_{ij}|^2\right) \|x\|^2.$$

因此 T 是有界线性算子且

$$\|T\| \leqslant \left(\sum_{i=1}^{\infty}\sum_{j=1}^{\infty} |a_{ij}|^2\right)^{\frac{1}{2}}.$$

另一方面, 计算可得

$$(Te_j, e_i) = a_{ij},$$

从而 T 是 A 诱导出的有界线性算子.

注意, $\sum_{i=1}^{\infty}\sum_{j=1}^{\infty}|a_{ij}|^2 < \infty$ 是无穷矩阵 A 诱导有界线性算子的充分但非必要条件, 可参考恒等算子和左移算子的矩阵表示.

习题 2.9 设
$$A = \text{diag}(\lambda_1, \lambda_2, \cdots)$$
$$= \begin{pmatrix} \lambda_1 & 0 & \cdots \\ 0 & \lambda_2 & \cdots \\ \vdots & \vdots & \end{pmatrix}.$$

证明 A 在 ℓ_2 上诱导出有界线性算子当且仅当 $\sup\{|\lambda_1|, |\lambda_2|, \cdots\} < \infty$.

§2.4 升标和降标

线性算子可以确定非常重要的两个子空间, 即所谓的零空间和值域空间. 升标和降标正是与零空间和值域空间有关的概念, 其涉及紧算子、Fredholm 算子以及算子广义逆等理论. 本节用 $\mathcal{X}$ 和 $\mathcal{Y}$ 表示线性空间.

定义 2.4.1 设 T 是从 $\mathcal{X}$ 到 $\mathcal{Y}$ 的线性算子. 集合
$$\mathcal{R}(T) = \{Tx : x \in \mathcal{X}\}$$
称为 T 的值域, 集合
$$\mathcal{N}(T) = \{x \in \mathcal{X} : Tx = 0\}$$
称为 T 的零空间.

习题 2.10 设 T 是从 $\mathcal{X}$ 到 $\mathcal{Y}$ 的线性算子. 则 $\mathcal{N}(T)$ 和 $\mathcal{R}(T)$ 是线性空间. 此外,
$$\dim \mathcal{N}(T) + \dim \mathcal{R}(T) = \dim \mathcal{X}.$$

例 2.4.1 设 $A \in \mathcal{B}(\mathbb{C}^n, \mathbb{C}^m)$ 为如下矩阵:
$$A = \begin{pmatrix} a_{11} & a_{12} & \cdots & a_{1n} \\ a_{21} & a_{22} & \cdots & a_{2n} \\ \vdots & \vdots & & \vdots \\ a_{m1} & a_{m2} & \cdots & a_{mn} \end{pmatrix}.$$

刻画 $\mathcal{N}(A)$ 和 $\mathcal{R}(A)$.

用 $a_1^t, a_2^t, \cdots, a_m^t$ 表示矩阵 A 的行向量; $b_1, b_2, \cdots, b_n$ 表示矩阵 A 的列向量. 对于 $x = (x_1, x_2, \cdots, x_n)^t \in \mathbb{C}^n$, 因为
$$Ax = x_1 b_1 + x_2 b_2 + \cdots + x_n b_n,$$

于是
$$\mathcal{R}(A) = \text{span}\{b_1, b_2, \cdots, b_n\}.$$

另一方面, 不难发现 $Ax = 0$ 当且仅当 $a_i^t x = 0$, 即 $(\overline{a_i}, x) = 0$, $i = 1, 2, \cdots, m$, 其中 $\overline{a_i}$ 表示 a_i 的共轭向量. 故
$$\mathcal{N}(A) = \text{span}\{\overline{a_1}, \overline{a_2}, \cdots, \overline{a_m}\}^\perp.$$

例 2.4.2 考虑 ℓ_2 上的左移算子 S_l 和右移算子 S_r 的值域和零空间. 由左移和右移算子的定义直接推出
$$\mathcal{N}(S_l) = \{(x_1, 0, 0, \cdots) : x_1 \in \mathbb{C}\},$$
$$\mathcal{R}(S_l) = \ell_2,$$
$$\mathcal{N}(S_r) = \{0\},$$
$$\mathcal{R}(S_r) = \left\{(0, x_2, x_3, \cdots) : \sum_{i=2}^{\infty} |x_i|^2 < \infty\right\}.$$

定理 2.4.1 设 $T \in \mathcal{B}(\mathcal{H}, \mathcal{K})$. 则 $\mathcal{N}(T)$ 为 $\mathcal{H}$ 的闭子空间.

证 设 $\{x_n\}$ 为 $\mathcal{N}(T)$ 中的 Cauchy 列. 由于 $\mathcal{N}(T) \subset \mathcal{H}$, 因此 $\{x_n\}$ 在 $\mathcal{H}$ 中收敛, 即存在 $x \in \mathcal{H}$ 使得
$$\lim_{n \to \infty} x_n = x.$$
因为 $x_n \in \mathcal{N}(T)$, 所以 $Tx_n = 0$. 结合 T 的有界性可推出
$$Tx = \lim_{n \to \infty} Tx_n = 0,$$
即 $x \in \mathcal{N}(T)$. 所以 $\mathcal{N}(T)$ 是闭的. □

上面定理说明 Hilbert 空间上有界线性算子的零空间是闭的, 但是其值域未必是闭的, 见下例.

例 2.4.3 考虑 ℓ_2 上的算子
$$Tx = \left(x_1, \frac{1}{2}x_2, \frac{1}{3}x_3, \cdots, \frac{1}{n}x_n, \cdots\right),$$
其中 $x = (x_1, x_2, \cdots, x_n, \cdots) \in \ell_2$. 易知 T 是有界线性算子. 为证明 $\mathcal{R}(T)$ 不闭, 考虑序列
$$y_n = \left(1, \frac{1}{2}, \frac{1}{3}, \cdots, \frac{1}{n}, 0, 0, \cdots\right), \quad n = 1, 2, 3, \cdots.$$
对每个固定的 n, 均存在 ℓ_2 中的元素
$$x_n = (\underbrace{1, 1, \cdots, 1}_{n \text{ 个}}, 0, 0, \cdots)$$

使得
$$Tx_n = y_n.$$
于是 $y_n \in \mathcal{R}(T)$. 另一方面, 不难发现 $\{y_n\}$ 是 ℓ_2 中的 Cauchy 列并且收敛于
$$y_0 = \left(1, \frac{1}{2}, \frac{1}{3}, \cdots, \frac{1}{n}, \cdots\right).$$
可以证明 $y_0 \notin \mathcal{R}(T)$. 事实上, 如果 $y_0 \in \mathcal{R}(T)$, 则存在 $x_0 = (x_1, x_2, \cdots) \in \ell_2$ 使得
$$Tx_0 = y_0,$$
即
$$\left(x_1, \frac{1}{2}x_2, \frac{1}{3}x_3, \cdots, \frac{1}{n}x_n, \cdots\right) = \left(1, \frac{1}{2}, \frac{1}{3}, \cdots, \frac{1}{n}, \cdots\right).$$
因此 $x_n = 1$, $n = 1, 2, \cdots$, 从而 $x_0 = (1, 1, \cdots) \notin \ell_2$, 矛盾. 所以, $\mathcal{R}(T)$ 是不闭的.

设 T 是 $\mathcal{X}$ 上的线性算子. 定义
$$T^0 = I,$$
$$T^1 = T,$$
$$\vdots$$
$$T^{n+1} = TT^n.$$
不难发现, 对正整数 n 和 m 有
$$T^{nm} = (T^n)^m,$$
$$T^{n+m} = T^n T^m.$$

习题 2.11　如果 $T \in \mathcal{B}(\mathcal{H})$, 则 $\|T^n\| \leqslant \|T\|^n$, 从而 $T^n \in \mathcal{B}(\mathcal{H})$.

设 T 是 $\mathcal{X}$ 上的线性算子. 由于 $T^{n+1} = TT^n = T^n T$, 于是
$$\{0\} = \mathcal{N}(T^0) \subset \mathcal{N}(T) \subset \mathcal{N}(T^2) \subset \cdots$$
和
$$\mathcal{X} = \mathcal{R}(T^0) \supset \mathcal{R}(T) \supset \mathcal{R}(T^2) \supset \cdots$$
均成立.

定理 2.4.2　设 T 是 $\mathcal{X}$ 上的线性算子.

(i) 如果存在 k 使得 $\mathcal{N}(T^k) = \mathcal{N}(T^{k+1})$, 则对任意的 $n \geqslant k$ 有 $\mathcal{N}(T^n) = \mathcal{N}(T^k)$;

(ii) 如果存在 k 使得 $\mathcal{R}(T^k) = \mathcal{R}(T^{k+1})$, 则对任意的 $n \geqslant k$ 有 $\mathcal{R}(T^n) = \mathcal{R}(T^k)$.

证 (i) 如果存在 k 使得
$$\mathcal{N}(T^k) = \mathcal{N}(T^{k+1}),$$
则
$$\begin{aligned}\mathcal{N}(T^{k+1}) &= \{x \in \mathcal{X} : Tx \in \mathcal{N}(T^k)\} \\ &= \{x \in \mathcal{X} : Tx \in \mathcal{N}(T^{k+1})\} \\ &= \mathcal{N}(T^{k+2}).\end{aligned}$$
类似可证
$$\mathcal{N}(T^{k+2}) = \mathcal{N}(T^{k+3}) = \cdots,$$
所以对任意的 $n \geqslant k$ 有
$$\mathcal{N}(T^n) = \mathcal{N}(T^k).$$

(ii) 设存在 k 使得
$$\mathcal{R}(T^k) = \mathcal{R}(T^{k+1}).$$
则
$$\begin{aligned}\mathcal{R}(T^{k+1}) &= \{Tx \in \mathcal{X} : x \in \mathcal{R}(T^k)\} \\ &= \{Tx \in \mathcal{X} : x \in \mathcal{R}(T^{k+1})\} \\ &= \mathcal{R}(T^{k+2}),\end{aligned}$$
进而可证
$$\mathcal{R}(T^{k+2}) = \mathcal{R}(T^{k+3}) = \cdots.$$
于是, 对任意的 $n \geqslant k$ 有
$$\mathcal{R}(T^n) = \mathcal{R}(T^k).$$
□

定义 2.4.2 设 T 是 $\mathcal{X}$ 上的线性算子. 若存在 n 正整数使得
$$\mathcal{N}(T^n) = \mathcal{N}(T^{n+1}),$$
则等式成立的最小 n 称为 T 的升标, 记为 $\alpha(T)$. 如果对任意的 n 有
$$\mathcal{N}(T^n) \neq \mathcal{N}(T^{n+1}),$$
我们记 $\alpha(T) = \infty$. 类似地, 若存在正整数 n 使得
$$\mathcal{R}(T^n) = \mathcal{R}(T^{n+1}),$$
则等式成立的最小 n 称为 T 的降标, 记为 $\beta(T)$. 如果对任意的 n 有
$$\mathcal{R}(T^n) \neq \mathcal{R}(T^{n+1}),$$

我们记 $\beta(T) = \infty$.

由 $T^0 = I$ 可知, $\alpha(T) = 0$ 当且仅当 $\mathcal{N}(T) = \{0\}$; $\beta(T) = 0$ 当且仅当 $\mathcal{R}(T) = \mathcal{X}$.

关于线性算子的升标和降标, 有很多重要性质. 先看下面的引理.

引理 2.4.3 设 T 是 $\mathcal{X}$ 上的线性算子. 如果 $\alpha(T) < \infty$ 且 $\beta(T) = 0$, 则 $\alpha(T) = 0$.

证 用反证法, 假设 $\alpha(T) > 0$. 则 $\mathcal{N}(T) \neq \{0\}$, 从而存在非零元 $x_1 \in \mathcal{X}$ 使得
$$Tx_1 = 0.$$
由于 $\beta(T) = 0$, 即 $\mathcal{R}(T) = \mathcal{X}$, 于是 $x_1 \in \mathcal{R}(T)$. 故存在 $x_2 \in \mathcal{X}$ 使得
$$Tx_2 = x_1.$$
以此类推, 我们可得 $\mathcal{X}$ 中的点列 $\{x_n\}_{n=1}^{\infty}$ 使得
$$Tx_{n+1} = x_n.$$
对任意的 n, 不难发现
$$\begin{aligned} T^n x_{n+1} &= T^{n-1}(Tx_{n+1}) \\ &= T^{n-1} x_n = \cdots = Tx_2 = x_1 \neq 0, \end{aligned}$$
然而
$$T^{n+1} x_{n+1} = T(T^n x_{n+1}) = Tx_1 = 0.$$
于是 $x_{n+1} \in \mathcal{N}(T^{n+1})$, 但是 $x \notin \mathcal{N}(T^n)$. 所以
$$\mathcal{N}(T^{n+1}) \neq \mathcal{N}(T^n),$$
即 $\alpha(T) = \infty$. 这与 $\alpha(T) < \infty$ 矛盾. □

更一般地, 我们有以下定理.

定理 2.4.4 设 T 是 $\mathcal{X}$ 上的线性算子. 如果 $\alpha(T)$ 和 $\beta(T)$ 均为有限的, 则 $\alpha(T) = \beta(T)$.

证 先证 $\alpha(T) \leqslant \beta(T)$. 令 $p = \beta(T)$. 则
$$\mathcal{R}(T^p) = \mathcal{R}(T^{p+1}) = \{Tx \in \mathcal{X} : x \in \mathcal{R}(T^p)\}.$$
对任意的 $x \in \mathcal{R}(T^p)$, 定义
$$T_1 x = Tx.$$
易证 $T_1 : \mathcal{R}(T^p) \to \mathcal{R}(T^p)$ 是线性算子且 $\mathcal{R}(T_1) = \mathcal{R}(T^p)$. 对任意的正整数 n, 不

§2.4 升标和降标

难发现
$$T_1^n x = T^n x, \quad x \in \mathcal{R}(T^p).$$
于是
$$\mathcal{N}(T_1^{n+1}) \backslash \mathcal{N}(T_1^n) \subset \mathcal{N}(T^{n+1}) \backslash \mathcal{N}(T^n),$$
从而
$$\alpha(T_1) \leqslant \alpha(T) < \infty.$$

注意 $\mathcal{R}(T_1) = \mathcal{R}(T^p)$, 于是 $\beta(T_1) = 0$, 结合引理 2.4.3 即得 $\alpha(T_1) = 0$. 所以 $\mathcal{N}(T_1) = \{0\}$. 如果 $x \in \mathcal{N}(T^{p+1})$, 则 $T^p x \in \mathcal{R}(T^p)$, 进而
$$T_1(T^p x) = T(T^p x) = T^{p+1} x = 0.$$
由 $\mathcal{N}(T_1) = \{0\}$ 可知 $T^p x = 0$, 即 $x \in \mathcal{N}(T^p)$. 故
$$\mathcal{N}(T^{p+1}) \subset \mathcal{N}(T^p).$$
显然, $\mathcal{N}(T^p) \subset \mathcal{N}(T^{p+1})$ 成立. 于是
$$\mathcal{N}(T^{p+1}) = \mathcal{N}(T^p).$$
所以 $\alpha(T) \leqslant p$, 即 $\alpha(T) \leqslant \beta(T)$.

下面证明 $\beta(T) \leqslant \alpha(T)$. 不妨设 $p = \beta(T) \geqslant 1$. 则存在 $y \in \mathcal{R}(T^{p-1}) \backslash \mathcal{R}(T^p)$, 从而存在 $x \in \mathcal{X}$ 使得
$$y = T^{p-1} x.$$
显然, $T^p x \in \mathcal{R}(T^p)$. 注意 $\mathcal{R}(T^p) = \mathcal{R}(T^{2p})$, 于是存在 $u \in \mathcal{R}(T^p)$ 使得
$$T^p x = T^p u.$$
令 $z = x - u$. 则
$$T^p z = T^p x - T^p u = 0.$$
另一方面, 因为 $u \in \mathcal{R}(T^p)$, 因此 $T^{p-1} u \in \mathcal{R}(T^{2p-1})$. 结合 $\mathcal{R}(T^{2p-1}) = \mathcal{R}(T^p)$ 和 $y \notin \mathcal{R}(T^p)$ 可知
$$T^{p-1} z = T^{p-1} x - T^{p-1} u = y - T^{p-1} u \neq 0.$$
于是, $z \in \mathcal{N}(T^p)$, 但是 $z \notin \mathcal{N}(T^{p-1})$. 故 $\alpha(T) \geqslant p$, 即 $\alpha(T) \geqslant \beta(T)$. □

定义 2.4.3 设 $\mathcal{M}$ 为 $\mathcal{X}$ 的子空间. 如果存在子空间 $\mathcal{N}$ 使得
$$\mathcal{N} \cap \mathcal{M} = \{0\}, \quad \mathcal{X} = \mathcal{M} + \mathcal{N},$$
则 $\mathcal{X}$ 称为 $\mathcal{M}$ 和 $\mathcal{N}$ 的直和, 简记为
$$\mathcal{X} = \mathcal{M} \dotplus \mathcal{N};$$

空间 $\mathcal{N}$ 称为 $\mathcal{M}$ 在 $\mathcal{X}$ 中的代数补空间; $\mathcal{N}$ 的维数称为 $\mathcal{M}$ 的余维数, 记为 codim$\mathcal{M}$, 即
$$\text{codim}\mathcal{M} = \dim \mathcal{N}.$$

习题 2.12 设 $\mathcal{M}$ 和 $\mathcal{N}$ 是 $\mathcal{X}$ 的子空间. 则
$$\mathcal{X} = \mathcal{M} \dotplus \mathcal{N}$$
当且仅当任意的 $x \in \mathcal{X}$ 可唯一表示为
$$x = x_1 + x_2,$$
其中 $x_1 \in \mathcal{M}, x_2 \in \mathcal{N}$.

由 [44] 可知, 如果 $\mathcal{M}$ 是 $\mathcal{X}$ 的子空间, 则 $\mathcal{M}$ 在 $\mathcal{X}$ 中的代数补空间必存在, 但未必唯一. 如果 $\mathcal{N}_1$ 和 $\mathcal{N}_2$ 均为 $\mathcal{M}$ 在 $\mathcal{X}$ 中的代数补空间, 则 $\dim \mathcal{N}_1 = \dim \mathcal{N}_2$. 于是 codim$\mathcal{M}$ 仅与 $\mathcal{M}$ 本身有关, 与代数补空间的选择无关.

习题 2.13 如果 $\mathcal{M}$ 为 Hilbert 空间 $\mathcal{H}$ 的闭子空间, 则 codim$\mathcal{M} = \dim \mathcal{M}^\perp$.

定理 2.4.5 设 T 是 $\mathcal{X}$ 上的线性算子, $\alpha(T)$ 和 $\beta(T)$ 均为有限的. 令 $p = \beta(T)$, 则
$$\mathcal{X} = \mathcal{R}(T^p) \dotplus \mathcal{N}(T^p).$$

证 设 $u \in \mathcal{R}(T^p) \cap \mathcal{N}(T^p)$. 则
$$T^p u = 0$$
且存在 $v \in \mathcal{X}$ 使得
$$u = T^p v.$$
于是
$$T^{2p} v = T^p(T^p v) = T^p u = 0,$$
即 $v \in \mathcal{N}(T^{2p})$. 由定理 2.4.2 和定理 2.4.4 可知
$$\mathcal{N}(T^{2p}) = \mathcal{N}(T^p),$$
从而 $v \in \mathcal{N}(T^p)$, 即 $T^p v = 0$. 故 $u = 0$. 因此
$$\mathcal{N}(T^p) \cap \mathcal{R}(T^p) = \{0\}.$$

另一方面, 如果 $x \in \mathcal{X}$, 则 $T^p x \in \mathcal{R}(T^p)$. 结合 $\mathcal{R}(T^p) = \mathcal{R}(T^{2p})$ 可知存在 $y \in \mathcal{R}(T^p)$ 使得
$$T^p x = T^p y.$$

令 $z = x - y$, 即 $x = y + z$. 计算可得 $T^p z = 0$, 从而 $z \in \mathcal{N}(T^p)$. □

§2.5 投影算子

定义 2.5.1 设 P 是 $\mathcal{H}$ 上的线性算子. 如果 P 是有界的并且 $P^2 = P$, 则称 P 为投影算子(又称幂等算子).

定理 2.5.1 设 $P \in \mathcal{B}(\mathcal{H})$ 是投影算子. 则
  (i) $I - P$ 是投影算子;
  (ii) $\mathcal{R}(P) = \mathcal{N}(I - P)$.

证 (i) 因为 $P^2 = P$, 因此
$$(I - P)^2 = I - 2P + P^2 = I - P,$$
从而 $I - P$ 是投影算子.

(ii) 设 $x \in \mathcal{R}(P)$, 则存在 $u \in \mathcal{H}$ 使得
$$Pu = x,$$
从而
$$(I - P)x = (I - P)Pu = Pu - P^2u = 0,$$
即 $x \in \mathcal{N}(I - P)$. 反之, 假设 $x \in \mathcal{N}(I - P)$, 则
$$(I - P)x = 0,$$
即
$$Px = x,$$
进而 $x \in \mathcal{R}(P)$. 故
$$\mathcal{R}(P) = \mathcal{N}(I - P).$$

□

如果 P 是投影算子, 则 $\mathcal{R}(P) = \mathcal{N}(I - P)$, 从而有以下推论.

推论 2.5.2 设 $P \in \mathcal{B}(\mathcal{H})$ 是投影算子. 则
  (i) $Px = x$ 当且仅当 $x \in \mathcal{R}(P)$;
  (ii) $\mathcal{R}(P)$ 是闭的.

习题 2.14 设 P 和 Q 为 $\mathcal{B}(\mathcal{H})$ 中的投影算子. 证明
$$(P - Q)^2 + (1 - P - Q)^2 = I,$$
$$(I - P + QP)(I - Q + PQ) = I - (P - Q)^2.$$

下面结论说明投影算子和空间的直和分解有着紧密联系.

定理 2.5.3 设 $P \in \mathcal{B}(\mathcal{H})$. 如果 P 是投影算子, 则
$$\mathcal{H} = \mathcal{R}(P) \dotplus \mathcal{N}(P).$$
反之, 如果 $\mathcal{M}$ 和 $\mathcal{N}$ 是 $\mathcal{H}$ 的两个闭子空间并且
$$\mathcal{H} = \mathcal{M} \dotplus \mathcal{N},$$
则存在唯一的投影算子 $P \in \mathcal{B}(\mathcal{H})$ 使得
$$\mathcal{R}(P) = \mathcal{M}$$
且
$$\mathcal{N}(P) = \mathcal{N}.$$

证 设 $P \in \mathcal{B}(\mathcal{H})$ 是投影算子. 一方面, 如果 $u \in \mathcal{R}(P) \cap \mathcal{N}(P)$, 则
$$u = Pu = 0.$$
于是
$$\mathcal{R}(P) \cap \mathcal{N}(P) = \{0\}.$$
另一方面, 对任意的 $x \in \mathcal{H}$, 令
$$x_1 = (I - P)x,$$
$$x_2 = Px,$$
则
$$x = x_1 + x_2.$$
显然, $x_1 \in \mathcal{R}(I - P)$, $x_2 \in \mathcal{R}(P)$. 由 $\mathcal{R}(I - P) = \mathcal{N}(P)$ 可知 $x_1 \in \mathcal{N}(P)$. 所以
$$\mathcal{H} = \mathcal{R}(P) \dotplus \mathcal{N}(P).$$

反之, 假设 $\mathcal{M}$ 和 $\mathcal{N}$ 是 $\mathcal{H}$ 的两个闭子空间并且
$$\mathcal{H} = \mathcal{M} \dotplus \mathcal{N}.$$
则任意的 $x \in \mathcal{H}$ 可分解为
$$x = x_1 + x_2, \quad x_1 \in \mathcal{M}, \ x_2 \in \mathcal{N}.$$
定义算子 $P : \mathcal{H} \longrightarrow \mathcal{H}$ 为
$$Px = x_1, \quad x \in \mathcal{H}.$$
一方面, 不难验证 $P^2 = P$ 并且 $\mathcal{R}(P) = \mathcal{M}$, $\mathcal{N}(P) = \mathcal{N}$. 另一方面, 由闭图像定理可知, 为证明 $P \in \mathcal{B}(\mathcal{H})$ 只需证明 $\mathcal{G}(P)$ 在 $\mathcal{H} \times \mathcal{H}$ 中是闭的即可. 如果

§2.5 投影算子

$\{\langle x_n, Px_n\rangle\}_{n=1}^{\infty}$ 是 $\mathcal{G}(P)$ 中的 Cauchy 列, 则存在 $\langle x, y\rangle \in \mathcal{H} \times \mathcal{H}$ 使得
$$\lim_{n\to\infty} \langle x_n, Px_n\rangle = \langle x, y\rangle.$$
因此
$$\begin{aligned}0 &= \lim_{n\to\infty} \|\langle x_n, Px_n\rangle - \langle x, y\rangle\| \\ &= \lim_{n\to\infty} \left(\|x_n - x\|^2 + \|Px_n - y\|^2\right)^{\frac{1}{2}},\end{aligned}$$
从而
$$\lim_{n\to\infty} x_n = x,$$
$$\lim_{n\to\infty} Px_n = y.$$
由于 $\mathcal{M}$ 是闭的并且 $Px_n \in \mathcal{M}$, 于是 $y \in \mathcal{M}$. 再由 P 的定义, $x_n - Px_n \in \mathcal{N}$, 结合
$$\lim_{n\to\infty}(x_n - Px_n) = x - y$$
以及 $\mathcal{N}$ 的闭性可得 $x - y \in \mathcal{N}$. 注意 $\mathcal{N} = \mathcal{N}(P)$ 和 $y \in \mathcal{M} = \mathcal{R}(P)$, 故
$$0 = P(x - y) = Px - Py = Px - y,$$
从而
$$Px = y.$$
所以 $\langle x, y\rangle \in \mathcal{G}(P)$.

最后证明唯一性. 假设 P 和 Q 为两个投影算子并且
$$\mathcal{R}(P) = \mathcal{R}(Q) = \mathcal{M},$$
$$\mathcal{N}(P) = \mathcal{N}(Q) = \mathcal{N}.$$
则
$$\mathcal{H} = \mathcal{R}(P) \dotplus \mathcal{N}(P) = \mathcal{R}(Q) \dotplus \mathcal{N}(Q).$$
于是, 任意的 $x \in \mathcal{H}$ 可唯一表示为
$$x = Px + (I - P)x = Qx + (I - Q)x.$$
由表达式的唯一性可知 $Px = Qx$, 即 $P = Q$. □

设 $P \in \mathcal{B}(\mathcal{H})$ 是投影算子. 如果 P 的值域为 $\mathcal{M}$, 零空间为 $\mathcal{N}$, 则 P 简称为 $\mathcal{M}$ 上平行于 $\mathcal{N}$ 的投影算子.

例 2.5.1 考虑矩阵
$$P_1 = \begin{pmatrix} 1 & 0 \\ 0 & 0 \end{pmatrix}, \quad P_2 = \begin{pmatrix} 1 & 1 \\ 0 & 0 \end{pmatrix}.$$

计算可知，$P_1^2 = P_1$, $P_2^2 = P_2$，从而 P_1 和 P_2 均为投影算子. 由例 2.4.1 可得
$$\mathcal{R}(P_1) = \mathrm{span}\{e_1\},$$
$$\mathcal{N}(P_1) = \mathrm{span}\{e_2\},$$
$$\mathcal{R}(P_2) = \mathrm{span}\{e_1\},$$
$$\mathcal{N}(P_2) = \mathrm{span}\{e_1 - e_2\},$$

其中
$$e_1 = \begin{pmatrix} 1 \\ 0 \end{pmatrix}, e_2 = \begin{pmatrix} 0 \\ 1 \end{pmatrix}.$$

于是
$$\mathbb{C}^2 = \mathcal{R}(P_1) \dotplus \mathcal{N}(P_1) = \mathcal{R}(P_2) \dotplus \mathcal{N}(P_2).$$

设 $\mathcal{M}$ 为 $\mathcal{H}$ 的闭子空间. 如果存在闭子空间 $\mathcal{N}$ 使得 $\mathcal{H} = \mathcal{M} \dotplus \mathcal{N}$，则 $\mathcal{H}$ 称为 $\mathcal{M}$ 和 $\mathcal{N}$ 的拓扑直和，$\mathcal{N}$ 称为 $\mathcal{M}$ 在 $\mathcal{H}$ 中的拓扑补空间，简称拓扑补. 例 2.5.1 说明同一个闭子空间的拓扑补空间不是唯一的，换言之，值域相同的投影算子不唯一. 那么，具有相同值域的投影算子有什么关联？

定理 2.5.4 设 P_1 和 P_2 是 $\mathcal{B}(\mathcal{H})$ 中的投影算子并且 $\mathcal{R}(P_1) = \mathcal{R}(P_2) = \mathcal{M}$. 则
(i) $P_1 P_2 = P_2$, $P_2 P_1 = P_1$；
(ii) 对任意的常数 α，$\alpha P_1 + (1-\alpha) P_2$ 是投影算子并且其值域等于 $\mathcal{M}$；
(iii) $\mathcal{R}(P_1 - P_2) \subset \mathcal{M} \subset \mathcal{N}(P_1 - P_2)$.

证 (i) 因为
$$\mathcal{N}(I - P_1) = \mathcal{R}(P_1) = \mathcal{M} = \mathcal{R}(P_2),$$

因此 $(I - P_1) P_2 = 0$，即 $P_1 P_2 = P_2$. 类似可证 $P_2 P_1 = P_1$.

(ii) 设 α 是任意常数，并记 $P_3 = \alpha P_1 + (1-\alpha) P_2$. 则
$$P_3^2 = \alpha^2 P_1^2 + \alpha(1-\alpha)(P_1 P_2 + P_2 P_1) + (1-\alpha)^2 P_2^2$$
$$= \alpha^2 P_1 + \alpha(1-\alpha)(P_2 + P_1) + (1-\alpha)^2 P_2$$
$$= \alpha P_1 + (1-\alpha) P_2 = P_3,$$

即 P_3 是投影算子. 另一方面，若 $x \in \mathcal{M}$，由 $\mathcal{R}(P_1) = \mathcal{R}(P_2) = \mathcal{M}$ 可知
$$P_3 x = \alpha P_1 x + (1-\alpha) P_2 x$$

$$= \alpha x + (1-\alpha)x = x,$$

从而 $\mathcal{M} \subset \mathcal{R}(P_3)$. 另一方面, 注意

$$P_1 P_3 = \alpha P_1{}^2 + (1-\alpha) P_1 P_2$$
$$= \alpha P_1 + (1-\alpha) P_2 = P_3,$$

于是 $\mathcal{R}(P_3) \subset \mathcal{R}(P_1)$. 故 $\mathcal{R}(P_3) = \mathcal{M}$.

(iii) 设 $y \in \mathcal{R}(P_1 - P_2)$. 则存在 $x \in \mathcal{H}$ 使得

$$y = P_1 x - P_2 x.$$

注意 $P_1 P_2 = P_2$, 从而

$$y = P_1 x - P_2 x$$
$$= P_1(P_1 x - P_2 x) = P_1 y.$$

于是 $\mathcal{R}(P_1 - P_2) \subset \mathcal{M}$. 再设 $u \in \mathcal{M}$. 因为 $\mathcal{R}(P_1) = \mathcal{R}(P_2) = \mathcal{M}$, 因而 $u = P_1 u = P_2 u$. 所以 $(P_1 - P_2)u = 0$, 即 $\mathcal{M} \subset \mathcal{N}(P_1 - P_2)$. □

定义 2.5.2 设 P 是 $\mathcal{B}(\mathcal{H})$ 中的投影算子. 如果 $\mathcal{N}(P) \perp \mathcal{R}(P)$, 则称 P 为正交投影算子.

不难发现, 例 2.5.1 中的 P_1 是正交投影算子.

习题 2.15 设 $\mathcal{M}$ 是 $\mathcal{H}$ 的闭子空间. 则存在唯一的正交投影算子 P 使得 $\mathcal{R}(P) = \mathcal{M}$.

根据习题 2.15 可知, 正交投影算子 P 是由 $\mathcal{R}(P)$ 唯一确定的. 于是, 当 $\mathcal{R}(P) = \mathcal{M}$ 时, 正交投影算子 P 又称为 $\mathcal{M}$ 上的正交投影算子, 简记为 $P_\mathcal{M}$.

习题 2.16 如果 P 是 $\mathcal{M}$ 上的正交投影算子, 则 $I - P$ 是 $\mathcal{M}^\perp$ 上的正交投影算子.

§2.6 共 轭 算 子

本节的主要目的是把矩阵的共轭转置推广到有界线性算子上. 为此, 先介绍有界线性泛函的概念.

设 $T \in \mathcal{B}(\mathcal{H}, \mathcal{K})$. 如果 $\mathcal{K}$ 为数域 $\mathbb{R}$ 或 $\mathbb{C}$, 则 T 称为 $\mathcal{H}$ 上的有界线性泛函. 关于有界线性泛函, 有下面的重要定理, 即有界线性泛函的 Riesz 表示定理.

定理 2.6.1 设 $\mathcal{H}$ 为 Hilbert 空间. 如果 $z \in \mathcal{H}$ 并且对任意 $x \in \mathcal{H}$, 我们定义

$$f_z(x) = (x, z),$$

则 f_z 是 $\mathcal{H}$ 上的有界线性泛函. 此外,
$$\|f_z\| = \|z\|.$$
反之, 如果 f 是 $\mathcal{H}$ 上的有界线性泛函, 则存在唯一的 $z \in \mathcal{H}$ 使得
$$f(x) = (x, z).$$

证 由内积的性质容易验证 $f_z(x) = (x, z)$ 是线性的. 下面证明 f_z 是有界的并且 $\|f_z\| = \|z\|$. 由 Cauchy-Schwarz 不等式
$$|f_z(x)| = |(x, z)| \leqslant \|z\| \|x\|,$$
从而
$$\|f_z\| \leqslant \|z\|.$$
结合
$$|f_z(z)| = |(z, z)| = \|z\|^2$$
可得
$$\|f_z\| = \|z\|.$$

反之, 假设 f 为 $\mathcal{H}$ 上的有界线性泛函. 则其零空间 $\mathcal{N}(f)$ 为 $\mathcal{H}$ 的闭子空间. 不妨假设 $f \neq 0$ (不然选择 $z = 0$ 即可), 则 $\mathcal{N}(f) \neq \mathcal{H}$, 从而存在 $u \in \mathcal{H}$ 使得 $\|u\| = 1$ 并且 $u \in \mathcal{N}(f)^\perp$. 显然, $f(u) \neq 0$. 对任意 $x \in \mathcal{H}$, 令
$$y = x - \frac{f(x)}{f(u)} u,$$
则 $f(y) = 0$, 进而 $y \in \mathcal{N}(f)$. 于是
$$0 = (y, u) = (x - \frac{f(x)}{f(u)} u, u) = (x, u) - \frac{f(x)}{f(u)}.$$
故
$$f(x) = f(u)(x, u) = (x, \overline{f(u)} u).$$
令 $z = \overline{f(u)} u$, 则
$$f(x) = (x, z).$$

现在证明 z 的唯一性. 假设存在 z 和 z_1 使得对任意 $x \in \mathcal{H}$ 有
$$f(x) = (x, z) = (x, z_1).$$
则
$$(x, z - z_1) = 0,$$

§2.6 共轭算子

从而 $z - z_1 \in \mathcal{H}^\perp$. 于是 $z = z_1$. □

设 $T \in \mathcal{B}(\mathcal{H}, \mathcal{K})$. 对每一个 $y \in \mathcal{K}$, 定义
$$f_y(x) = (Tx, y), \quad x \in \mathcal{H}.$$

显然, f_y 是 $\mathcal{H}$ 上的有界线性泛函, 据定理 2.6.1 可知存在唯一的 $z \in \mathcal{H}$ 使得
$$(Tx, y) = f_y(x) = (x, z).$$

定义新的算子:
$$T^* y = z.$$

此时, 对任意 $x \in \mathcal{H}$ 和 $y \in \mathcal{K}$ 有
$$(Tx, y) = (x, T^* y).$$

算子 $T^* : \mathcal{K} \longrightarrow \mathcal{H}$ 称为 T 的共轭算子.

定理 2.6.2 设 $T \in \mathcal{B}(\mathcal{H}, \mathcal{K})$, T^* 为 T 的共轭算子. 则 $T^* \in \mathcal{B}(\mathcal{K}, \mathcal{H})$ 并且 $\|T^*\| = \|T\|$.

证 对任意 $x \in \mathcal{H}$,
$$\begin{aligned}
(x, T^*(\alpha y + \beta z)) &= (Tx, \alpha y + \beta z) \\
&= \overline{\alpha}(Tx, y) + \overline{\beta}(Tx, z) \\
&= \overline{\alpha}(x, T^* y) + \overline{\beta}(x, T^* z) \\
&= (x, \alpha T^* y) + (x, \beta T^* z) \\
&= (x, \alpha T^* y + \beta T^* z),
\end{aligned}$$

其中 $y, z \in \mathcal{K}$ 且 $\alpha, \beta \in \mathbb{C}$. 因此
$$T^*(\alpha y + \beta z) = \alpha T^* x + \beta T^* z,$$

从而 T^* 是线性的. 另外, 据习题 2.1(ii) 可得
$$\begin{aligned}
\|T\| &= \sup_{\|x\|=\|y\|=1} |(Tx, y)| \\
&= \sup_{\|x\|=\|y\|=1} |(x, T^* y)| = \|T^*\|.
\end{aligned}$$

因此, $T^* \in \mathcal{B}(\mathcal{K}, \mathcal{H})$ 并且 $\|T\| = \|T^*\|$. □

如果 $T \in \mathcal{B}(\mathcal{H}, \mathcal{K})$, 则 $T^* \in \mathcal{B}(\mathcal{K}, \mathcal{H})$, 从而 T^* 也有共轭算子. T^* 的共轭算子称为 T 的二次共轭算子, 简记为
$$T^{**} = (T^*)^*.$$

习题 2.17 如果 $T \in \mathcal{B}(\mathcal{H}, \mathcal{K})$, 则 $T^{**} = T$.

设 $\{u_1, u_2, \cdots\}$ 为可分 Hilbert 空间 $\mathcal{H}$ 的标准正交基. 如果 $T \in \mathcal{B}(\mathcal{H})$, 则 $T^* \in \mathcal{B}(\mathcal{H})$. 算子 T 和 T^* 在标准正交基 $\{u_1, u_2, \cdots\}$ 下的矩阵表示分别记为 $A = (a_{ij})_{i,j=1}^\infty$ 和 $B = (b_{ij})_{i,j=1}^\infty$, 其中 $a_{ij} = (Tu_j, u_i)$, $b_{ij} = (T^*u_j, u_i)$. 此时,

$$b_{ij} = (T^*u_j, u_i) = (u_j, T^*u_i) = \overline{(T^*u_i, u_j)} = \overline{a_{ji}}.$$

因此 $B = A^*$. 由此看出, 共轭算子是矩阵的共轭转置在无穷维空间上的推广.

例 2.6.1 设 $S_l \in \mathcal{B}(\ell_2)$ 为左移算子. 则 $S_l^* = S_r$.

实际上, 对 $x = (x_1, x_2, \cdots) \in \ell_2$ 和 $y = (y_1, y_2, \cdots) \in \ell_2$, 计算可得

$$(S_l x, y) = \sum_{i=1}^\infty x_{i+1}\overline{y_i} = (x, S_r y),$$

因此

$$S_l^* = S_r.$$

例 2.6.2 设 $k(s,t)$ 是矩形区域 $a \leqslant t, s \leqslant b$ 上的连续函数. 对 $x \in L^2[a,b]$, 定义

$$Kx = \int_a^b k(s,t)x(t)\mathrm{d}t.$$

由例 2.1.2 知 $K \in \mathcal{B}(L^2[a,b])$. 求 K^*.

事实上, 对 $x, y \in L^2[a,b]$, 计算可知

$$\begin{aligned}
(Kx, y) &= \int_a^b Kx\overline{y}\mathrm{d}s \\
&= \int_a^b \left(\overline{y(s)} \int_a^b k(s,t)x(t)\mathrm{d}t\right)\mathrm{d}s \\
&= \int_a^b \int_a^b k(s,t)x(t)\overline{y(s)}\mathrm{d}t\mathrm{d}s \\
&= \int_a^b x(t)\left(\int_a^b k(s,t)\overline{y(s)}\mathrm{d}s\right)\mathrm{d}t \\
&= \int_a^b x(t)\overline{\left(\int_a^b \overline{k(s,t)}y(s)\mathrm{d}s\right)}\mathrm{d}t = (x, z),
\end{aligned}$$

其中

$$z = \int_a^b \overline{k(s,t)}y(s)\mathrm{d}s.$$

因而

$$K^*y = z = \int_a^b \overline{k(s,t)}y(s)\mathrm{d}s.$$

例 2.6.3 如果 $P \in \mathcal{B}(\mathcal{H})$ 是正交投影算子, 则 $P^* = P$.

事实上, 如果 P 是正交投影算子, 由定理 2.5.1 可知
$$\mathcal{R}(P) = \mathcal{N}(P)^\perp = \mathcal{R}(I - P)^\perp.$$
于是, 对任意的 $x \in \mathcal{H}$ 和 $y \in \mathcal{H}$ 有
$$\begin{aligned}(Px, y) &= (Px, Py + (I - P)y) \\ &= (Px, Py) + (Px, (I - P)y) = (Px, Py) \\ &= (Px, Py) + ((I - P)x, Py) = (x, Py).\end{aligned}$$
故
$$P^* = P.$$

习题 2.18 设 $a(t)$ 为区间 $[a, b]$ 上的连续函数. 对 $x \in L^2[a, b]$, 定义
$$Tx = a(t)x(t).$$
求 T^*.

习题 2.19 对 $x = (x_1, x_2, \cdots) \in \ell_2$, 定义
$$Tx = (x_1, 0, x_2, 0, x_3, 0, \cdots);$$
$$Sx = \left(x_1, \frac{x_2}{2}, \frac{x_3}{3}, \cdots\right).$$
求 T^* 和 S^*.

共轭算子具备下面的简单性质, 其证明作为习题留给读者.

习题 2.20 设 $T \in \mathcal{B}(\mathcal{H}, \mathcal{K})$, $S \in \mathcal{B}(\mathcal{H}, \mathcal{K})$, $R \in \mathcal{B}(\mathcal{K}, \mathcal{H})$, $\alpha \in \mathbb{C}$. 则

(i) $(T + S)^* = T^* + S^*$;
(ii) $(TR)^* = R^*T^*$;
(iii) $(\alpha T)^* = \overline{\alpha} T^*$.

定理 2.6.3 设 $T \in \mathcal{B}(\mathcal{H}, \mathcal{K})$. 则 $\|T^*T\| = \|T\|^2$.

证 一方面, 因为 $\|T\| = \|T^*\|$, 因此
$$\|T^*T\| \leqslant \|T^*\|\|T\| = \|T\|^2.$$
另一方面, 由
$$\|Tx\|^2 = (Tx, Tx) = (x, T^*Tx) \leqslant \|T^*T\|\|x\|^2$$
推出
$$\|Tx\| \leqslant \|T^*T\|^{\frac{1}{2}}\|x\|,$$

从而
$$\|T\|^2 \leqslant \|T^*T\|.$$

$\square$

下面考虑给定的算子和其共轭算子之间的关系. 作为简单的例子, 研究 $n \times m$ 矩阵

$$A = \begin{pmatrix} a_{11} & a_{12} & \cdots & a_{1m} \\ a_{21} & a_{22} & \cdots & a_{2m} \\ \vdots & \vdots & & \vdots \\ a_{n1} & a_{n2} & \cdots & a_{nm} \end{pmatrix}.$$

用 a_i^t 表示 A 的行向量组, 其中 $i = 1, 2, \cdots, n$. 由例 2.4.1 可知

$$\mathcal{N}(A) = \operatorname{span}\{\overline{a_1}, \overline{a_2}, \cdots, \overline{a_n}\}^\perp.$$

显然, A^* 的列向量组分别为 $\overline{a_i}$, $i = 1, 2, \cdots, n$. 于是

$$\mathcal{R}(A^*) = \operatorname{span}\{\overline{a_1}, \overline{a_2}, \cdots, \overline{a_n}\}.$$

因此

$$\mathcal{N}(A) = \mathcal{R}(A^*)^\perp.$$

上面的等式对有界线性算子也成立.

定理 2.6.4 设 $T \in \mathcal{B}(\mathcal{H}, \mathcal{K})$. 则

$$\mathcal{N}(T) = \mathcal{R}(T^*)^\perp,$$
$$\overline{\mathcal{R}(T)} = \mathcal{N}(T^*)^\perp.$$

证 因为 $x \in \mathcal{R}(T^*)^\perp$ 当且仅当对所有 $y \in \mathcal{K}$ 有

$$0 = (x, T^*y) = (Tx, y),$$

然而

$$(Tx, y) = 0, \quad y \in \mathcal{K}$$

当且仅当 $Tx = 0$, 即 $x \in \mathcal{N}(T)$. 因而

$$\mathcal{N}(T) = \mathcal{R}(T^*)^\perp.$$

将第一个等式应用在 T^* 上, 则

$$\mathcal{N}(T^*) = \mathcal{R}(T^{**})^\perp = \mathcal{R}(T)^\perp.$$

两端再取正交补可得

$$\overline{\mathcal{R}(T)} = \mathcal{N}(T^*)^\perp.$$

$\square$

本节的最后给出非常重要的定理, 证明将在第三章 §3.1 中给出.

定理 2.6.5 (闭值域定理) 设 $T \in \mathcal{B}(\mathcal{H}, \mathcal{K})$. 则 $\mathcal{R}(T)$ 为闭的当且仅当 $\mathcal{R}(T^*)$ 为闭的.

§2.7 不变子空间

不变子空间是算子理论中非常重要的概念之一, 研究线性算子的结构时常常用到. 本节介绍不变子空间的概念.

定义 2.7.1 设 $T \in \mathcal{B}(\mathcal{H})$. 如果 $\mathcal{M}$ 为 $\mathcal{H}$ 的子空间, 并且
$$T\mathcal{M} = \{Tx : x \in \mathcal{M}\} \subset \mathcal{M},$$
则称 $\mathcal{M}$ 为 T 的不变子空间.

习题 2.21 设 $T \in \mathcal{B}(\mathcal{H})$. 则 $\mathcal{R}(T^n)$ 和 $\mathcal{N}(T^n)$ 均为 T 的不变子空间, $n = 0, 1, \cdots$.

定理 2.7.1 设 $\mathcal{M}$ 是 $T \in \mathcal{B}(\mathcal{H})$ 的不变子空间, 则 $\mathcal{M}^\perp$ 是 T^* 的不变子空间.

证 设 $y \in \mathcal{M}^\perp$. 对任意的 $x \in \mathcal{M}$ 有
$$(x, T^*y) = (Tx, y) = 0.$$
因此 $T^*y \perp \mathcal{M}$, 即 $T^*y \in \mathcal{M}^\perp$. □

习题 2.22 设 $\mathcal{M}$ 是 $T \in \mathcal{B}(\mathcal{H})$ 的不变子空间. 则 $\overline{\mathcal{M}}$ 也是 T 的不变子空间.

如果 $\mathcal{M}$ 是 $\mathcal{H}$ 的闭子空间, 则存在 $\mathcal{M}$ 上的正交投影算子 P. 那么, $\mathcal{M}$ 是否是 $T \in \mathcal{B}(\mathcal{H})$ 的不变子空间, 可通过 P 来刻画.

定理 2.7.2 设 $\mathcal{M}$ 是 $\mathcal{H}$ 的闭子空间, P 是 $\mathcal{M}$ 上的正交投影算子, $T \in \mathcal{B}(\mathcal{H})$. 则 $\mathcal{M}$ 是 T 的不变子空间当且仅当 $PTP = TP$.

证 设 $\mathcal{M}$ 是 T 的不变子空间, 即 $T\mathcal{M} \subset \mathcal{M}$. 对任意 $x \in \mathcal{H}$, 因为 $Px \in \mathcal{M}$, 进而 $TPx \in \mathcal{M}$, 结合 $\mathcal{R}(P) = \mathcal{M}$ 可得 $PTPx = TPx$. 故 $PTP = TP$.

反之, 假设 $PTP = TP$. 对任意 $x \in \mathcal{M}$, 由于
$$Tx = TPx = PTPx$$
并且 $PTPx \in \mathcal{M}$, 因此 $Tx \in \mathcal{M}$. 于是 $\mathcal{M}$ 是 T 的不变子空间. □

定义 2.7.2 设 $\mathcal{M}$ 为 $T \in \mathcal{B}(\mathcal{H})$ 的闭不变子空间. 如果 $\mathcal{M}^\perp$ 也是 T 的不变子空间, 则 $\mathcal{M}$ 称为 T 的约化子空间.

定理 2.7.3　设 $\mathcal{M}$ 是 $\mathcal{H}$ 的闭子空间，P 是 $\mathcal{M}$ 上的正交投影算子，$T \in \mathcal{B}(\mathcal{H})$. 则 $\mathcal{M}$ 是 T 的约化子空间当且仅当 $PT = TP$.

证　设 $\mathcal{M}$ 是 T 的约化子空间. 由于 $I - P$ 是 $\mathcal{M}^\perp$ 上的正交投影算子，因此

$$PTP = TP,$$
$$(I-P)T(I-P) = T(I-P).$$

因此

$$\begin{aligned}PT &= PT[P + (I-P)]\\ &= PTP + PT(I-P)\\ &= TP + P(I-P)T(I-P) = TP.\end{aligned}$$

反之，假设 $TP = PT$. 一方面，由 $P^2 = P$ 推出

$$PTP = TP^2 = TP,$$

因此 $\mathcal{M}$ 是 T 的不变子空间. 另一方面，注意 $I - P$ 是 $\mathcal{M}^\perp$ 上的正交投影算子，因此

$$\begin{aligned}(I-P)T(I-P) &= T(I-P) - PT(I-P)\\ &= T(I-P) - TP(I-P) = T(I-P),\end{aligned}$$

从而 $\mathcal{M}^\perp$ 是 T 的不变子空间. 所以 $\mathcal{M}$ 是 T 的约化子空间. □

§2.8　有界线性算子的算子矩阵表示

我们知道，借助分块矩阵不仅可以简化矩阵的运算还可以更清楚地刻画矩阵的结构特性. 把分块矩阵的思想推广到无穷维空间上就会出现有界线性算子的分块算子矩阵表示，简称为算子矩阵表示. 目前，算子矩阵已经成为算子理论中最为活跃的研究课题之一.

设 $T \in \mathcal{B}(\mathcal{H}, \mathcal{K})$. 如果 $\mathcal{M}$ 和 $\mathcal{N}$ 是 $\mathcal{H}$ 的闭子空间，$\mathcal{S}$ 和 $\mathcal{T}$ 是 $\mathcal{K}$ 的闭子空间，并且

$$\mathcal{H} = \mathcal{M} \dotplus \mathcal{N},$$
$$\mathcal{K} = \mathcal{S} \dotplus \mathcal{T},$$

据定理 2.5.3 可知存在 $\mathcal{M}$ 上平行于 $\mathcal{N}$ 的投影算子 $P \in \mathcal{B}(\mathcal{H})$ 和 $\mathcal{S}$ 上平行于 $\mathcal{T}$ 的投影算子 $Q \in \mathcal{B}(\mathcal{K})$. 于是，任意 $x \in \mathcal{H}$ 和 $y \in \mathcal{K}$ 可唯一表示为

$$x = Px + (I-P)x,$$
$$y = Qy + (I-Q)y.$$

§2.8 有界线性算子的算子矩阵表示

此时,
$$Tx = y$$
等价于
$$\begin{cases} QTx = Qy, \\ (I-Q)Tx = (I-Q)y, \end{cases}$$
即
$$\begin{cases} QTPx + QT(I-P)x = Qy, \\ (I-Q)TPx + (I-Q)T(I-P)x = (I-Q)y. \end{cases}$$

如果把 $\mathcal{H}$ 和 $\mathcal{K}$ 中的每一个元素
$$x = Px + (I-P)x,$$
$$y = Qy + (I-Q)y$$
看成列向量
$$x = \begin{pmatrix} Px \\ (I-P)x \end{pmatrix},$$
$$y = \begin{pmatrix} Qy \\ (I-Q)y \end{pmatrix},$$
则 $Tx = y$ 可表示为矩阵形式
$$\begin{pmatrix} QTP & QT(I-P) \\ (I-Q)TP & (I-Q)T(I-P) \end{pmatrix} \begin{pmatrix} Px \\ (I-P)x \end{pmatrix} = \begin{pmatrix} Qy \\ (I-Q)y \end{pmatrix}.$$
令
$$T_1 = QTP|_{\mathcal{M}} : \mathcal{M} \longrightarrow \mathcal{S},$$
$$T_2 = QT(I-P)|_{\mathcal{N}} : \mathcal{N} \longrightarrow \mathcal{S},$$
$$T_3 = (I-Q)TP|_{\mathcal{M}} : \mathcal{M} \longrightarrow \mathcal{T},$$
$$T_4 = (I-Q)T(I-P)|_{\mathcal{N}} : \mathcal{N} \longrightarrow \mathcal{T}.$$

不难验证 T_i 为有界线性算子, $i = 1, 2, 3, 4$. 算子矩阵
$$\begin{pmatrix} T_1 & T_2 \\ T_3 & T_4 \end{pmatrix}$$
称为 T 在空间分解 $\mathcal{H} = \mathcal{M} \dotplus \mathcal{N}$ 和 $\mathcal{K} = \mathcal{S} \dotplus \mathcal{T}$ 下的算子矩阵表示, 简记为
$$T = \begin{pmatrix} T_1 & T_2 \\ T_3 & T_4 \end{pmatrix} : \mathcal{M} \dotplus \mathcal{N} \longrightarrow \mathcal{S} \dotplus \mathcal{T}.$$

如果 $T_3 = 0$, 则
$$T = \begin{pmatrix} T_1 & T_2 \\ 0 & T_4 \end{pmatrix} : \mathcal{M} \dotplus \mathcal{N} \longrightarrow \mathcal{S} \dotplus \mathcal{T}$$
称为上三角算子矩阵; 如果 $T_2 = T_3 = 0$, 则
$$T = \begin{pmatrix} T_1 & 0 \\ 0 & T_4 \end{pmatrix} : \mathcal{M} \dotplus \mathcal{N} \longrightarrow \mathcal{S} \dotplus \mathcal{T}$$
称为对角算子矩阵. 当 $\mathcal{H} = \mathcal{K}$ 时, 如果 $\mathcal{M} = \mathcal{S}$ 且 $\mathcal{N} = \mathcal{T}$, 则
$$\begin{pmatrix} T_1 & T_2 \\ T_3 & T_4 \end{pmatrix} : \mathcal{M} \dotplus \mathcal{N} \longrightarrow \mathcal{M} \dotplus \mathcal{N}$$
称为 T 在空间分解 $\mathcal{H} = \mathcal{M} \dotplus \mathcal{N}$ 下的算子矩阵表示.

定理 2.8.1 设 $T \in \mathcal{B}(\mathcal{H}, \mathcal{K})$ 具有算子矩阵表示
$$T = \begin{pmatrix} T_1 & T_2 \\ T_3 & T_4 \end{pmatrix} : \mathcal{M} \dotplus \mathcal{N} \longrightarrow \mathcal{S} \dotplus \mathcal{T}.$$
如果
$$C_1 = \begin{pmatrix} T_1 \\ T_3 \end{pmatrix} : \mathcal{M} \longrightarrow \mathcal{S} \dotplus \mathcal{T},$$
$$C_2 = \begin{pmatrix} T_2 \\ T_4 \end{pmatrix} : \mathcal{N} \longrightarrow \mathcal{S} \dotplus \mathcal{T},$$
$$R_1 = \begin{pmatrix} T_1 & T_2 \end{pmatrix} : \mathcal{M} \dotplus \mathcal{N} \longrightarrow \mathcal{S},$$
$$R_2 = \begin{pmatrix} T_3 & T_4 \end{pmatrix} : \mathcal{M} \dotplus \mathcal{N} \longrightarrow \mathcal{T},$$
则
$$\mathcal{R}(T) = \mathcal{R}(C_1) + \mathcal{R}(C_2),$$
$$\mathcal{N}(T) = \mathcal{N}(R_1) \cap \mathcal{N}(R_2).$$

证 对任意 $u = \begin{pmatrix} x \\ y \end{pmatrix} \in \mathcal{M} \dotplus \mathcal{N}$, 不难发现
$$Tu = \begin{pmatrix} T_1 & T_2 \\ T_3 & T_4 \end{pmatrix} \begin{pmatrix} x \\ y \end{pmatrix}$$
$$= \begin{pmatrix} T_1 \\ T_3 \end{pmatrix} x + \begin{pmatrix} T_2 \\ T_4 \end{pmatrix} y$$
$$= C_1 x + C_2 y.$$

§2.8 有界线性算子的算子矩阵表示

由此可得
$$\mathcal{R}(T) = \mathcal{R}(C_1) + \mathcal{R}(C_2).$$

另一方面，由于
$$Tu = \begin{pmatrix} T_1 & T_2 \\ T_3 & T_4 \end{pmatrix} \begin{pmatrix} x \\ y \end{pmatrix}$$
$$= \begin{pmatrix} T_1 x + T_2 y \\ T_3 x + T_4 y \end{pmatrix} = \begin{pmatrix} R_1 u \\ R_2 u \end{pmatrix},$$

因此，$Tu = 0$ 当且仅当 $R_1 u = R_2 u = 0$. 于是
$$\mathcal{N}(T) = \mathcal{N}(R_1) \cap \mathcal{N}(R_2).$$

□

在什么条件下，有界线性算子可表示成上三角算子矩阵或对角算子矩阵的形式？由定理 2.7.2 和 2.7.3 直接推出推论 2.8.2.

推论 2.8.2 设 $\mathcal{M}$ 是 $\mathcal{H}$ 的闭子空间，$T \in \mathcal{B}(\mathcal{H})$. 则 $\mathcal{M}$ 是 T 的不变子空间当且仅当
$$T = \begin{pmatrix} T_1 & T_2 \\ 0 & T_4 \end{pmatrix} : \mathcal{M} \oplus \mathcal{M}^\perp \longrightarrow \mathcal{M} \oplus \mathcal{M}^\perp;$$

$\mathcal{M}$ 是 T 的约化子空间当且仅当
$$T = \begin{pmatrix} T_1 & 0 \\ 0 & T_4 \end{pmatrix} : \mathcal{M} \oplus \mathcal{M}^\perp \longrightarrow \mathcal{M} \oplus \mathcal{M}^\perp.$$

不难发现，如果
$$T = \begin{pmatrix} T_1 & 0 \\ 0 & T_4 \end{pmatrix} : \mathcal{M} \oplus \mathcal{M}^\perp \longrightarrow \mathcal{M} \oplus \mathcal{M}^\perp,$$

则
$$\mathcal{N}(T) = \mathcal{N}(T_1) \oplus \mathcal{N}(T_4),$$
$$\mathcal{R}(T) = \mathcal{R}(T_1) \oplus \mathcal{R}(T_4).$$

因此，T 的零空间和值域完全由其对角线上元素算子 T_1 和 T_4 的零空间和值域来刻画，换言之，算子矩阵的某些性质可通过元素算子的相关性质来刻画. 这是算子矩阵理论中的主要研究思想.

如果 T 和 S 是有界线性算子，则 $T+S$ 或 TS 的算子矩阵表示能否通过 T 和 S 的算子矩阵表示来刻画？

定理 2.8.3 设 $\mathcal{M}$ 和 $\mathcal{N}$ 是 $\mathcal{H}$ 中的互为拓扑补空间，S 和 T 是 $\mathcal{K}$ 中的互为

拓扑补空间，$\alpha \in \mathbb{C}$. 如果 $T \in \mathcal{B}(\mathcal{H},\mathcal{K})$ 和 $S \in \mathcal{B}(\mathcal{H},\mathcal{K})$ 可表示为

$$T = \begin{pmatrix} T_1 & T_2 \\ T_3 & T_4 \end{pmatrix} : \mathcal{M} \dotplus \mathcal{N} \longrightarrow \mathcal{S} \dotplus \mathcal{T},$$

$$S = \begin{pmatrix} S_1 & S_2 \\ S_3 & S_4 \end{pmatrix} : \mathcal{M} \dotplus \mathcal{N} \longrightarrow \mathcal{S} \dotplus \mathcal{T},$$

则

$$T + S = \begin{pmatrix} T_1 + S_1 & T_2 + S_2 \\ T_3 + S_3 & T_4 + S_4 \end{pmatrix} : \mathcal{M} \dotplus \mathcal{N} \longrightarrow \mathcal{S} \dotplus \mathcal{T},$$

$$\alpha T = \begin{pmatrix} \alpha T_1 & \alpha T_2 \\ \alpha T_3 & \alpha T_4 \end{pmatrix} : \mathcal{M} \dotplus \mathcal{N} \longrightarrow \mathcal{S} \dotplus \mathcal{T}.$$

证 用 P 表示 $\mathcal{M}$ 上平行于 $\mathcal{N}$ 的投影算子，Q 表示 $\mathcal{S}$ 上平行于 $\mathcal{T}$ 的投影算子. 假设 $T+S$ 的算子矩阵表示为

$$T + S = \begin{pmatrix} W_1 & W_2 \\ W_3 & W_4 \end{pmatrix} : \mathcal{M} \dotplus \mathcal{N} \longrightarrow \mathcal{S} \dotplus \mathcal{T}.$$

则

$$\begin{aligned} W_1 &= Q(T+S)P \\ &= QTP + QSP \\ &= T_1 + S_1, \\ W_2 &= Q(T+S)(I-P) \\ &= QT(I-P) + QS(I-P) \\ &= T_2 + S_2, \\ W_3 &= (I-Q)(T+S)P \\ &= (I-Q)TP + (I-Q)SP \\ &= T_3 + S_3, \\ W_4 &= (I-Q)(T+S)(I-P) \\ &= (I-Q)T(I-P) + (I-Q)S(I-P) \\ &= T_4 + S_4. \end{aligned}$$

于是

$$T + S = \begin{pmatrix} T_1 + S_1 & T_2 + S_2 \\ T_3 + S_3 & T_4 + S_4 \end{pmatrix} : \mathcal{M} \dotplus \mathcal{N} \longrightarrow \mathcal{S} \dotplus \mathcal{T}.$$

类似可证

$$\alpha T = \begin{pmatrix} \alpha T_1 & \alpha T_2 \\ \alpha T_3 & \alpha T_4 \end{pmatrix} : \mathcal{M} \dotplus \mathcal{N} \longrightarrow \mathcal{S} \dotplus \mathcal{T}.$$

□

定理 2.8.4 设 $\mathcal{M}$ 和 $\mathcal{N}$ 是 $\mathcal{H}$ 中的互为拓扑补空间，$\mathcal{S}$ 和 $\mathcal{T}$ 是 $\mathcal{K}$ 中的互为拓扑补空间. 如果 $T \in \mathcal{B}(\mathcal{H},\mathcal{K})$ 和 $S \in \mathcal{B}(\mathcal{K},\mathcal{H})$ 可表示为

$$T = \begin{pmatrix} T_1 & T_2 \\ T_3 & T_4 \end{pmatrix} : \mathcal{M} \dotplus \mathcal{N} \longrightarrow \mathcal{S} \dotplus \mathcal{T},$$

$$S = \begin{pmatrix} S_1 & S_2 \\ S_3 & S_4 \end{pmatrix} : \mathcal{S} \dotplus \mathcal{T} \longrightarrow \mathcal{M} \dotplus \mathcal{N},$$

则

$$TS = \begin{pmatrix} T_1 S_1 + T_2 S_3 & T_1 S_2 + T_2 S_4 \\ T_3 S_1 + T_4 S_3 & T_3 S_2 + T_4 S_4 \end{pmatrix} : \mathcal{S} \dotplus \mathcal{T} \longrightarrow \mathcal{S} \dotplus \mathcal{T}.$$

证 设 P 为 $\mathcal{M}$ 上平行于 $\mathcal{N}$ 的投影算子，Q 为 $\mathcal{S}$ 上平行于 $\mathcal{T}$ 的投影算子. 因为 $TS \in \mathcal{B}(\mathcal{K})$, 因此 TS 具有算子矩阵表示

$$TS = \begin{pmatrix} QTSQ & QTS(I-Q) \\ (I-Q)TSQ & (I-Q)TS(I-Q) \end{pmatrix} : \mathcal{S} \dotplus \mathcal{T} \longrightarrow \mathcal{S} \dotplus \mathcal{T}.$$

注意 P 和 $I-P$ 均为投影算子，于是

$$\begin{aligned} QTSQ &= QT(P + I - P)SQ \\ &= QTPSQ + QT(I-P)SQ \\ &= (QTP)(PSQ) + (QT(I-P))((I-P)SQ) \\ &= T_1 S_1 + T_2 S_3. \end{aligned}$$

类似可证

$$\begin{aligned} QTS(I-Q) &= T_1 S_2 + T_2 S_4, \\ (I-Q)TSQ &= T_3 S_1 + T_4 S_3, \\ (I-Q)TS(I-Q) &= T_3 S_2 + T_4 S_4. \end{aligned}$$

□

习题 2.23 设 $\mathcal{M}$ 和 $\mathcal{N}$ 是 $\mathcal{H}$ 中的互为拓扑补空间，$\mathcal{S}$ 和 $\mathcal{T}$ 是 $\mathcal{K}$ 中的互为拓扑补空间. 如果 $T \in \mathcal{B}(\mathcal{H},\mathcal{K})$ 具有算子矩阵形式

$$T = \begin{pmatrix} T_1 & T_2 \\ T_3 & T_4 \end{pmatrix} : \mathcal{M} \dotplus \mathcal{N} \longrightarrow \mathcal{S} \dotplus \mathcal{T},$$

则

$$T^* = \begin{pmatrix} T_1^* & T_3^* \\ T_2^* & T_4^* \end{pmatrix} : \mathcal{S} \dotplus \mathcal{T} \longrightarrow \mathcal{M} \dotplus \mathcal{N}.$$

例 2.8.1 设 $\mathcal{M}$ 是 $\mathcal{H}$ 的闭子空间. 则 $P_\mathcal{M} \in \mathcal{B}(\mathcal{H})$ 是 $\mathcal{M}$ 上的正交投影算子当且仅当
$$P_\mathcal{M} = \begin{pmatrix} I_\mathcal{M} & 0 \\ 0 & 0 \end{pmatrix} : \mathcal{M} \oplus \mathcal{M}^\perp \longrightarrow \mathcal{M} \oplus \mathcal{M}^\perp.$$

事实上,如果 $P_\mathcal{M}$ 是投影算子,则 $P_\mathcal{M}^2 = P_\mathcal{M}$. 因此
$$P_\mathcal{M}^3 = P_\mathcal{M},$$
$$P_\mathcal{M}^2(I - P_\mathcal{M}) = 0,$$
$$(I - P_\mathcal{M})P_\mathcal{M}^2 = 0,$$
$$(I - P_\mathcal{M})P_\mathcal{M}(I - P_\mathcal{M}) = 0.$$

注意,$P_\mathcal{M}$ 作为 $\mathcal{M}$ 到 $\mathcal{M}$ 的算子等于 $\mathcal{M}$ 上的恒等算子. 故
$$P_\mathcal{M} = \begin{pmatrix} I_\mathcal{M} & 0 \\ 0 & 0 \end{pmatrix} : \mathcal{M} \oplus \mathcal{M}^\perp \longrightarrow \mathcal{M} \oplus \mathcal{M}^\perp.$$

反之,如果
$$P_\mathcal{M} = \begin{pmatrix} I_\mathcal{M} & 0 \\ 0 & 0 \end{pmatrix} : \mathcal{M} \oplus \mathcal{M}^\perp \longrightarrow \mathcal{M} \oplus \mathcal{M}^\perp,$$

计算可得 $P_\mathcal{M}^2 = P_\mathcal{M}$,即 $P_\mathcal{M}$ 是投影算子. 据定理 2.8.1 可得
$$\mathcal{R}(P_\mathcal{M}) = \mathcal{M},$$
$$\mathcal{N}(P_\mathcal{M}) = \mathcal{M}^\perp,$$

因此 $\mathcal{R}(P_\mathcal{M}) \perp \mathcal{N}(P_\mathcal{M})$. 于是 $P_\mathcal{M}$ 是 $\mathcal{M}$ 上的正交投影算子.

例 2.8.2 设 $T \in \mathcal{B}(\mathcal{H})$,并记 $\mathcal{M} = \mathcal{R}(T)$. 如果 $\mathcal{M}$ 是闭的,则 T 是投影算子当且仅当
$$T = \begin{pmatrix} I_\mathcal{M} & T_2 \\ 0 & 0 \end{pmatrix} : \mathcal{M} \oplus \mathcal{M}^\perp \longrightarrow \mathcal{M} \oplus \mathcal{M}^\perp.$$

事实上,如果 T 是投影算子,由
$$\mathcal{N}(I - P_\mathcal{M}) = \mathcal{R}(P_\mathcal{M}) = \mathcal{R}(T)$$
可知
$$(I - P_\mathcal{M})TP_\mathcal{M} = 0,$$
$$(I - P_\mathcal{M})T(I - P_\mathcal{M}) = 0.$$

于是
$$T = \begin{pmatrix} P_{\mathcal{M}}TP_{\mathcal{M}} & P_{\mathcal{M}}T(I-P_{\mathcal{M}}) \\ 0 & 0 \end{pmatrix} : \mathcal{M} \oplus \mathcal{M}^\perp \longrightarrow \mathcal{M} \oplus \mathcal{M}^\perp.$$

注意, 当 $x \in \mathcal{M}$ 时, $P_{\mathcal{M}}TP_{\mathcal{M}}x = x$, 因此 $P_{\mathcal{M}}TP_{\mathcal{M}}$ 作为 $\mathcal{M}$ 到 $\mathcal{M}$ 的算子等于 $\mathcal{M}$ 上的恒等算子 $I_{\mathcal{M}}$. 现在, 令
$$T_2 = P_{\mathcal{M}}T(I-P_{\mathcal{M}})|_{\mathcal{M}^\perp} : \mathcal{M}^\perp \longrightarrow \mathcal{M}.$$
则
$$T = \begin{pmatrix} I_{\mathcal{M}} & T_2 \\ 0 & 0 \end{pmatrix} : \mathcal{M} \oplus \mathcal{M}^\perp \longrightarrow \mathcal{M} \oplus \mathcal{M}^\perp.$$

反之, 如果
$$T = \begin{pmatrix} I_{\mathcal{M}} & T_2 \\ 0 & 0 \end{pmatrix} : \mathcal{M} \oplus \mathcal{M}^\perp \longrightarrow \mathcal{M} \oplus \mathcal{M}^\perp,$$

易证 T 是投影算子且 $\mathcal{R}(T) = \mathcal{M}$.

习题 2.24 设 $P \in \mathcal{B}(\mathcal{H})$ 是投影算子. 写出 P 在空间分解 $\mathcal{H} = \mathcal{N}(P) \oplus \mathcal{N}(P)^\perp$ 下的算子矩阵表示.

例 2.8.3 利用投影算子的算子矩阵表示证明定理 2.5.4 中的结论 (ii).

事实上, 如果 P 和 Q 均为投影算子并且 $\mathcal{R}(P) = \mathcal{R}(Q)$, 则 P 和 Q 具有算子矩阵表示
$$P = \begin{pmatrix} I & P_1 \\ 0 & 0 \end{pmatrix} : \mathcal{M} \oplus \mathcal{M}^\perp \longrightarrow \mathcal{M} \oplus \mathcal{M}^\perp,$$
$$Q = \begin{pmatrix} I & Q_1 \\ 0 & 0 \end{pmatrix} : \mathcal{M} \oplus \mathcal{M}^\perp \longrightarrow \mathcal{M} \oplus \mathcal{M}^\perp,$$

其中 $\mathcal{M} = \mathcal{R}(P)$. 因此, 对 $\alpha \in \mathbb{C}$ 有
$$\alpha P + (1-\alpha)Q = \alpha \begin{pmatrix} I & P_1 \\ 0 & 0 \end{pmatrix} + (1-\alpha) \begin{pmatrix} I & Q_1 \\ 0 & 0 \end{pmatrix}$$
$$= \begin{pmatrix} I & \alpha P_1 + (1-\alpha)Q_1 \\ 0 & 0 \end{pmatrix}.$$

故 $\alpha P + (1-\alpha)Q$ 是投影算子并且 $\mathcal{R}(\alpha P + (1-\alpha)Q) = \mathcal{M}$.

习题 2.25 利用投影算子的算子矩阵表示证明定理 2.5.4 中的结论 (i) 和 (iii).

第三章 有界线性算子的谱

线性算子谱理论是算子理论中的主要分支之一, 在纯理论和实际问题中都有着重要的应用. 一方面, 通过研究算子的谱揭示算子本身的结构特性. 例如, 通过研究矩阵的特征值, 可求出该矩阵的不变子空间, 进而写出该矩阵之若尔当标准型. 另一方面, 算子理论在系统理论、最优化理论、微分方程、数值计算等数学及其他学科的各个分支中有着重要的应用, 而这些应用依赖算子的谱及其分布等相关谱性质. 在本章中, 我们主要介绍有界线性算子的谱理论, 包括谱的分类、谱集的性质、谱映射定理、谱半径等基本性质.

§3.1 可 逆 性

定义 3.1.1 设 $T \in \mathcal{B}(\mathcal{H}, \mathcal{K})$. 如果存在 $S \in \mathcal{B}(\mathcal{K}, \mathcal{H})$ 使得

$$TS = I_{\mathcal{K}},$$
$$ST = I_{\mathcal{H}},$$

则 T 称为可逆算子; S 称为 T 的逆 (或逆算子), 简记为 T^{-1}.

如果 $T \in \mathcal{B}(\mathcal{H}, \mathcal{K})$ 是可逆算子, 则 T 的逆算子 T^{-1} 是唯一的. 事实上, 若 S 是 T 的逆算子, 则

$$S = SI_{\mathcal{K}} = STT^{-1} = T^{-1}.$$

习题 3.1 设 $T \in \mathcal{B}(\mathcal{H}), S \in \mathcal{B}(\mathcal{H})$. 如果 $TS = I$, 能否推出 $ST = I$? 如果能, 给出证明; 如果不能, 举出反例.

习题 3.2 设 $T \in \mathcal{B}(\mathcal{H},\mathcal{K})$ 和 $S \in \mathcal{B}(\mathcal{K},\mathcal{H})$ 均为可逆算子. 则
$$T^{-1} - S^{-1} = T^{-1}(S-T)S^{-1} = S^{-1}(S-T)T^{-1}.$$

定理 3.1.1 设 $T \in \mathcal{B}(\mathcal{H},\mathcal{K})$. 若 T 是可逆算子, 则 T^* 是可逆算子, 并且
$$(T^*)^{-1} = (T^{-1})^*.$$

证 设 T 是可逆算子, 则存在 $T^{-1} \in \mathcal{B}(\mathcal{K},\mathcal{H})$ 使得
$$TT^{-1} = I_\mathcal{K},$$
$$T^{-1}T = I_\mathcal{H},$$

从而
$$(T^{-1})^*T^* = I_\mathcal{K},$$
$$T^*(T^{-1})^* = I_\mathcal{H}.$$

于是 T^* 是可逆算子并且 $(T^*)^{-1} = (T^{-1})^*$. □

习题 3.3 设 $T \in \mathcal{B}(\mathcal{H},\mathcal{K})$, $S \in \mathcal{B}(\mathcal{K},\mathcal{H})$ 均为可逆算子, α 为非零常数. 验证
  (i) $(TS)^{-1} = S^{-1}T^{-1}$;
  (ii) $(\alpha T)^{-1} = \frac{1}{\alpha}T^{-1}$;
  (iii) $(T^{-1})^{-1} = T$.

在有限维空间中, 矩阵的可逆性蕴含着其列向量组和行向量组均为线性无关的, 而列向量组和行向量组分别与其值域和零空间有关. 那么, 可逆算子的零空间和值域满足什么性质?

定理 3.1.2 设 $T \in \mathcal{B}(\mathcal{H},\mathcal{K})$. 如果 T 为可逆算子, 则 $\mathcal{N}(T) = \{0\}$, $\mathcal{R}(T) = \mathcal{K}$.

证 设 T 为可逆算子. 则存在 $T^{-1} \in \mathcal{B}(\mathcal{K},\mathcal{H})$ 使得
$$TT^{-1} = I_\mathcal{K},$$
$$T^{-1}T = I_\mathcal{H}.$$

由 $T^{-1}T = I_\mathcal{H}$ 知
$$\mathcal{N}(T) \subset \mathcal{N}(I_\mathcal{H}) = \{0\},$$
从而 $\mathcal{N}(T) = \{0\}$. 再由 $TT^{-1} = I_\mathcal{K}$ 知
$$\mathcal{R}(T) \supset \mathcal{R}(I_\mathcal{K}) = \mathcal{K},$$
因此 $\mathcal{R}(T) = \mathcal{K}$. □

设 $T \in \mathcal{B}(\mathcal{H},\mathcal{K})$. 如果 $\mathcal{N}(T) = \{0\}$, 则称 T 为单射; 如果 $\mathcal{R}(T) = \mathcal{K}$, 则

称 T 为满射. 如果 $T \in \mathcal{B}(\mathcal{H}, \mathcal{K})$ 为既是单射又是满射, 则称 T 为双射. 因此, 定理 3.1.2 说明可逆算子必为双射. 那么, 双射是否一定是可逆算子呢? 1929 年, S. Banach 回答了这一问题.

定理 3.1.3 (Banach 逆算子定理) 设 $T \in \mathcal{B}(\mathcal{H}, \mathcal{K})$. 如果 $\mathcal{N}(T) = \{0\}$ 且 $\mathcal{R}(T) = \mathcal{K}$, 则 T 为可逆算子.

Banach 逆算子定理的证明依赖泛函分析中的 Baire 纲定理等内容, 而本书未涉及此部分内容, 故忽略其证明过程. 感兴趣的读者可参阅 [23]. 作为 Banach 逆算子定理的应用, 下面给出闭值域定理和闭图像定理的证明.

闭值域定理 如果 $T \in \mathcal{B}(\mathcal{H}, \mathcal{K})$, 则 $\mathcal{R}(T)$ 是闭的当且仅当 $\mathcal{R}(T^*)$ 是闭的.

证 设 $\mathcal{R}(T)$ 是闭的, 则 $\mathcal{R}(T)$ 是 Hilbert 空间. 考虑算子
$$T_1 = P_{\mathcal{R}(T)} T P_{\mathcal{N}(T)^\perp} : \mathcal{N}(T)^\perp \longrightarrow \mathcal{R}(T).$$
不难验证, T_1 是有界线性算子, $\mathcal{N}(T_1) = \{0\}$ 且 $\mathcal{R}(T_1) = \mathcal{R}(T)$. 由定理 3.1.3, T_1 是可逆算子, 从而 T_1^* 是可逆算子. 故 $\mathcal{R}(T_1^*)$ 为闭的. 下面只需证明 $\mathcal{R}(T_1^*) = \mathcal{R}(T^*)$ 即可. 由于正交投影算子的共轭算子是其本身, 于是对任意的 $x \in \mathcal{N}(T)^\perp$ 和 $y \in \mathcal{R}(T)$ 有
$$\begin{aligned}(T_1 x, y) &= (P_{\mathcal{R}(T)} T P_{\mathcal{N}(T)^\perp} x, y) \\ &= (x, P_{\mathcal{N}(T)^\perp} T^* P_{\mathcal{R}(T)} y),\end{aligned}$$
从而
$$T_1^* = P_{\mathcal{N}(T)^\perp} T^* P_{\mathcal{R}(T)} : \mathcal{R}(T) \longrightarrow \mathcal{N}(T)^\perp.$$
注意
$$\mathcal{R}(T^*) \subset \mathcal{N}(T)^\perp$$
且
$$\mathcal{R}(T) = \mathcal{N}(T^*)^\perp,$$
因此
$$\mathcal{R}(T_1^*) = \mathcal{R}(T^*).$$
反之, 如果 $\mathcal{R}(T^*)$ 是闭的, 由上面论证知 $\mathcal{R}(T^{**})$ 是闭的. 注意 $T = T^{**}$, 所以 $\mathcal{R}(T)$ 是闭的. □

闭图像定理 设 T 是从 $\mathcal{H}$ 到 $\mathcal{K}$ 的线性算子. 如果 $\mathcal{G}(T)$ 是闭集, 则 T 是有界线性算子.

证 因为
$$\mathcal{G}(T) = \{\langle x, Tx \rangle : x \in \mathcal{H}\}$$

是乘积空间 $\mathcal{H} \times \mathcal{K}$ 中的闭集, 因此 $\mathcal{G}(T)$ 是 Hilbert 空间. 对任意 $\langle x, Tx \rangle \in \mathcal{G}(T)$, 定义
$$P\langle x, Tx \rangle = x.$$
易证 P 是从 $\mathcal{G}(T)$ 到 $\mathcal{H}$ 的线性算子. 因为
$$\|P\langle x, Tx \rangle\|^2 = \|x\|^2 \leqslant \|x\|^2 + \|Tx\|^2 = \|\langle x, Tx \rangle\|^2,$$
因此 P 是有界线性算子. 一方面, 如果
$$P\langle x, Tx \rangle = 0,$$
则
$$\langle x, Tx \rangle = \langle 0, 0 \rangle,$$
于是 $\mathcal{N}(P) = \{0\}$. 另一方面, 对任意 $x \in \mathcal{H}$, 由于 $\langle x, Tx \rangle \in \mathcal{G}(P)$ 且
$$x = P\langle x, Tx \rangle,$$
故 $\mathcal{R}(P) = \mathcal{H}$. 利用 Banach 逆算子定理可知 P 是可逆算子, 因此存在 $P^{-1} \in \mathcal{B}(\mathcal{H}, \mathcal{G}(T))$ 使得
$$P^{-1}x = \langle x, Tx \rangle, \quad x \in \mathcal{H}.$$
所以
$$\begin{aligned}\|Tx\|^2 &\leqslant \|x\|^2 + \|Tx\|^2 = \|\langle x, Tx \rangle\|^2 \\ &= \|P^{-1}x\|^2 \leqslant \|P^{-1}\|^2 \|x\|^2,\end{aligned}$$
即 T 是有界线性算子. $\square$

定理 3.1.4 设 $T \in \mathcal{B}(\mathcal{H})$. 如果 $\|T\| < 1$, 则 $I - T$ 是可逆算子且
$$(I - T)^{-1} = I + T + T^2 + T^3 + \cdots = \sum_{k=0}^{\infty} T^k,$$
其中 $T^0 = I$. 此外,
$$\|(I - T)^{-1}\| \leqslant \frac{1}{1 - \|T\|}.$$

证 先证明 $\sum_{k=0}^{\infty} T^k$ 为有界线性算子. 令 $S_n = \sum_{k=0}^{n-1} T^k$. 当 $n > m$ 时,
$$\|S_n - S_m\| = \left\|\sum_{k=m}^{n-1} T^k\right\| \leqslant \sum_{k=m}^{n-1} \|T^k\| \leqslant \sum_{k=m}^{n-1} \|T\|^k.$$
注意 $\|T\| < 1$, 因此, 当 $n, m \to \infty$ 时,
$$\sum_{k=m}^{n-1} \|T\|^k \longrightarrow 0,$$

即
$$\|S_n - S_m\| \longrightarrow 0.$$

于是 $\{S_n\}$ 是 $\mathcal{B}(\mathcal{H})$ 中的 Cauchy 列. 据定理 2.2.2, 存在 $S \in \mathcal{B}(\mathcal{H})$ 使得
$$\lim_{n \to \infty} S_n = S.$$

因此
$$S = \sum_{k=0}^{\infty} T^k$$

并且
$$\|Sx\| = \lim_{n \to \infty} \|S_n x\|$$
$$\leqslant \lim_{n \to \infty} \left(\sum_{k=0}^{n-1} \|T^k\| \right) \|x\|$$
$$\leqslant \|x\| \sum_{k=0}^{\infty} \|T\|^k$$
$$= \frac{\|x\|}{1 - \|T\|}.$$

故
$$\left\| \sum_{k=0}^{\infty} T^k \right\| = \|S\| \leqslant \frac{1}{1 - \|T\|}.$$

下面证明 $S = \sum\limits_{k=0}^{\infty} T^k$ 为 $I - T$ 的逆算子. 直接计算可得
$$(I - T) \sum_{k=0}^{\infty} T^k = \sum_{k=0}^{\infty} (I - T) T^k$$
$$= \sum_{k=0}^{\infty} T^k (I - T)$$
$$= \left(\sum_{k=0}^{\infty} T^k \right) (I - T) = I,$$

因此
$$(I - T)^{-1} = \sum_{k=0}^{\infty} T^k.$$

□

由定理 3.1.4 可得下面推论.

推论 3.1.5 设 $T \in \mathcal{B}(\mathcal{H},\mathcal{K})$, $S \in \mathcal{B}(\mathcal{H},\mathcal{K})$. 如果 T 是可逆算子且

$$\|T - S\| < \frac{1}{\|T^{-1}\|},$$

则 S 是可逆算子.

证 因为 T 是可逆算子, 因此

$$S = T - (T - S)$$
$$= T(I - T^{-1}(T - S)).$$

注意

$$\|T - S\| < \frac{1}{\|T^{-1}\|},$$

于是

$$\|T^{-1}(T - S)\| \leqslant \|T^{-1}\|\|T - S\| < 1.$$

故, 据定理 3.1.4 即得 $I - T^{-1}(T - S)$ 为可逆的. 由于 T 是可逆算子, 所以

$$S = T(I - T^{-1}(T - S))$$

为可逆算子. □

用 $\mathcal{G}(\mathcal{H},\mathcal{K})$ 表示从 $\mathcal{H}$ 到 $\mathcal{K}$ 的可逆算子的全体. 显然, $\mathcal{G}(\mathcal{H},\mathcal{K})$ 是 $\mathcal{B}(\mathcal{H},\mathcal{K})$ 的子集. 对算子 $T \in \mathcal{B}(\mathcal{H},\mathcal{K})$ 和 $S \in \mathcal{B}(\mathcal{H},\mathcal{K})$, 定义其距离为

$$\mathrm{dist}(T, S) = \|T - S\|.$$

那么, 推论 3.1.5 说明 $\mathcal{G}(\mathcal{H},\mathcal{K})$ 是 $\mathcal{B}(\mathcal{H},\mathcal{K})$ 中的开集.

习题 3.4 设 $T \in \mathcal{B}(\mathcal{H},\mathcal{K})$ 和 $S \in \mathcal{B}(\mathcal{H},\mathcal{K})$ 满足推论 3.1.5 中的条件. 证明: S 的逆算子为

$$S^{-1} = \sum_{k=0}^{\infty} [T^{-1}(T - S)]^k T^{-1}$$

并且

$$\|T^{-1} - S^{-1}\| \leqslant \frac{\|T^{-1}\|^2 \|T - S\|}{1 - \|T^{-1}\|\|T - S\|}.$$

习题 3.5 设 $T \in \mathcal{B}(\mathcal{H},\mathcal{K})$. 如果 $\{T_n\}_{n=1}^{\infty}$ 是 $\mathcal{B}(\mathcal{H},\mathcal{K})$ 中的 Cauchy 列且

$$\lim_{n \to \infty} \|T_n - T\| = 0,$$

则 T 为可逆算子当且仅当存在自然数 N 使得当 $n > N$ 时 T_n 为可逆算子且

$$\sup_{n > N} \|T_n^{-1}\| < \infty.$$

此时, 还有
$$\lim_{n\to\infty}\|T_n^{-1} - T^{-1}\| = 0.$$

§3.2 有界线性算子的谱

线性算子的谱理论就是研究使算子 $T - \lambda I$ 满足某些条件时的 λ 的分布及其相关性质. 如果 Ω 是 $\mathbb{C}$ 的子集, 本书中用 Ω^* 表示 Ω 中所有元素的共轭数之全体, 即
$$\Omega^* = \{\overline{\lambda} \in \mathbb{C} : \lambda \in \Omega\}.$$

定义 3.2.1 设 $T \in \mathcal{B}(\mathcal{H}), \lambda \in \mathbb{C}$. 如果 $T - \lambda I$ 为可逆算子, 则称 λ 为 T 的正则点. T 的正则点的全体称为 T 的预解集, 记为 $\rho(T)$, 即
$$\rho(T) = \{\lambda \in \mathbb{C} : T - \lambda I \text{为可逆算子}\}.$$
T 的预解集的补集 $\mathbb{C}\backslash\rho(T)$ 称为 T 的谱集, 记为 $\sigma(T)$, 即
$$\sigma(T) = \{\lambda \in \mathbb{C} : T - \lambda I \text{不是可逆算子}\}.$$
$\sigma(T)$ 中的点称为 T 的谱点.

注意, $T \in \mathcal{B}(\mathcal{H})$ 为可逆算子当且仅当 $\mathcal{N}(T) = \{0\}$ 且 $\mathcal{R}(T) = \mathcal{H}$. 因此, $\rho(T)$ 和 $\sigma(T)$ 可表示为
$$\rho(T) = \{\lambda \in \mathbb{C} : \mathcal{N}(T - \lambda I) = \{0\} \text{且} \mathcal{R}(T - \lambda I) = \mathcal{H}\},$$
$$\sigma(T) = \{\lambda \in \mathbb{C} : \mathcal{N}(T - \lambda I) \neq \{0\} \text{或} \mathcal{R}(T - \lambda I) \neq \mathcal{H}\}.$$

下面介绍有界线性算子的谱集的重要性质.

定理 3.2.1 设 $T \in \mathcal{B}(\mathcal{H})$. 则 $\sigma(T)$ 是复平面上的有界闭集.

证 先证明有界性. 用反证法, 假设 $\sigma(T)$ 是无界的. 则存在 $\lambda \in \sigma(T)$ 使得
$$|\lambda| > \|T\|,$$
从而
$$\frac{1}{|\lambda|}\|T\| < 1.$$
由定理 3.1.4 知
$$T - \lambda I = -\lambda\left(I - \frac{1}{\lambda}T\right)$$
为可逆算子, 即 $\lambda \in \rho(T)$, 矛盾.

现在证明 $\sigma(T)$ 是闭集. 为此, 只需证明 $\rho(T)$ 是开集即可. 设 $\lambda \in \rho(T)$, 即

$T - \lambda I$ 为可逆算子. 对任意的 $\mu \in \mathbb{C}$, 只要

$$|\lambda - \mu| < \frac{1}{\|(T - \lambda I)^{-1}\|},$$

由推论 3.1.5 可知

$$T - \mu I = (T - \lambda I)[I + (\lambda - \mu)(T - \lambda I)^{-1}]$$

为可逆算子, 换言之,

$$\left\{\mu \in \mathbb{C} : |\lambda - \mu| < \frac{1}{\|(T - \lambda I)^{-1}\|}\right\} \subset \rho(T).$$

于是 $\rho(T)$ 为开集. □

由定理 3.2.1 知, $\sigma(T)$ 是复平面上的有界闭集, 并且

$$\sigma(T) \subset \{\lambda \in \mathbb{C} : |\lambda| \leqslant \|T\|\}.$$

定理 3.2.2 设 $T \in \mathcal{B}(\mathcal{H})$. 则 $\lambda \in \sigma(T)$ 当且仅当 $\overline{\lambda} \in \sigma(T^*)$, 即

$$\sigma(T^*) = \sigma(T)^*.$$

证 直接由 $T - \lambda I$ 是可逆算子当且仅当 $T^* - \overline{\lambda} I$ 是可逆算子推知. □

例 3.2.1 设 T 是 n 维空间上的有界线性算子, 即 $n \times n$ 矩阵. 对 $\lambda \in \mathbb{C}$, $T - \lambda I$ 可逆当且仅当 $\det(T - \lambda I) \neq 0$. 因此

$$\sigma(T) = \{\lambda \in \mathbb{C} : \det(T - \lambda I) = 0\}.$$

显然, 在有限维空间的情况下, 所谓的谱点就是指我们熟知的特征值.

例 3.2.2 设 S_l 为 ℓ_2 上的左移算子. 则

$$\sigma(S_l) = \{\lambda \in \mathbb{C} : |\lambda| \leqslant 1\}.$$

当 $|\lambda| < 1$ 时, 如果 $x = (x_1, x_2, \cdots) \in \ell_2$ 且

$$(S_l - \lambda I)x = 0,$$

则

$$(x_2 - \lambda x_1, x_3 - \lambda x_2, \cdots, x_{n+1} - \lambda x_n, \cdots) = (0, 0, \cdots),$$

从而推出

$$x_2 = \lambda x_1$$
$$x_3 = \lambda^2 x_1$$
$$\vdots$$

$$x_{n+1} = \lambda^n x_1$$
$$\vdots$$

由于 $|\lambda| < 1$, 因而 $x = (x_1, \lambda x_1, \lambda^2 x_1, \cdots) \in \ell_2$. 故
$$\mathcal{N}(S_l - \lambda I) = \text{span}\{(1, \lambda, \lambda^2, \cdots)\},$$
从而
$$\mathcal{N}(S_l - \lambda I) \neq \{0\}.$$
于是 $\lambda \in \sigma(S_l)$.

当 $|\lambda| > 1$ 时, 由于 $\|S_l\| = 1$, 于是 $\lambda \in \rho(S_l)$. 据定理 3.2.1 可得 $\sigma(S_l)$ 是闭集, 故
$$\sigma(S_l) = \{\lambda \in \mathbb{C} : |\lambda| \leqslant 1\}.$$

例 3.2.3 设 $a(t)$ 是 $[a,b]$ 上的连续函数. 定义 $L^2[a,b]$ 上的有界线性算子
$$Ax = a(t)x(t),$$
其中 $x = x(t) \in L^2[a,b]$. 则
$$\sigma(A) = \{a(t) : t \in [a,b]\}.$$

考虑方程
$$(A - \lambda I)x = (a(t) - \lambda)x(t).$$
对任意 $t \in [a,b]$, 如果 $\lambda \neq a(t)$, 则 $A - \lambda I$ 是可逆算子. 事实上, 容易验证
$$(A - \lambda I)^{-1}x = \frac{x(t)}{a(t) - \lambda}.$$
因此 $\lambda \in \rho(A)$. 另一方面, 如果存在 $t_0 \in [a,b]$ 使得 $\lambda = a(t_0)$, 则对任意的 $x \in L^2[a,b]$,
$$y(t_0) = (A - \lambda I)x|_{t=t_0} = (a(t_0) - \lambda)x(t_0) = 0.$$
因此 $1 \notin \mathcal{R}(A - \lambda I)$, 即 $\mathcal{R}(A - \lambda I) \neq L^2[a,b]$. 故 $\lambda \in \sigma(A)$. 于是
$$\sigma(A) = \{a(t) : t \in [a,b]\}.$$

习题 3.6 设 S_r 为 ℓ_2 上的右移算子. 则
$$\sigma(S_r) = \{\lambda \in \mathbb{C} : |\lambda| \leqslant 1\}.$$

习题 3.7 定义 ℓ_2 上的有界线性算子
$$Tx = \left(x_1, \frac{x_2}{2}, \frac{x_3}{3}, \cdots\right),$$

其中 $x = (x_1, x_2, \cdots) \in \ell_2$. 求 $\sigma(T)$.

例 3.2.4 设 $T \in \mathcal{B}(\mathcal{H})$, $n \in \mathbb{N}$. 如果 $\lambda \in \sigma(T)$, 则 $\lambda^n \in \sigma(T^n)$.

用反证法, 假设 $\lambda^n \in \rho(T^n)$, 则
$$\mathcal{N}(T^n - \lambda^n I) = \{0\},$$
$$\mathcal{R}(T^n - \lambda^n I) = \mathcal{H}.$$

由
$$T^n - \lambda^n I = (T - \lambda I)(T^{n-1} + \lambda T^{n-2} + \cdots + \lambda^{n-2} T + \lambda^{n-1} I)$$
$$= (T^{n-1} + \lambda T^{n-2} + \cdots + \lambda^{n-2} T + \lambda^{n-1} I)(T - \lambda I)$$

知
$$\mathcal{N}(T - \lambda I) \subset \mathcal{N}(T^n - \lambda^n I),$$
$$\mathcal{R}(T - \lambda I) \supset \mathcal{R}(T^n - \lambda^n I),$$

从而
$$\mathcal{N}(T - \lambda I) = \{0\},$$
$$\mathcal{R}(T - \lambda I) = \mathcal{H}.$$

因此 $T - \lambda I$ 是可逆的. 故 $\lambda \in \rho(T)$, 与已知条件 $\lambda \in \sigma(T)$ 矛盾.

例 3.2.5 设 $T \in \mathcal{B}(\mathcal{H})$ 是可逆算子. 证明
$$\sigma(T^{-1}) = \sigma(T)^{-1} = \{\lambda^{-1} \in \mathbb{C} : \lambda \in \sigma(T)\}.$$

事实上, 对任意 $\lambda \neq 0$, 由 T 的可逆性得
$$T - \lambda I = -\lambda T \left(T^{-1} - \frac{1}{\lambda} I \right)$$

故 $T - \lambda I$ 是可逆算子当且仅当 $T^{-1} - \frac{1}{\lambda} I$ 为可逆算子. 因此
$$\sigma(T^{-1}) = \sigma(T)^{-1}.$$

§3.3 预 解 式

设 $T \in \mathcal{B}(\mathcal{H})$. 如果 $\lambda \in \rho(T)$, 则 $T - \lambda I$ 是可逆算子. 用 $R(T; \lambda)$ 表示 $(T - \lambda I)$ 的逆算子 $(T - \lambda I)^{-1}$, 即
$$R(T; \lambda) = (T - \lambda I)^{-1}.$$

通常, $R(T; \lambda)$ 称为 T 在 λ 处的预解式.

习题 3.8 设 $T \in \mathcal{B}(\mathcal{H})$. 则 $R(T;\lambda)^* = R(T^*;\overline{\lambda})$.

定理 3.3.1 (第一预解等式) 设 $T \in \mathcal{B}(\mathcal{H})$. 如果 λ 和 μ 为 T 的正则点, 则
$$R(T;\lambda) - R(T;\mu) = (\lambda - \mu)R(T;\lambda)R(T;\mu).$$

证 因为 λ 和 μ 为 T 的正则点, 因此 $R(T;\lambda)$ 和 $R(T;\mu)$ 存在. 现在, 等式
$$(T - \mu I) - (T - \lambda I) = (\lambda - \mu)I$$
的左端和右端分别乘 $R(T;\lambda)$ 和 $R(T;\mu)$ 即得所需等式. □

习题 3.9 设 $T \in \mathcal{B}(\mathcal{H})$. 证明: T, $R(T;\lambda)$ 和 $R(T,\mu)$ 是两两可交换的, 其中 λ 和 μ 为 T 的正则点.

习题 3.10 (第二预解等式) 设 $T \in \mathcal{B}(\mathcal{H})$, $S \in \mathcal{B}(\mathcal{H})$. 若 $\lambda \in \rho(T) \cap \rho(S)$, 则
$$R(T;\lambda) - R(S;\lambda) = R(T;\lambda)(S - T)R(S;\lambda).$$

对有限维空间上的线性算子——矩阵而言, 其特征值是非空的. 这是因为矩阵的特征值是特征方程的根, 而代数基本定理告诉我们每个次数大于零的多项式在复数域中必有一根. 但对无穷维空间上的有界线性算子而言, 类似结论的证明较为复杂, 会用到 Louville 定理. 为了引入 Liouville 定理, 先简单介绍算子值解析函数等概念.

设 $\mathcal{O}$ 是 $\mathbb{C}$ 内的区域. 映射 $f: \mathcal{O} \to \mathcal{B}(\mathcal{H})$ 称为算子值函数. 如果
$$\lim_{z \to z_0} f(z) = f(z_0),$$
则称 $f(z)$ 在 z_0 处连续; 如果
$$\lim_{z \to z_0} \frac{f(z) - f(z_0)}{z - z_0}$$
存在, 则称 $f(z)$ 在 z_0 处可导. 如果 $f(z)$ 在区域 $\mathcal{O}$ 内的每一点处都可导, 则称 $f(z)$ 在 $\mathcal{O}$ 内是解析的. 复变函数中的级数展开、Cauchy 积分公式以及 Liouville 定理等均可类似地推广到算子值函数 f 上, 这里不一一列出.

若 $\lambda \in \rho(T)$, 则 $T - \lambda I$ 为可逆算子, 进而 $(T - \lambda I)^{-1}$ 是存在且唯一的. 于是, 预解式
$$R(T;\lambda) = (T - \lambda I)^{-1}$$
定义了从 $\rho(T)$ 到 $\mathcal{B}(\mathcal{H})$ 的算子值函数
$$R(T; \,\cdot\,): \rho(T) \longrightarrow \mathcal{B}(\mathcal{H}).$$

定理 3.3.2 设 $T \in \mathcal{B}(\mathcal{H})$. 则 $R(T;\lambda)$ 是 $\rho(T)$ 上的算子值解析函数.

证 先证 $R(T;\lambda)$ 是 $\rho(T)$ 上的连续函数. 设 $\lambda_0 \in \rho(T)$. 对 $\lambda \in \mathbb{C}$, 我们有

$$\begin{aligned} T - \lambda I &= T - \lambda_0 I - (\lambda - \lambda_0) I \\ &= (T - \lambda_0 I)[I - (\lambda - \lambda_0)R(T;\lambda_0)]. \end{aligned}$$

当 $|\lambda - \lambda_0|\|R(T;\lambda_0)\| < 1$ 时, 由定理 3.1.4 知 $I - (\lambda - \lambda_0)R(T;\lambda_0)$ 可逆, 从而 $T - \lambda I$ 是可逆算子并且

$$R(T;\lambda) = [I - (\lambda - \lambda_0)R(T;\lambda_0)]^{-1} R(T;\lambda_0).$$

注意

$$[I - (\lambda - \lambda_0)R(T;\lambda_0)]^{-1} = \sum_{k=0}^{\infty}(\lambda - \lambda_0)^k R(T;\lambda_0)^k,$$

于是

$$\begin{aligned} R(T;\lambda) - R(T;\lambda_0) &= \left\{[I - (\lambda - \lambda_0)R(T;\lambda_0)]^{-1} - I\right\} R(T;\lambda_0) \\ &= \left(\sum_{k=1}^{\infty}(\lambda - \lambda_0)^k R(T;\lambda_0)^k\right) R(T;\lambda_0), \end{aligned}$$

从而

$$\begin{aligned} \|R(T;\lambda) - R(T;\lambda_0)\| &\leqslant \left\|\sum_{k=1}^{\infty}(\lambda - \lambda_0)^k R(T;\lambda_0)^k\right\| \|R(T;\lambda_0)\| \\ &\leqslant \frac{|\lambda - \lambda_0|\|R(T;\lambda_0)\|^2}{1 - |\lambda - \lambda_0|\|R(T;\lambda_0)\|}. \end{aligned}$$

故

$$\lim_{\lambda \to \lambda_0} R(T;\lambda) = R(T;\lambda_0).$$

所以 $R(T;\lambda)$ 是 λ 的连续函数.

现在证明 $R(T;\lambda)$ 是可微的. 由第一预解等式和 $R(T;\lambda)$ 的连续性可得

$$\begin{aligned} \lim_{\lambda \to \lambda_0} \frac{R(T;\lambda) - R(T;\lambda_0)}{\lambda - \lambda_0} &= \lim_{\lambda \to \lambda_0} \frac{(\lambda - \lambda_0)R(T;\lambda)R(T;\lambda_0)}{\lambda - \lambda_0} \\ &= \lim_{\lambda \to \lambda_0} R(T;\lambda)R(T;\lambda_0) = R(T;\lambda_0)^2. \end{aligned}$$

因此, $R(T;\lambda)$ 是 $\rho(T)$ 上的解析函数. $\square$

习题 3.11 设 $T \in \mathcal{B}(\mathcal{H})$. 如果 $\lambda_0 \in \rho(T)$ 且 $|\lambda - \lambda_0| < \|R(T;\lambda_0)\|^{-1}$, 则

$$R(T;\lambda) = \sum_{k=0}^{\infty}(\lambda - \lambda_0)^k R(T;\lambda_0)^{k+1}.$$

§3.3 预解式

习题 3.12 设 $T \in \mathcal{B}(\mathcal{H})$. 如果 $|\lambda| > \|T\|$, 则

$$R(T;\lambda) = -\sum_{k=0}^{\infty} \frac{T^k}{\lambda^{k+1}}$$

并且

$$\|R(T;\lambda)\| \leqslant \frac{1}{|\lambda| - \|T\|}.$$

定理 3.3.3 设 $T \in \mathcal{B}(\mathcal{H})$. 则 $\sigma(T) \neq \emptyset$.

证 反证法. 假设 $\sigma(T) = \emptyset$, 则 $\rho(T) = \mathbb{C}$. 因此, $R(T;\lambda)$ 是整个复平面 $\mathbb{C}$ 上的解析函数. 注意, 当 $|\lambda| > \|T\|$ 时,

$$\|R(T;\lambda)\| \leqslant \frac{1}{|\lambda| - \|T\|},$$

因此

$$\lim_{\lambda \to \infty} R(T;\lambda) = 0.$$

根据算子值函数的 Liouville 定理 (见 [8]) 知, $R(T;\lambda)$ 是常值函数, 从而

$$R(T;\lambda) = 0.$$

于是

$$0 = (T - \lambda)R(T;\lambda) = I.$$

矛盾. □

由于 $\sigma(T)$ 是复平面上的非空闭集, 因此可以考虑点到谱集的距离.

例 3.3.1 设 $T \in \mathcal{B}(\mathcal{H})$. 如果 $\lambda \in \rho(T)$, 则

$$\mathrm{dist}(\lambda, \sigma(T)) \geqslant \frac{1}{\|R(T;\lambda)\|}.$$

用反证法. 假设

$$\mathrm{dist}(\lambda, \sigma(T)) < \frac{1}{\|R(T;\lambda)\|}.$$

由于 $\sigma(T)$ 是非空闭集, 于是存在 $\mu \in \sigma(T)$ 使得

$$|\lambda - \mu| < \frac{1}{\|R(T;\lambda)\|},$$

从而

$$\|(\mu - \lambda)R(T;\lambda)\| < 1.$$

据定理 3.1.4 可得 $I - (\mu - \lambda)R(T; \lambda)$ 是可逆算子. 注意, $T - \lambda I$ 是可逆算子, 故
$$(T - \lambda I)[I - (\mu - \lambda)R(T; \lambda)] = T - \lambda I - (\mu - \lambda)I = T - \mu I$$
是可逆算子. 矛盾.

§3.4 谱 半 径

在系统理论等学科中, 我们无需计算有界线性算子的谱, 而只需知道谱的范围即可. 因此, 谱半径的研究吸引了众多学者.

定义 3.4.1 设 $T \in \mathcal{B}(\mathcal{H})$. 称
$$r(T) = \sup\{|\lambda| : \lambda \in \sigma(T)\}$$
为 T 的谱半径.

由谱半径的定义, 通过谱集可求出谱半径. 但是, 很多实际问题只要求出谱半径即可, 无需计算谱集. 所以, 怎样才能既不计算谱集又能求出谱半径?

定理 3.4.1 设 $T \in \mathcal{B}(\mathcal{H})$. 则极限 $\lim\limits_{n\to\infty} \|T^n\|^{\frac{1}{n}}$ 存在, 并且
$$r(T) = \lim_{n\to\infty} \|T^n\|^{\frac{1}{n}} = \inf_{n\geqslant 1} \|T^n\|^{\frac{1}{n}} \leqslant \|T\|.$$

证 先证极限 $\lim\limits_{n\to\infty} \|T^n\|^{\frac{1}{n}}$ 存在并且
$$\lim_{n\to\infty} \|T^n\|^{\frac{1}{n}} = \inf_{n\geqslant 1} \|T^n\|^{\frac{1}{n}}.$$

令 $\alpha = \inf\limits_{n\geqslant 1} \|T^n\|^{\frac{1}{n}}$. 由下确界的定义可知, 对任意的 $\varepsilon > 0$, 存在 m 使得
$$\|T^m\|^{\frac{1}{m}} \leqslant \alpha + \varepsilon.$$

现在固定 m, 则任意正整数 n 可写成 $n = qm + r$, 其中 q 为正整数, $0 \leqslant r < m$. 于是
$$\|T^n\| = \|T^{qm}T^r\| \leqslant \|T^{qm}\|\|T^r\| \leqslant \|T^m\|^q\|T\|^r \leqslant (\alpha+\varepsilon)^{qm}\|T\|^r,$$
从而
$$\|T^n\|^{\frac{1}{n}} \leqslant (\alpha+\varepsilon)^{\frac{qm}{n}}\|T\|^{\frac{r}{n}}.$$

注意 m 是固定的数且 $r < m$, 因此
$$\lim_{n\to\infty} \frac{mq}{n} = 1$$
且
$$\lim_{n\to\infty} \frac{r}{n} = 0.$$

故
$$\varlimsup_{n\to\infty} \|T^n\|^{\frac{1}{n}} = \lim_{k\to\infty} \sup_{n>k} \|T^n\|^{\frac{1}{n}} \leqslant \alpha + \varepsilon.$$

再结合 ε 的任意性即得
$$\varlimsup_{n\to\infty} \|T^n\|^{\frac{1}{n}} \leqslant \alpha.$$

另一方面, 不难发现
$$\alpha = \inf_{n\geqslant 1} \|T^n\|^{\frac{1}{n}} \leqslant \lim_{k\to\infty} \inf_{n>k} \|T^n\|^{\frac{1}{n}} = \varliminf_{n\to\infty} \|T^n\|^{\frac{1}{n}}.$$

因此
$$\inf_{n\geqslant 1} \|T^n\|^{\frac{1}{n}} = \alpha = \varlimsup_{n\to\infty} \|T^n\|^{\frac{1}{n}} = \varliminf_{n\to\infty} \|T^n\|^{\frac{1}{n}}.$$

所以, 极限 $\lim\limits_{n\to\infty} \|T^n\|^{\frac{1}{n}}$ 存在并且
$$\lim_{n\to\infty} \|T^n\|^{\frac{1}{n}} = \inf_{n\geqslant 1} \|T^n\|^{\frac{1}{n}}.$$

再证明
$$r(T) = \lim_{n\to\infty} \|T^n\|^{\frac{1}{n}}.$$

一方面, 对任意 $\lambda \in \sigma(T)$, 据例 3.2.4 知 $\lambda^n \in \sigma(T^n)$. 由定理 3.2.1 的证明过程看出
$$|\lambda|^n \leqslant \|T^n\|,$$

换言之,
$$|\lambda| \leqslant \|T^n\|^{\frac{1}{n}}.$$

于是
$$r(T) = \sup_{\lambda\in\sigma(T)} |\lambda| \leqslant \lim_{n\to\infty} \|T^n\|^{\frac{1}{n}}.$$

另一方面, 对任意 $\varepsilon > 0$, 由谱半径的定义知 $r(T) + \varepsilon \in \rho(T)$. 令 $\mu = r(T) + \varepsilon$. 由于 $R(T;\lambda)$ 是 $\rho(T)$ 上的解析函数, 进而 $R(T;\lambda)$ 有唯一的 Laurent 展开. 注意习题 3.12 中的展开即得
$$R(T;\mu) = -\sum_{k=0}^{\infty} \frac{T^k}{\mu^{k+1}}.$$

故
$$\lim_{k\to\infty} \frac{\|T^k\|}{|\mu|^{k+1}} = 0,$$

从而 n 充分大时
$$\|T^n\| \leqslant |\mu|^{n+1},$$

换言之,
$$\|T^n\|^{\frac{1}{n}} \leqslant |\mu|^{\frac{n+1}{n}}.$$

两端求极限可得
$$\lim_{n\to\infty} \|T^n\|^{\frac{1}{n}} \leqslant r(T) + \varepsilon.$$

由于 ε 是任意的, 所以
$$\lim_{n\to\infty} \|T^n\|^{\frac{1}{n}} \leqslant r(T).$$

最后, 由于
$$\|T^n\| \leqslant \|T\|^n,$$

于是
$$\|T^n\|^{\frac{1}{n}} \leqslant \|T\|,$$

从而
$$\lim_{n\to\infty} \|T^n\|^{\frac{1}{n}} \leqslant \|T\|.$$

□

设 $T \in \mathcal{B}(\mathcal{H})$. 由上面的讨论知, 当 $|\lambda| > r(T)$ 时,
$$R(T;\lambda) = -\sum_{k=0}^{\infty} \frac{T^k}{\lambda^{k+1}}.$$

上式右端的级数通常称为 Neumann 级数.

例 3.4.1 举例说明不等式 $r(T) \leqslant \|T\|$ 中的 "=" 和 "<" 都有可能取到.

事实上, 对矩阵
$$T = \begin{pmatrix} 0 & 1 \\ 0 & 0 \end{pmatrix}$$

而言, 计算可得 $\sigma(T) = \{0\}$ 且 $\|T\| = 1$. 因此
$$r(T) < \|T\|.$$

另一方面, 再考虑
$$P = \begin{pmatrix} 1 & 0 \\ 0 & 0 \end{pmatrix}.$$

易知 $\sigma(P) = \{1, 0\}$ 且 $\|P\| = 1$. 于是
$$r(P) = \|P\|.$$

习题 3.13 设 $T \in \mathcal{B}(\mathcal{H})$. 则
$$r(T) = r(T^*).$$

定理 3.4.2 设 $T \in \mathcal{B}(\mathcal{H})$, $S \in \mathcal{B}(\mathcal{H})$. 如果 $TS = ST$, 则
$$r(T+S) \leqslant r(T) + r(S),$$
$$r(TS) \leqslant r(T)r(S).$$

证 因为 S 和 T 是可交换的, 因此
$$(T+S)^n = \sum_{k=0}^{n} C_n^k S^k T^{n-k},$$
从而
$$\|(T+S)^n\| \leqslant \sum_{k=0}^{n} C_n^k \|S^k\| \|T^{n-k}\|.$$
对任意的 $p > r(S)$ 和 $q > r(T)$, 存在正整数 N 使得当 $n \geqslant N$ 时
$$\|S^n\|^{\frac{1}{n}} < p,$$
$$\|T^n\|^{\frac{1}{n}} < q.$$
于是, 当 $n > 2N$ 时,
$$\|(S+T)^n\| \leqslant \sum_{k=0}^{n} C_n^k \|S^k\| \|T^{n-k}\|$$
$$\leqslant \sum_{k=0}^{N-1} C_n^k \|S\|^k q^{n-k} + \sum_{k=N}^{n-N} C_n^k p^k q^{n-k} + \sum_{k=n-N+1}^{n} C_n^k p^k \|T\|^{n-k}$$
$$= \sum_{k=0}^{N-1} C_n^k p^k q^{n-k} \left(\frac{\|S\|}{p}\right)^k + \sum_{k=N}^{n-N} C_n^k p^k q^{n-k} +$$
$$\sum_{k=n-N+1}^{n} C_n^k p^k q^{n-k} \left(\frac{\|T\|}{q}\right)^{n-k}$$
$$\leqslant \left[\max_{0 \leqslant k \leqslant N-1}\left(\frac{\|S\|}{p}\right)^k + 1 + \max_{0 \leqslant k \leqslant N-1}\left(\frac{\|S\|}{p}\right)^k\right] \sum_{k=0}^{n} C_n^k p^k q^{n-k}.$$
记
$$M = \max_{0 \leqslant k \leqslant N-1}\left(\frac{\|S\|}{p}\right)^k + 1 + \max_{0 \leqslant k \leqslant N-1}\left(\frac{\|S\|}{p}\right)^k,$$
则 M 是常数并且与 n 无关. 再结合
$$\sum_{k=0}^{n} C_n^k p^k q^{n-k} = (p+q)^n$$
可得
$$\|(S+T)^n\| \leqslant M(p+q)^n.$$

故
$$\lim_{n\to\infty}\|(S+T)^n\|^{\frac{1}{n}} \leqslant \lim_{n\to\infty} M^{\frac{1}{n}}(p+q) = p+q.$$

令 $p \to r(S)$, $p \to r(T)$, 即得
$$r(S+T) \leqslant r(S) + r(T).$$

第二个不等式直接由
$$\|(ST)^n\| = \|S^n T^n\| \leqslant \|S^n\|\|T^n\|$$

推出. □

定义 3.4.2 设 $T \in \mathcal{B}(\mathcal{H})$. 如果存在正整数 n 使得 $T^n = 0$, 则称 T 为幂零算子. 如果 $\lim_{n\to\infty}\|T^n\|^{\frac{1}{n}} = 0$, 则称 T 为拟幂零算子.

由定理 3.4.1 知, T 是拟幂零算子当且仅当 $r(T) = 0$, 即 $\sigma(T) = \{0\}$.

习题 3.14 幂零算子必为拟幂零算子. 请举例说明反之不成立.

习题 3.15 设 $T \in \mathcal{B}(\mathcal{H})$ 和 $S \in \mathcal{B}(\mathcal{H})$ 是可交换的. 如果 T 是拟幂零算子, 则 ST 也是拟幂零算子.

例 3.4.2 设 $k(x,y)$ 是 $0 \leqslant x, y \leqslant 1$ 上的连续函数, $M = \max_{0 \leqslant x,y \leqslant 1} |k(x,y)|$. 如果当 $y > x$ 时 $k(x,y) = 0$, 则 $L^2[0,1]$ 上的积分算子
$$Kf = \int_0^1 k(x,y)f(y)\mathrm{d}y = \int_0^x k(x,y)f(y)\mathrm{d}y$$

是拟幂零算子.

事实上, 由例 2.1.2 可知 K 是有界线性算子并且
$$\|K\| \leqslant \left(\int_0^1 \int_0^1 |k(s,t)|^2 \mathrm{d}t\mathrm{d}s\right)^{\frac{1}{2}} \leqslant M.$$

现在考虑 K^n. 结合 K 的定义和实变函数中的 Fubini 定理即得
$$\begin{aligned} K^2 f &= \int_0^1 k(x,t)(Kf)(t)\mathrm{d}t \\ &= \int_0^1 k(x,t)\left[\int_0^1 k(t,y)f(y)\mathrm{d}y\right]\mathrm{d}t \\ &= \int_0^1 \left[\int_0^1 k(x,t)k(t,y)\mathrm{d}t\right] f(y)\mathrm{d}y. \end{aligned}$$

令
$$k_2(x,y) = \int_0^1 k(x,t)k(t,y)\mathrm{d}t.$$

则
$$K^2 f = \int_0^1 k_2(x,y)f(y)\mathrm{d}y.$$

显然, $k_2(x,y)$ 是 $0 \leqslant x,y \leqslant 1$ 上的连续函数. 注意, 当 $y > x$ 时
$$k(x,y) = 0,$$
于是, 当 $y > x$ 时
$$k_2(x,y) = \int_0^y k(x,t)k(t,y)\mathrm{d}t + \int_y^1 k(x,t)k(t,y)\mathrm{d}t = 0;$$
当 $x \geqslant y$ 时
$$k_2(x,y) = \int_0^y k(x,t)k(t,y)\mathrm{d}t + \int_y^x k(x,t)k(t,y)\mathrm{d}t + \int_x^1 k(x,t)k(t,y)\mathrm{d}t$$
$$= \int_y^x k(x,t)k(t,y)\mathrm{d}t,$$
从而
$$|k_2(x,y)| \leqslant M^2(x-y).$$
通过类似的计算可得递推公式
$$K^n f = \int_0^1 k_n(x,y)f(y)\mathrm{d}y \ (n=1,2,\cdots),$$
其中
$$\begin{cases} k_1(x,y) = k(x,y), \\ k_n(x,y) = \int_0^1 k(x,t)k_{n-1}(t,y)\mathrm{d}t. \end{cases}$$

用数学归纳法可以证明: 对每一个 n, 核函数 $k_n(x,y)$ 满足

(a) 当 $y > x$ 时, $k_n(x,y) = 0$;
(b) 当 $x \geqslant y$ 时, $|k_n(x,y)| \leqslant \frac{M^n}{(n-1)!}(x-y)^{n-1}$.

事实上, 当 $n = 1,2$ 时结论成立. 假设 $k_{n-1}(x,y)$ 满足 (a) 和 (b). 注意, 当 $y > x$ 时,
$$k(x,y) = 0,$$
$$k_{n-1}(x,y) = 0,$$
因此, 应用完全类似于当 $n = 2$ 时的证明方法即得
$$k_n(x,y) = \begin{cases} 0, & y > x; \\ \int_y^x k(x,t)k_{n-1}(t,y)\mathrm{d}t, & x \geqslant y. \end{cases}$$

故, 当 $x \geqslant y$ 时,

$$\begin{aligned}|k_n(x,y)| &= \left|\int_y^x k(x,t)k_{n-1}(t,y)\mathrm{d}t\right| \\ &\leqslant \int_y^x |k(x,t)||k_{n-1}(t,y)|\mathrm{d}t \\ &\leqslant M\int_y^x \frac{M^{n-1}}{(n-2)!}(t-y)^{n-2}\mathrm{d}t \\ &= \frac{M^n}{(n-2)!}\int_y^x (t-y)^{n-2}\mathrm{d}t \\ &= \frac{M^n}{(n-1)!}(x-y)^{n-1}.\end{aligned}$$

对任意 $x,y \in [0,1]$, 由于 $k_n(x,y)$ 满足 (a) 和 (b), 于是

$$|k_n(x,y)| \leqslant \frac{M^n}{(n-1)!}.$$

所以

$$\begin{aligned}|K_n f| &\leqslant \int_0^1 |k_n(x,y)||f(y)|\mathrm{d}y \\ &\leqslant \left(\int_0^1 |k_n(x,y)|^2 \mathrm{d}y\right)^{\frac{1}{2}}\left(\int_0^1 |f(y)|^2 \mathrm{d}y\right)^{\frac{1}{2}} \\ &\leqslant \frac{M^n}{(n-1)!}\|f\|,\end{aligned}$$

从而

$$\|K^n f\| = \left(\int_0^1 |K_n f|^2 \mathrm{d}y\right)^{\frac{1}{2}} \leqslant \frac{M^n}{(n-1)!}\|f\|.$$

故

$$\|K^n\| \leqslant \frac{M^n}{(n-1)!}.$$

注意

$$\lim_{n\to\infty} \sqrt[n]{(n-1)!} = \infty,$$

所以

$$\lim_{n\to\infty} \|K^n\|^{\frac{1}{n}} = 0.$$

习题 3.16 在 ℓ_2 上定义算子

$$Tx = (0, x_1, \frac{1}{2}x_2, \frac{1}{3}x_3, \cdots),$$

其中 $x=(x_1,x_2,\cdots)\in\ell_2$. 证明 T 是拟幂零算子. (提示: $\|T^n\|\leqslant\frac{1}{n!}$.)

§3.5 谱映射定理

设
$$p_n(t)=a_nt^n+a_{n-1}t^{n-1}+a_{n-2}t^{n-2}+\cdots+a_1t+a_0$$
为 t 的 n 次多项式. 如果 $T\in\mathcal{B}(\mathcal{H})$, 可定义
$$p_n(T)=a_nT^n+a_{n-1}T^{n-1}+a_{n-2}T^{n-2}+\cdots+a_1T+a_0I.$$
通常, $p_n(T)$ 称为 T 的算子多项式.

不难发现, 算子谱理论研究 T 的 1 次多项式 $T-\lambda I$ 的可逆性等相关性质.

定理 3.5.1 (多项式的谱映射定理) 设 $p_n(t)$ 是 t 的 n 次多项式, $T\in\mathcal{B}(\mathcal{H})$. 则
$$\sigma(p_n(T))=p_n(\sigma(T)).$$

证 当 $n=0$ 时, 结论成立. 下面考虑 $n\geqslant 1$ 的情况. 对 $\lambda\in\mathbb{C}$, 代数基本定理说明方程
$$p_n(t)-\lambda=0$$
有且只有 n 个根, 记其为 $t_1,t_2,\cdots,t_n$. 于是
$$p_n(t)-\lambda=a_n(t-t_1)(t-t_2)\cdots(t-t_n),$$
从而
$$p_n(T)-\lambda I=a_n(T-t_1I)(T-t_2I)\cdots(T-t_nI).$$
由于
$$T-t_1I,T-t_2I,\cdots,T-t_nI$$
是两两相互可交换的, 从而 $p_n(T)-\lambda I$ 为可逆算子当且仅当
$$T-t_1I,T-t_2I,\cdots,T-t_nI$$
均为可逆算子.

假设 $\lambda\in\sigma(p_n(T))$, 则 $p_n(T)-\lambda I$ 为不可逆算子. 所以, 在方程
$$p_n(t)-\lambda=0$$
的 n 个根 $\{t_1,t_2,\cdots,t_n\}$ 中至少存在一个 t_i 使得 $T-t_iI$ 为不可逆算子, 于是 $t_i\in\sigma(T)$ 且
$$\lambda=p_n(t_i).$$

故 $\lambda \in p_n(\sigma(T))$, 从而
$$\sigma(p_n(T)) \subset p_n(\sigma(T)).$$

反之, 假设 $\lambda \in p_n(\sigma(T))$. 则存在 $\mu \in \sigma(T)$ 使得
$$\lambda = p_n(\mu),$$
从而 $t = \mu$ 是方程
$$p_n(t) - \lambda = 0$$
的某一根. 于是, n 次多项式 $p_n(t) - \lambda$ 可表示为
$$p_n(t) - \lambda = (t - \mu)p_{n-1}(t) = p_{n-1}(t)(t - \mu),$$
进而
$$p_n(T) - \lambda I = (T - \mu I)p_{n-1}(T) = p_{n-1}(T)(T - \mu I).$$
故
$$\mathcal{N}(T - \mu I) \subset \mathcal{N}(p_n(T) - \lambda I)$$
并且
$$\mathcal{R}(p_n(T) - \lambda I) \subset \mathcal{R}(T - \mu I).$$

注意, $T - \mu I$ 不是可逆算子, 于是 $T - \mu I$ 不是单射或不是满射, 从而 $p_n(T) - \lambda I$ 不是单射或不是满射. 故 $\lambda \in \sigma(p_n(T))$. 所以
$$p_n(\sigma(T)) \subset \sigma(p_n(T)).$$

□

特别地, 若 $T \in \mathcal{B}(\mathcal{H})$, 则
$$\sigma(T^n) = \sigma(T)^n = \{\lambda^n \in \mathbb{C} : \lambda \in \sigma(T)\},$$
$$\sigma(\alpha T) = \alpha \sigma(T) = \{\alpha \lambda \in \mathbb{C} : \lambda \in \sigma(T)\}.$$

谱映射定理还可推广到更一般的解析函数上, 本书不做进一步讨论. 感兴趣的读者可参阅有关算子理论或泛函分析的专著, 如 [35].

§3.6 点谱、连续谱和剩余谱

对有限维空间上的矩阵而言, 其谱集仅包含特征值. 然而, 在无穷维空间的情况下, 有界线性算子的谱集更为复杂. 我们知道, $\lambda \in \sigma(T)$ 当且仅当 $T - \lambda I$ 为不可逆算子. 因此人们研究给定算子为不可逆的等价条件. 基于此, 人们对谱集进一步分类.

众所周知, $T \in \mathcal{B}(\mathcal{H})$ 是可逆算子当且仅当 $\mathcal{N}(T) = \{0\}$ 且 $\mathcal{R}(T) = \mathcal{H}$. 由此

引进点谱和亏谱的定义.

定义 3.6.1 设 $T \in \mathcal{B}(\mathcal{H})$. 如果
$$\mathcal{N}(T - \lambda I) \neq \{0\},$$
则 λ 称为 T 的点谱(又称特征值); $\mathcal{N}(T - \lambda I)$ 称为 λ 的特征子空间; $\mathcal{N}(T - \lambda I)$ 内的非零元素称为 T 的对应于 λ 的特征向量; $\dim \mathcal{N}(T - \lambda I)$ 称为 λ 的几何重数. T 的点谱的全体记为 $\sigma_p(T)$, 即
$$\sigma_p(T) = \{\lambda \in \mathbb{C} : \mathcal{N}(T - \lambda I) \neq \{0\}\}.$$
如果
$$\mathcal{R}(T - \lambda I) \neq \mathcal{H},$$
则称 λ 为 T 的亏谱. T 的亏谱的全体记为 $\sigma_\delta(T)$, 即
$$\sigma_\delta(T) = \{\lambda \in \mathbb{C} : \mathcal{R}(T - \lambda I) \neq \mathcal{H}\}.$$
显然,
$$\sigma(T) = \sigma_p(T) \cup \sigma_\delta(T).$$

例 3.6.1 设 T 为 $n \times n$ 矩阵. 对任意 $\lambda \in \mathbb{C}$, 由于
$$\dim \mathcal{N}(T - \lambda I) + \dim \mathcal{R}(T - \lambda I) = n,$$
因此 $\dim \mathcal{N}(T - \lambda I) \geqslant 1$ 当且仅当 $\dim \mathcal{R}(T - \lambda I) \leqslant n - 1$. 于是
$$\sigma(T) = \sigma_p(T) = \sigma_\delta(T).$$

对无穷维空间上的有界线性算子而言, 其亏谱和点谱未必相等. 例如, 考虑空间 ℓ_2 上的右移算子 S_r. 不难验证, S_r 是单射并且 $e_1 = (1, 0, 0, \cdots) \notin \mathcal{R}(S_r)$. 因此, $0 \in \sigma_\delta(S_r)$, 但是 $0 \notin \sigma_p(S_r)$.

定理 3.6.1 设 $T \in \mathcal{B}(\mathcal{H})$. 则
$$\sigma_p(T)^* \subset \sigma_\delta(T^*).$$

证 如果 $\lambda \in \sigma_p(T)$, 则
$$\mathcal{N}(T - \lambda I) \neq \{0\}.$$
由于
$$\mathcal{R}(T^* - \overline{\lambda} I)^\perp = \mathcal{N}(T - \lambda I),$$
于是
$$\mathcal{R}(T^* - \overline{\lambda} I)^\perp \neq \{0\},$$

从而 $\bar{\lambda} \in \sigma_\delta(T^*)$. □

例 3.6.2 如果 $T \in \mathcal{B}(\mathcal{H})$, 是否
$$\sigma_\delta(T^*) \subset \sigma_p(T)^*$$
也成立?

答案是否定的. 事实上, 考虑 ℓ_2 上定义的算子 T:
$$Tx = \left(x_1, \frac{1}{2}x_2, \cdots, \frac{1}{n}x_n, \cdots\right),$$
其中 $x = (x_1, x_2, \cdots, x_n, \cdots) \in \ell_2$. 不难验证 $T = T^*$ 且 $\mathcal{N}(T) = \{0\}$. 由例 2.4.3 知 $\mathcal{R}(T)$ 是不闭的, 从而 $\mathcal{R}(T) \neq \ell_2$. 于是 $0 \in \sigma_\delta(T^*)$, 但是 $0 \notin \sigma_p(T)$.

把全体亏谱中的不属于点谱的那些点进一步分类.

定义 3.6.2 设 $T \in \mathcal{B}(\mathcal{H})$ 并且 $\lambda \notin \sigma_p(T)$. 如果
$$\overline{\mathcal{R}(T - \lambda I)} \neq \mathcal{H},$$
则称 λ 为 T 的剩余谱; 如果
$$\overline{\mathcal{R}(T - \lambda I)} = \mathcal{H},$$
但是 $\mathcal{R}(T - \lambda I)$ 是不闭的, 则称 λ 为 T 的连续谱. 用 $\sigma_r(T)$ 和 $\sigma_c(T)$ 分别表示 T 的剩余谱全体和连续谱全体, 换言之,
$$\sigma_r(T) = \{\lambda \in \mathbb{C} : \mathcal{N}(T - \lambda I) = \{0\}, \overline{\mathcal{R}(T - \lambda I)} \neq \mathcal{H}\},$$
$$\sigma_c(T) = \{\lambda \in \mathbb{C} : \mathcal{N}(T - \lambda I) = \{0\}, \mathcal{R}(T - \lambda I) \neq \overline{\mathcal{R}(T - \lambda I)} = \mathcal{H}\}.$$

不难发现, $\sigma_p(T)$, $\sigma_c(T)$ 和 $\sigma_r(T)$ 是互不相交的集合, 并且
$$\sigma(T) = \sigma_p(T) \cup \sigma_c(T) \cup \sigma_r(T).$$

此外, 显然有
$$\sigma_c(T) \cup \sigma_r(T) \subset \sigma_\delta(T).$$

习题 3.17 设 $T \in \mathcal{B}(\mathcal{H})$. 则
  (i) $\sigma_p(T)^* \subset \sigma_p(T^*) \cup \sigma_r(T^*)$;
  (ii) $\sigma_r(T)^* \subset \sigma_p(T^*)$;
  (iii) $\sigma_c(T)^* = \sigma_c(T^*)$.

习题 3.18 如果 $T \in \mathcal{B}(\mathcal{H})$, 则
$$\sigma_p(T)^* \cup \sigma_r(T)^* = \sigma_p(T^*) \cup \sigma_r(T^*).$$

例 3.6.3 设 S_r 为 ℓ_2 上的右移算子. 由习题 3.6 知
$$\sigma(S_r) = \{\lambda \in \mathbb{C} : |\lambda| \leqslant 1\}.$$
进一步分类可得
$$\sigma_p(S_r) = \emptyset;$$
$$\sigma_r(S_r) = \{\lambda \in \mathbb{C} : |\lambda| < 1\};$$
$$\sigma_c(S_r) = \{\lambda \in \mathbb{C} : |\lambda| = 1\}.$$
事实上, 对任意 $\lambda \in \mathbb{C}$ 和 $x = (x_1, x_2, \cdots) \in \ell_2$, 如果
$$(S_r - \lambda I)x = (-\lambda x_1, x_1 - \lambda x_2, \cdots, x_n - \lambda x_{n+1}, \cdots)$$
$$= (0, 0, \cdots),$$
则
$$-\lambda x_1 = 0,$$
$$x_1 - \lambda x_2 = 0$$
$$\vdots$$
$$x_n - \lambda x_{n+1} = 0,$$
$$\vdots$$
从而 $x_n = 0$ $(n = 1, 2, \cdots)$, 于是 $x = 0$. 故
$$\mathcal{N}(S_r - \lambda I) = \{0\}.$$
当 $|\lambda| < 1$ 时, 由例 3.2.2 和 $S_r^* = S_l$ 可知
$$\mathcal{R}(S_r - \lambda I)^\perp = \mathcal{N}(S_l - \overline{\lambda} I) \neq \{0\},$$
从而
$$\overline{\mathcal{R}(S_r - \lambda I)} \neq \mathcal{H}.$$
当 $|\lambda| = 1$ 时, 对 $x = (x_1, x_2, \cdots) \in \ell_2$, 如果
$$(S_l - \overline{\lambda} I)x = 0,$$
由例 3.2.2 的证明过程可得
$$x = \left(x_1, \overline{\lambda} x_1, (\overline{\lambda})^2 x_1, \cdots\right).$$
由于 $x \in \ell_2$, 因此
$$\|x\| = \sum_{n=1}^{\infty} |(\overline{\lambda})^{n-1} x_1|^2 = \sum_{n=1}^{\infty} |x_1|^2 < \infty.$$

于是 $x_1 = 0$, 从而 $x = 0$. 因此

$$\mathcal{R}(S_r - \lambda I)^\perp = \mathcal{N}(S_r^* - \overline{\lambda} I) = \mathcal{N}(S_l - \overline{\lambda} I) = \{0\},$$

进而

$$\overline{\mathcal{R}(S_r - \lambda I)} = \mathcal{H}.$$

再结合习题 3.6 知

$$\{\lambda \in \mathbb{C} : |\lambda| = 1\} \subset \sigma(S_r),$$

于是

$$\mathcal{R}(S_r - \lambda I) \neq \mathcal{H}.$$

综上可知,

$$\sigma_p(S_r) = \emptyset;$$
$$\sigma_r(S_r) = \{\lambda \in \mathbb{C} : |\lambda| < 1\};$$
$$\sigma_c(S_r) = \{\lambda \in \mathbb{C} : |\lambda| = 1\}.$$

对矩阵而言, 其谱集即为点谱的全体. 因此, 矩阵的点谱是非空的. 但是, 由上面例子看出无穷维空间上有界线性算子的点谱有可能是空集.

习题 3.19 求 ℓ_2 上的左移算子 S_l 的点谱、连续谱、剩余谱以及亏谱.

习题 3.20 如果 $T \in \mathcal{B}(\mathcal{H}, \mathcal{K}), S \in \mathcal{B}(\mathcal{K}, \mathcal{H})$, 则

$$\sigma(TS) \backslash \{0\} = \sigma(ST) \backslash \{0\}.$$

习题 3.21 如果 $T \in \mathcal{B}(\mathcal{H}, \mathcal{K}), S \in \mathcal{B}(\mathcal{K}, \mathcal{H})$, 则

$$\sigma_p(ST) \cup \{0\} = \sigma_p(TS) \cup \{0\}.$$

§3.7 近似点谱和压缩谱

先介绍有界线性算子的下方有界性.

定义 3.7.1 设 $T \in \mathcal{B}(\mathcal{H}, \mathcal{K})$. 如果存在常数 $m > 0$ 使得对任意 $x \in \mathcal{H}$ 有

$$\|Tx\| \geqslant m\|x\|,$$

则称 T 为下方有界的.

有界线性算子的下方有界性有诸多等价条件.

定理 3.7.1 设 $T \in \mathcal{B}(\mathcal{H}, \mathcal{K})$. 则下面叙述是等价的:
  (i) T 是下方有界的;

(ii) T 是单射且 $\mathcal{R}(T)$ 为闭的;
(iii) $\mathcal{R}(T^*) = \mathcal{H}$;
(iv) 存在 $R \in \mathcal{B}(\mathcal{H}, \mathcal{K})$ 使得 $T^*R = I$;
(v) 存在 $L \in \mathcal{B}(\mathcal{K}, \mathcal{H})$ 使得 $LT = I$.

证 (i)$\Rightarrow$(ii). 设 T 是下方有界的. 则存在 $m > 0$ 使得对所有 $x \in \mathcal{H}$,
$$\|Tx\| \geqslant m\|x\|.$$
如果 $Tx = 0$, 则
$$\|x\| \leqslant \frac{1}{m}\|Tx\| = 0,$$
从而 $x = 0$. 于是 T 是单射. 另一方面, 假设 $\{y_n\}$ 是 $\mathcal{R}(T)$ 中的 Cauchy 列, 并且
$$\lim_{n \to \infty} y_n = y.$$
因为 $y_n \in \mathcal{R}(T)$, 因此存在 $x_n \in \mathcal{H}$ 使得
$$Tx_n = y_n, \quad n = 1, 2, \cdots.$$
所以, 当 $n, m \longrightarrow \infty$ 时,
$$\|x_n - x_m\| \leqslant \frac{1}{m}\|Tx_n - Tx_m\| = \frac{1}{m}\|y_n - y_m\| \longrightarrow 0,$$
从而 $\{x_n\}$ 是 $\mathcal{H}$ 中的 Cauchy 列. 于是存在 $x_0 \in \mathcal{H}$ 使得
$$\lim_{n \to \infty} x_n = x_0.$$
注意, T 是连续的, 故
$$y = \lim_{n \to \infty} Tx_n = Tx_0,$$
进而 $y \in \mathcal{R}(T)$. 因此, $\mathcal{R}(T)$ 是闭的.

(ii)$\Rightarrow$(iii). 一方面, 因为
$$\overline{\mathcal{R}(T^*)} = \mathcal{N}(T)^\perp,$$
因此
$$\mathcal{N}(T) = \{0\}$$
蕴含着
$$\overline{\mathcal{R}(T^*)} = \mathcal{H}.$$
另一方面, 由于 $\mathcal{R}(T)$ 是闭的, 据定理 2.6.5 可知 $\mathcal{R}(T^*)$ 为闭的. 所以
$$\mathcal{R}(T^*) = \overline{\mathcal{R}(T^*)},$$

从而
$$\mathcal{R}(T^*) = \mathcal{H}.$$

(iii)⇒(iv). 因为 $\mathcal{N}(T^*)$ 是闭的, 因此空间 $\mathcal{K}$ 有正交分解
$$\mathcal{K} = \mathcal{N}(T^*) \oplus \mathcal{N}(T^*)^\perp,$$
从而 T^* 有算子矩阵表示
$$T^* = \begin{pmatrix} 0 & T_2^* \end{pmatrix} : \mathcal{N}(T^*) \oplus \mathcal{N}(T^*)^\perp \longrightarrow \mathcal{H}.$$
不难看出, $T_2^* = T^* P_{\mathcal{N}(T^*)^\perp} : \mathcal{N}(T^*)^\perp \longrightarrow \mathcal{H}$ 是双射. 据 Banach 逆算子定理, T_2^* 是可逆算子. 令
$$R = \begin{pmatrix} 0 \\ (T_2^*)^{-1} \end{pmatrix} : \mathcal{H} \longrightarrow \mathcal{N}(T^*) \oplus \mathcal{N}(T^*)^\perp.$$
则 $R \in \mathcal{B}(\mathcal{H}, \mathcal{K})$. 计算可得
$$T^* R = \begin{pmatrix} 0 & T_2^* \end{pmatrix} \begin{pmatrix} 0 \\ (T_2^*)^{-1} \end{pmatrix} = I.$$

(iv)⇒(v). 因为存在 $R \in \mathcal{B}(\mathcal{H}, \mathcal{K})$ 使得
$$T^* R = I,$$
于是
$$R^* T = I.$$
现在, 取 $L = R^*$ 即可.

(v)⇒(i). 设存在 $L \in \mathcal{B}(\mathcal{K}, \mathcal{H})$ 使得
$$LT = I.$$
则对任意的 $x \in \mathcal{H}$,
$$\|x\| = \|LTx\| \leqslant \|L\| \|Tx\|.$$
注意, $LT = I$ 蕴含着 $\|L\| \neq 0$, 于是
$$\|Tx\| \geqslant \|L\|^{-1} \|x\|.$$
令 $m = \|L\|^{-1}$ 即可. □

由定理 3.7.1 可得, $T \in \mathcal{B}(\mathcal{H}, \mathcal{K})$ 是可逆算子当且仅当 T 是下方有界的并且 $\overline{\mathcal{R}(T)} = \mathcal{K}$. 由此引进近似点谱和压缩谱的定义.

定义 3.7.2 设 $T \in \mathcal{B}(\mathcal{H}), \lambda \in \mathbb{C}$. 如果 $T - \lambda I$ 不是下方有界的, 则称 λ 为

§3.7 近似点谱和压缩谱

T 的近似点谱. T 的近似点谱的全体记为 $\sigma_{ap}(T)$, 即

$$\sigma_{ap}(T) = \{\lambda \in \mathbb{C} : T - \lambda I \text{不是下方有界的}\}.$$

如果 $\overline{\mathcal{R}(T - \lambda I)} \neq \mathcal{H}$, 则称 λ 为 T 的压缩谱. T 的压缩谱的全体记为 $\sigma_{com}(T)$, 即

$$\sigma_{com}(T) = \left\{\lambda \in \mathbb{C} : \overline{\mathcal{R}(T - \lambda I)} \neq \mathcal{H}\right\}.$$

T 的近似点谱的补集 $\mathbb{C}\backslash\sigma_{ap}(T)$ 称为 T 的正则型域, 记为 $\rho_{ap}(T)$.

不难发现

$$\sigma(T) = \sigma_{ap}(T) \cup \sigma_{com}(T).$$

习题 3.22 设 $T \in \mathcal{B}(\mathcal{H})$. 则

$$\sigma_{com}(T^*) = \sigma_p(T)^*.$$

由定理 3.7.1 可得下面两个推论, 其证明留给读者.

推论 3.7.2 设 $T \in \mathcal{B}(\mathcal{H})$. 则

$$\sigma_{ap}(T) = \sigma_p(T) \cup \{\lambda \in \mathbb{C} : \mathcal{R}(T - \lambda I)\text{不闭}\}.$$

特别地,

$$(\sigma_p(T) \cup \sigma_c(T)) \subset \sigma_{ap}(T) \subset \sigma(T).$$

推论 3.7.3 设 $T \in \mathcal{B}(\mathcal{H})$. 则 $\lambda \in \sigma_{ap}(T)$ 当且仅当 $\overline{\lambda} \in \sigma_\delta(T^*)$. 换言之,

$$\sigma_\delta(T^*) = \sigma_{ap}(T)^*.$$

例 3.7.1 设 S_l 是 ℓ_2 上的左移算子. 则

$$\sigma_{ap}(S_l) = \sigma(S_l),$$
$$\sigma_{com}(S_l) = \emptyset.$$

事实上, 由例 3.2.2 及其证明过程可知

$$\sigma(S_l) = \{\lambda \in \mathbb{C} : |\lambda| \leqslant 1\},$$
$$\sigma_p(S_l) = \{\lambda \in \mathbb{C} : |\lambda| < 1\}.$$

另一方面, 由例 3.6.3 可知

$$\sigma_c(S_r) = \{\lambda \in \mathbb{C} : |\lambda| = 1\}.$$

在结合 $S_l = S_r^*$ 和

$$\sigma_c(S_r^*) = \sigma_c(S_r)^*$$

可知
$$\sigma_c(S_l) = \{\lambda \in \mathbb{C} : |\lambda| = 1\}.$$

利用推论 3.7.2 可知
$$\sigma_{ap}(S_l) = \sigma(S_l).$$

最后, 由例 3.6.3 和习题 3.22 可得
$$\sigma_{com}(S_l) = \emptyset.$$

习题 3.23 求 ℓ_2 上的右移算子 S_r 的近似点谱和压缩谱.

定理 3.7.4 设 $T \in \mathcal{B}(\mathcal{H})$. 则 $\lambda \in \sigma_{ap}(T)$ 当且仅当存在 $x_n \in \mathcal{H}$, $\|x_n\| = 1$ 使得
$$\lim_{n \to \infty} \|(T - \lambda I)x_n\| = 0.$$

证 设 $\lambda \in \sigma_{ap}(T)$. 则 $T - \lambda I$ 不是下方有界的. 因此, 对任意的正整数 n, 存在非零元 $y_n \in \mathcal{H}$ 使得
$$\|(T - \lambda I)y_n\| < \frac{\|y_n\|}{n}.$$

令
$$x_n = \|y_n\|^{-1} y_n.$$

则 $\|x_n\| = 1$ 并且
$$\|(T - \lambda I)x_n\| < \frac{1}{n}.$$

于是
$$\lim_{n \to \infty} \|(T - \lambda I)x_n\| = 0.$$

反之, 设存在 $x_n \in \mathcal{H}$, $\|x_n\| = 1$ 使得
$$\lim_{n \to \infty} \|(T - \lambda I)x_n\| = 0.$$

用反证法. 如果 $\lambda \in \rho_{ap}(T)$, 则存在 $m > 0$ 使得
$$\|(T - \lambda I)x\| \geqslant m\|x\|, \quad x \in \mathcal{H}.$$

于是, 对任意的 $y_n \in \mathcal{H}$, 当 $\|y_n\| = 1$ 时,
$$\|(T - \lambda I)y_n\| \geqslant m,$$

从而极限
$$\lim_{n \to \infty} \|(T - \lambda I)y_n\|$$

不存在或者
$$\lim_{n\to\infty} \|(T-\lambda I)y_n\| \geqslant m.$$
结合 $m \neq 0$ 即得与假设条件矛盾. □

在很多书籍上, 近似点谱的定义是由定理 3.7.4 中的等价条件来给出的.

设 Ω 是复平面上的非空子集. 用 $\partial \Omega$ 表示 Ω 的所有边界点的集合.

定理 3.7.5 设 $T \in \mathcal{B}(\mathcal{H})$. 则 $\sigma_{ap}(T)$ 是闭集并且
$$\partial \sigma(T) \subset \sigma_{ap}(T).$$

证 先证明 $\sigma_{ap}(T)$ 是闭集. 为此, 只需证明 $\rho_{ap}(T)$ 为开集. 设 $\lambda \in \rho_{ap}(T)$. 由定理 3.7.1 知, 存在 $L \in \mathcal{B}(\mathcal{H})$ 使得
$$L(T - \lambda I) = I.$$
对任意的 $\mu \in \mathbb{C}$, 只要 $|\lambda - \mu| < \|L\|^{-1}$, 则
$$\|(\lambda - \mu)L\| < 1,$$
结合定理 3.1.4 即得 $I + (\lambda - \mu)L$ 是可逆算子. 令
$$L_1 = L[I + (\mu - \lambda)L]^{-1}.$$
由
$$L(T - \lambda I) = I$$
可知
$$T - \mu I = T - \lambda I + (\lambda - \mu)I = [I + (\lambda - \mu)L](T - \lambda I),$$
于是
$$L_1(T - \mu I) = L[I + (\mu - \lambda)L]^{-1}[I + (\lambda - \mu)L](T - \lambda I) = I.$$
再由定理 3.7.1, $T - \mu I$ 是下方有界的, 从而 $\mu \in \rho_{ap}(T)$. 故 $\rho_{ap}(T)$ 是开集.

其次证明 $\sigma_{ap}(T)$ 包含 $\sigma(T)$ 的所有边界点. 设 λ 是 $\sigma(T)$ 的边界点. 则对每个 $\varepsilon = \frac{1}{n}$, 存在 $\mu_n \in \rho(T)$ 使得
$$|\mu_n - \lambda| < \frac{1}{n}.$$
注意, $\sigma(T)$ 是闭集, 因此 $\lambda \in \sigma(T)$. 故, 由例 3.3.1 可得
$$\|R(T; \mu_n)\|^{-1} \leqslant \operatorname{dist}(\mu_n, \sigma(T)) < |\mu_n - \lambda| < \frac{1}{n},$$
从而
$$\|R(T; \mu_n)\| > n.$$

由范数的定义, 存在单位向量 $y_n \in \mathcal{H}$ 使得
$$\|R(T;\mu_n)y_n\| > n.$$
令
$$x_n = \|R(T;\mu_n)y_n\|^{-1} R(T;\mu_n)y_n.$$
则 x_n 是单位向量并且
$$\|(T-\lambda I)x_n\| \leqslant \|(T-\mu_n)x_n\| + \|(\mu_n - \lambda)x_n\|$$
$$= \|R(T;\mu_n)y_n\|^{-1} + |\mu_n - \lambda| < \frac{2}{n},$$
从而
$$\lim_{n\to\infty} \|(T-\lambda I)x_n\| = 0.$$
于是 $\lambda \in \sigma_{ap}(T)$. □

推论 3.7.6 如果 $T \in \mathcal{B}(\mathcal{H})$, 则
$$\sigma_{ap}(T) \neq \emptyset.$$

证 由于 $\sigma(T)$ 是非空闭集, 于是 $\partial\sigma(T)$ 是非空集合. 再由定理 3.7.5 知
$$\partial\sigma(T) \subset \sigma_{ap}(T).$$
故 $\sigma_{ap}(T)$ 是非空的. □

习题 3.24 设 $T \in \mathcal{B}(\mathcal{H})$. 则 $\sigma_\delta(T)$ 是非空闭集. 此外,
$$\partial\sigma(T) \subset \sigma_{ap}(T) \cap \sigma_\delta(T).$$

§3.8 左谱和右谱

左谱和右谱与算子的左可逆性和右可逆性有关, 因此先介绍左可逆和右可逆的定义.

定义 3.8.1 设 $T \in \mathcal{B}(\mathcal{H},\mathcal{K})$. 如果存在 $R \in \mathcal{B}(\mathcal{K},\mathcal{H})$ 使得
$$TR = I_\mathcal{K},$$
则 T 称为右可逆算子, R 称为 T 的右逆, 记为 T^r. 如果存在 $L \in \mathcal{B}(\mathcal{K},\mathcal{H})$ 使得
$$LT = I_\mathcal{H},$$
则 T 称为左可逆算子, L 称为 T 的左逆, 记为 T^l.

例 3.8.1 空间 ℓ_2 上的右移算子 S_r 是左可逆算子, 左移算子 S_l 是右可逆算

子.

事实上, 容易验证
$$S_l S_r = I.$$

习题 3.25 设 $T \in \mathcal{B}(\mathcal{H}, \mathcal{K})$. 证明:

(i) T 是左可逆算子当且仅当 T^* 是右可逆算子;

(ii) 如果 T 为可逆算子, 则 $T^l = T^{-1} = T^r$.

设 $T \in \mathcal{B}(\mathcal{H}, \mathcal{K})$. 众所周知, 如果 T 是可逆算子, 则 T^{-1} 存在且唯一. 那么, 如果 T 是左可逆算子, 则 T^l 是否唯一?

例 3.8.2 设 $T \in \mathcal{B}(\mathcal{H}, \mathcal{K})$ 是左可逆算子, 但不是可逆算子. 则 T 有无穷多个左逆 T^l.

事实上, 因为 T 是左可逆算子, 但是不可逆的, 因此存在 $L \in \mathcal{B}(\mathcal{K}, \mathcal{H})$ 使得
$$LT = I_\mathcal{H},$$
$$TL \neq I_\mathcal{K}.$$

对任意的 $z \in \mathbb{C}$, 令
$$T^l = L + z(I_\mathcal{K} - TL).$$

则
$$T^l T = [L + z(I_\mathcal{K} - TL)]T = I_\mathcal{H}.$$

于是 T^l 是 T 的左逆. 显然, 由 z 的任意性看出算子 T 有无穷多个左逆.

习题 3.26 设 $T \in \mathcal{B}(\mathcal{H}, \mathcal{K})$ 是右可逆算子, 但不是可逆算子. 证明 T 有无穷多个右逆.

通常, 用 $\mathcal{G}_l(\mathcal{H}, \mathcal{K})$ 和 $\mathcal{G}_r(\mathcal{H}, \mathcal{K})$ 分别表示 $\mathcal{B}(\mathcal{H}, \mathcal{K})$ 中的全体左可逆算子和全体右可逆算子. 显然,
$$\mathcal{G}(\mathcal{H}, \mathcal{K}) = \mathcal{G}_l(\mathcal{H}, \mathcal{K}) \cap \mathcal{G}_l(\mathcal{H}, \mathcal{K}).$$

习题 3.27 证明: $\mathcal{G}_l(\mathcal{H}, \mathcal{K})$ 和 $\mathcal{G}_r(\mathcal{H}, \mathcal{K})$ 均为开集.

设 $T \in \mathcal{B}(\mathcal{H})$. 由左可逆算子和右可逆算子的定义可知, T 是可逆算子当且仅当 T 既是左可逆算子又是右可逆算子. 基于此, 给出左谱和右谱的定义.

定义 3.8.2 设 $T \in \mathcal{B}(\mathcal{H})$. 集合
$$\sigma_{left}(T) = \{\lambda \in \mathbb{C} : T - \lambda I \text{不是左可逆算子}\}$$

称为 T 的左谱, 集合
$$\sigma_{right}(T) = \{\lambda \in \mathbb{C} : T - \lambda I \text{不是右可逆算子}\}$$

称为 T 的右谱.

显然,
$$\sigma(T) = \sigma_{left}(T) \cup \sigma_{right}(T).$$

由定理 3.7.1 可知下面定理.

定理 3.8.1　设 $T \in \mathcal{B}(\mathcal{H}, \mathcal{K})$. 则
  (i) T 是左可逆算子当且仅当 $\mathcal{N}(T) = \{0\}$ 且 $\mathcal{R}(T)$ 为闭的;
  (ii) T 是右可逆算子当且仅当 $\mathcal{R}(T) = \mathcal{K}$.

如果 $T \in \mathcal{B}(\mathcal{H})$, 由定理 3.8.1 可知
$$\sigma_{left}(T) = \sigma_{ap}(T),$$
$$\sigma_{right}(T) = \sigma_\delta(T).$$

于是, 左谱和右谱的性质完全与近似点谱和亏谱的性质一样, 不再一一列出.

值得注意的是, 在 Hilbert 空间上, 左谱就是近似点谱. 但是, 在 Banach 空间上, 左谱和近似点谱是有所区别的.

第四章 正常算子、部分等距算子以及极分解

本章介绍自共轭算子、正常算子、等距算子、酉算子以及部分等距算子等比较特殊的算子, 而这些算子在实际问题中有重要的应用.

§4.1 正 常 算 子

正常算子是一类非常重要的算子, 具有很多较好的性质. 先给出正常算子的定义.

定义 4.1.1 设 $T \in \mathcal{B}(\mathcal{H})$. 如果
$$TT^* = T^*T,$$
则称 T 为正常算子(又称正规算子).

例 4.1.1 设 $a(t)$ 是区间 $[0,1]$ 上的连续函数. 定义算子
$$T_a u(t) = a(t)u(t), \quad u(t) \in L^2[0,1].$$
则 T_a 是 $L^2[0,1]$ 上的正常算子.

事实上, 由习题 2.4 可知 T_a 是 $L^2[0,1]$ 上的有界线性算子. 不难验证
$$T_a^* = T_{\bar{a}},$$
从而
$$T_a T_a^* = T_{a\bar{a}},$$

由于
$$T_a^* T_a = T_{\bar{a}a}.$$

$$a(t)\overline{a(t)} = \overline{a(t)}a(t),$$

于是
$$T_a T_a^* = T_a^* T.$$

故 T_a 是正常算子.

例 4.1.2 空间 ℓ_2 上的左移算子 S_l 不是正常算子.

事实上, 不难发现
$$S_l S_r = I,$$
$$S_r S_l \neq I.$$

注意到
$$S_l^* = S_r,$$

于是
$$S_l S_l^* \neq S_l^* S_l.$$

故 S_l 不是正常算子.

习题 4.1 如果 $T \in \mathcal{B}(\mathcal{H})$ 是正常算子, 则 T^*, T^n 和 $T - \lambda I$ 均为正常算子, 其中 n 是自然数, λ 是复数.

定理 4.1.1 设 $T \in \mathcal{B}(\mathcal{H})$. 则 T 是正常算子当且仅当
$$\|Tx\| = \|T^*x\|, \quad x \in \mathcal{H}.$$

证 如果 T 是正常算子, 则
$$TT^* = T^*T.$$

于是, 对任意的 $x \in \mathcal{H}$ 有
$$\|Tx\|^2 = (Tx, Tx) = (x, T^*Tx) = (x, TT^*x) = (T^*x, T^*x) = \|T^*x\|^2.$$

故
$$\|Tx\| = \|T^*x\|, \quad x \in \mathcal{H}.$$

反之, 假设对任意的 $x \in \mathcal{H}$ 有
$$\|Tx\| = \|T^*x\|.$$

那么
$$0 = \|Tx\|^2 - \|T^*x\|^2$$
$$= (Tx, Tx) - (T^*x, T^*x)$$
$$= ((T^*T - TT^*)x, x).$$

据定理 2.2.4 可知
$$TT^* = T^*T,$$
从而 T 是正常算子. □

引理 4.1.2 如果 $T \in \mathcal{B}(\mathcal{H})$ 是正常算子, 则对每一个正整数 n 有
$$\|T^n\|^2 \leqslant \|T^{n+1}\|\|T^{n-1}\|.$$

证 对每一个正整数 n 和任意的 $x \in \mathcal{H}$, 利用 Cauchy-Schwarz 不等式可得
$$\|T^n x\|^2 = (T^n x, T^n x)$$
$$= (T^*T^n x, T^{n-1} x)$$
$$\leqslant \|T^*T^n x\|\|T^{n-1} x\|.$$

因为 T 是正常算子, 因此据定理 4.1.1 可见
$$\|T^*T^n x\| = \|T^{n+1} x\|,$$
从而
$$\|T^n x\|^2 \leqslant \|T^{n+1} x\|\|T^{n-1} x\|$$
$$= \|T^{n+1}\|\|T^{n-1}\|\|x\|^2.$$

于是
$$\|T^n\|^2 \leqslant \|T^{n+1}\|\|T^{n-1}\|.$$
□

定理 4.1.3 如果 $T \in \mathcal{B}(\mathcal{H})$ 是正常算子, 则对任意正整数 n 有
$$\|T^n\| = \|T\|^n.$$

证 因为
$$\|T^n\| \leqslant \|T\|^n$$
是显然的, 因此, 只需验证
$$\|T\|^n \leqslant \|T^n\|$$
即可. 用数学归纳法. 不妨设 $T \neq 0$. 当 $n = 1$ 时, 所需不等式成立; 当 $n = 2$ 时,

由引理 4.1.2 可知
$$\|T\|^2 \leqslant \|T^2\|\|T^0\| = \|T^2\|.$$

如果
$$\|T\|^n \leqslant \|T^n\|,$$

据引理 4.1.2 可得
$$\|T\|^{2n} = (\|T\|^n)^2 \leqslant \|T^n\|^2$$
$$\leqslant \|T^{n+1}\|\|T^{n-1}\| \leqslant \|T^{n+1}\|\|T\|^{n-1},$$

从而
$$\|T\|^{n+1} = \|T\|^{2n}\|T\|^{-(n-1)} \leqslant \|T^{n+1}\|.$$

$\square$

由定理 4.1.3 可得:

推论 4.1.4 设 $T \in \mathcal{B}(\mathcal{H})$ 是正常算子. 则
$$r(T) = \|T\|.$$

定理 4.1.5 设 $T \in \mathcal{B}(\mathcal{H})$ 是正常算子. 则下面结论成立:
 (i) $\mathcal{N}(T) = \mathcal{N}(T^*)$;
 (ii) 对 $\lambda \in \mathbb{C}$ 和 $x \in \mathcal{H}$,
$$Tx = \lambda x$$

当且仅当
$$T^*x = \overline{\lambda}x.$$

 (iii) 如果 λ 和 μ 是 T 的不同的特征值且 x 和 y 为对应的特征向量, 那么 $(x, y) = 0$;
 (iv) $\sigma_r(T) = \varnothing$.

证 (i) 对任意的 $x \in \mathcal{H}$, 由定理 4.1.1 可知
$$\|Tx\| = \|T^*x\|,$$

从而
$$\mathcal{N}(T) = \mathcal{N}(T^*).$$

 (ii) 不难验证 $T - \lambda I$ 是正常算子. 由 (i) 知
$$\mathcal{N}(T - \lambda I) = \mathcal{N}(T^* - \overline{\lambda}I).$$

因此 $x \in \mathcal{N}(T - \lambda I)$ 当且仅当 $x \in \mathcal{N}(T^* - \overline{\lambda}I)$.

(iii) 假设
$$Tx = \lambda x,$$
$$Ty = \mu y.$$
由 (ii) 可得
$$T^*y = \overline{\mu} y,$$
因此
$$(\lambda - \mu)(x, y) = (\lambda x, y) - (x, \overline{\mu} y)$$
$$= (Tx, y) - (x, T^*y) = 0.$$
注意 $\lambda \neq \mu$, 于是 $(x, y) = 0$.

(iv) 用反证法. 如果 $\lambda \in \sigma_r(T)$, 则
$$\mathcal{N}(T - \lambda I) = \{0\},$$
$$\overline{\mathcal{R}(T - \lambda I)} \neq \mathcal{H}.$$
另一方面, 因为 T 是正常算子, 因此 $T - \lambda I$ 也是正常算子. 据 (i) 可知
$$\mathcal{N}(T - \lambda I) = \mathcal{N}(T^* - \overline{\lambda} I),$$
结合
$$\mathcal{N}(T^* - \overline{\lambda} I) = \mathcal{R}(T - \lambda I)^\perp$$
可知
$$\mathcal{R}(T - \lambda I)^\perp = \{0\}.$$
这与
$$\overline{\mathcal{R}(T - \lambda I)} \neq \mathcal{H}$$
矛盾. □

习题 4.2 设 $T \in \mathcal{B}(\mathcal{H})$ 是正常算子. 则 T 左可逆当且仅当 T 右可逆当且仅当 T 可逆.

定理 4.1.6 设 $T \in \mathcal{B}(\mathcal{H})$ 是正常算子, 则 $\mathcal{N}(T) = \mathcal{N}(T^2)$.

证 假设 $x \in \mathcal{N}(T^2)$. 则
$$T^2 x = T(Tx) = 0,$$
从而 $Tx \in \mathcal{N}(T) \cap \mathcal{R}(T)$. 由于 T 是正常算子, 据定理 4.1.5 可知
$$\mathcal{N}(T) = \mathcal{N}(T^*).$$

所以
$$\mathcal{N}(T) = \mathcal{R}(T)^\perp.$$
故 $Tx \in \mathcal{R}(T)^\perp \cap \mathcal{R}(T)$, 从而
$$Tx = 0.$$
于是
$$\mathcal{N}(T^2) \subset \mathcal{N}(T).$$
另一方面, 反包含关系
$$\mathcal{N}(T) \subset \mathcal{N}(T^2)$$
是显然的. □

§4.2 自共轭算子

自共轭算子是算子理论中应用广泛的一类算子, 在微分方程、弹性力学、量子信息论等相关领域中有着重要的应用. 本节简单介绍有界自共轭算子的基本性质.

定义 4.2.1 设 $T \in \mathcal{B}(\mathcal{H})$. 如果 $T = T^*$, 则称 T 为自共轭算子.

由共轭算子的定义可知, $T \in \mathcal{B}(\mathcal{H})$ 是自共轭算子当且仅当
$$(Tx, y) = (x, Ty), \quad x, y \in \mathcal{H}.$$

例 4.2.1 设 $T \in \mathcal{B}(\mathcal{H})$. 则 TT^* 和 $T + T^*$ 为自共轭算子.

事实上, 由于
$$(TT^*)^* = T^{**}T^* = TT^*,$$
$$(T + T^*)^* = T^* + T^{**} = T + T^*,$$
于是 TT^* 和 $T + T^*$ 均为自共轭算子.

习题 4.3 设 $T \in \mathcal{B}(\mathcal{H})$ 和 $S \in \mathcal{B}(\mathcal{H})$ 为自共轭算子.
  (i) 如果 α 和 β 为实数, 则 $\alpha T + \beta S$ 是自共轭算子;
  (ii) ST 是自共轭算子当且仅当 $ST = TS$.

自共轭算子必为正常算子, 但反之不然 (请读者举例说明). 自共轭算子除了具备正常算子的性质以外, 还具有其特有的性质.

定理 4.2.1 设 $T \in \mathcal{B}(\mathcal{H})$. 则存在唯一的自共轭算子 $A \in \mathcal{B}(\mathcal{H})$ 和 $B \in \mathcal{B}(\mathcal{H})$ 使得
$$T = A + \mathrm{i}B.$$

§4.2 自共轭算子

证　令
$$A = \frac{T + T^*}{2},$$
$$B = \frac{T - T^*}{2\mathrm{i}}.$$

不难验证 A 和 B 是自共轭算子且
$$T = A + \mathrm{i}B.$$

算子 A 和 B 的唯一性的证明留给读者, 请自行证明. □

习题 4.4　设 $A \in \mathcal{B}(\mathcal{H})$ 和 $B \in \mathcal{B}(\mathcal{H})$ 是自共轭算子. 则
$$T = A + \mathrm{i}B$$
是正常算子当且仅当 A 和 B 是可交换的.

定理 4.2.2　设 $T \in \mathcal{B}(\mathcal{H})$ 是自共轭算子, 则
$$\|T\| = \sup_{\|x\|=1} |(Tx, x)|.$$

证　令
$$M = \sup_{\|x\|=1} |(Tx, x)|.$$

如果 $x \in \mathcal{H}$ 且 $\|x\| = 1$, 则
$$|(Tx, x)| \leqslant \|Tx\| \|x\| = \|Tx\|$$
$$\leqslant \|T\| \|x\| = \|T\|,$$

所以
$$M \leqslant \|T\|.$$

另一方面, 对任意的 $x \in \mathcal{H}$ 和 $y \in \mathcal{H}$, 直接验证可得
$$(T(x+y), x+y) - (T(x-y), x-y) = 2\left((Tx, y) + (Ty, x)\right)$$
$$= 4\operatorname{Re}(Tx, y),$$

从而
$$\operatorname{Re}(Tx, y) \leqslant \frac{1}{4}|(T(x+y), x+y)| + \frac{1}{4}|(T(x-y), x-y)|$$
$$\leqslant \frac{M}{4}\left(\|x+y\|^2 + \|x-y\|^2\right)$$
$$= \frac{M}{2}\left(\|x\|^2 + \|y\|^2\right)$$

现在, 假设 $\|x\| = 1$ 且 $Tx \neq 0$. 取
$$y = \frac{Tx}{\|Tx\|}.$$
则上式变为
$$M \geqslant \operatorname{Re}\left(Tx, \frac{Tx}{\|Tx\|}\right) = \|Tx\|.$$
故
$$\|T\| \leqslant M.$$
□

注 2.2.1 中提到, 如果 $\mathcal{H}$ 是实 Hilbert 空间, 则由
$$(Tx, x) = 0, \quad x \in \mathcal{H}$$
推不出 $T = 0$. 但是, 对自共轭算子而言有如下结论.

推论 4.2.3 设 $\mathcal{H}$ 是实或复 Hilbert 空间, $T \in \mathcal{B}(\mathcal{H})$ 是自共轭算子. 如果
$$(Tx, x) = 0, \quad x \in \mathcal{H},$$
则 $T = 0$.

证 由定理 4.2.2 直接推出. □

定理 4.2.4 设 $\mathcal{H}$ 是复 Hilbert 空间, $T \in \mathcal{B}(\mathcal{H})$. 则 T 是自共轭算子当且仅当
$$\{(Tx, x) : x \in \mathcal{H}\} \subset \mathbb{R}.$$

证 假设 T 是自共轭算子. 对任意的 $x \in \mathcal{H}$, 由 $T = T^*$ 可知
$$(Tx, x) = (x, Tx) = \overline{(Tx, x)},$$
从而 (Tx, x) 是实数.

反之, 对任意的 $x \in \mathcal{H}$, 如果 (Tx, x) 是实数, 则
$$(Tx, x) = (x, Tx) = (T^*x, x),$$
从而
$$((T - T^*)x, x) = 0.$$
由定理 2.2.4 即得
$$T = T^*.$$
于是 T 是自共轭算子. □

定理 4.2.5 设 $\mathcal{H}$ 是复 Hilbert 空间, $T \in \mathcal{B}(\mathcal{H})$ 是自共轭算子. 令

$$m = \inf_{\|x\|=1} (Tx, x),$$
$$M = \sup_{\|x\|=1} (Tx, x).$$

则 m 和 M 是 T 的谱点, 并且 $\sigma(T) \subset [m, M]$.

证 先证明 m 和 M 是 T 的谱点. 不失一般性, 假设 $0 < m < M$. 若不然, 考虑 $T + cI$, 其中 c 取足够大即可. 由推论 4.1.4 和定理 4.2.2 可知

$$M = \|T\| = r(T),$$

再结合谱集的闭性即得 $M \in \sigma(T)$, 并且

$$(M, +\infty) \subset \rho(T).$$

类似可证 $m \in \sigma(T)$ 且

$$(-\infty, m) \subset \rho(T).$$

现在仅需证明 $\sigma(T) \subset \mathbb{R}$. 用反证法. 假设存在 $\lambda \in \sigma(T)$ 使得

$$\mathrm{Im}\lambda \neq 0.$$

对任意的 $x \in \mathcal{H}$, 由于 $T - \mathrm{Re}\lambda I$ 是自共轭算子, 于是

$$\|(T - \lambda I)x\|^2 = (Tx - \mathrm{Re}\lambda x - \mathrm{i}\mathrm{Im}\lambda x, Tx - \mathrm{Re}\lambda x - \mathrm{i}\mathrm{Im}\lambda x)$$
$$= \|Tx - \mathrm{Re}\lambda x\|^2 + (\mathrm{Im}\lambda)^2 \|x\|^2 \geqslant (\mathrm{Im}\lambda)^2 \|x\|^2.$$

注意 $\mathrm{Im}\lambda \neq 0$, 所以 $T - \lambda I$ 是下方有界的. 另一方面, 因为 $T - \lambda I$ 是正常算子, 故

$$\mathcal{N}(T^* - \bar{\lambda} I) = \mathcal{N}(T - \lambda I),$$

从而

$$\overline{\mathcal{R}(T - \lambda I)} = \mathcal{N}(T^* - \bar{\lambda} I)^\perp = \mathcal{N}(T - \lambda I)^\perp.$$

结合 $T - \lambda I$ 的下方有界性即得 $T - \lambda I$ 是可逆算子, 与 $\lambda \in \sigma(T)$ 矛盾. □

§4.3 正 算 子

本节主要讨论特殊的自共轭算子, 即所谓的正算子.

定义 4.3.1 设 $T \in \mathcal{B}(\mathcal{H})$ 是自共轭算子. 如果

$$(Tx, x) \geqslant 0, \quad x \in \mathcal{H},$$

则称 T 为正算子, 简记为
$$T \geqslant 0.$$
如果 $S \in \mathcal{B}(\mathcal{H})$ 和 $T \in \mathcal{B}(\mathcal{H})$ 满足
$$T - S \geqslant 0,$$
简记为
$$T \geqslant S.$$

例 4.3.1 设 $a(t) \in C[0,1]$. 如果对 $t \in [0,1]$ 有 $a(t) \geqslant 0$, 则 $T_a \in \mathcal{B}(L^2[0,1])$ 是正算子.

实际上, 对任意的 $x \in L^2[0,1]$, 由于 $a(t)$ 是非负函数, 于是
$$\begin{aligned}(T_a x, x) &= \int_0^1 a(t) x(t) \overline{x(t)} \mathrm{d}t \\ &= \int_0^1 a(t) |x(t)|^2 \mathrm{d}t \geqslant 0.\end{aligned}$$
故 T_a 是正算子.

例 4.3.2 设 T 是 $\mathcal{H}$ 上的自共轭算子. 如果 $\|T\| \leqslant 1$, 则 $T \leqslant I$.

事实上, 由于 $\|T\| \leqslant 1$, 于是对任意的 $x \in \mathcal{H}$ 我们有
$$(Tx, x) \leqslant \|Tx\| \|x\| \leqslant \|T\| \|x\|^2 \leqslant (Ix, x),$$
从而
$$((T-I)x, x) \leqslant 0.$$
故
$$T \leqslant I.$$

习题 4.5 设 $S \in \mathcal{B}(\mathcal{H})$ 和 $T \in \mathcal{B}(\mathcal{H})$ 是正算子. 如果 α 和 β 是正数, 则
$$\alpha T + \beta S \geqslant 0.$$

习题 4.6 设 $T \in \mathcal{B}(\mathcal{H})$ 是正算子, α 和 β 为正数.
(i) 如果 T 为可逆算子, 则 T^{-1} 也是正算子;
(ii) 如果
$$\alpha I \leqslant T \leqslant \beta I,$$
则 T 是可逆算子并且
$$\frac{1}{\beta} I \leqslant T^{-1} \leqslant \frac{1}{\alpha} I.$$

习题 4.5 说明两个正算子之和仍为正算子. 那么, 两个正算子的乘积是否为正算子?

§4.3 正算子

定理 4.3.1 设 $T \in \mathcal{B}(\mathcal{H})$ 和 $T \in \mathcal{B}(\mathcal{H})$ 是正算子. 如果 T 和 S 是可交换的, 则 TS 为正算子.

证 不妨假设 $T \neq 0$. 记
$$T_1 = \frac{T}{\|T\|}.$$
对任意正整数 n, 令
$$T_{n+1} = T_n - T_n^2.$$
易证 $\{T_n\}_{n=1}^{\infty}$ 是相互可交换的自共轭算子列. 下面分三步证明.

第一步: 对每一个正整数 n, 我们有
$$0 \leqslant T_n \leqslant I.$$
用数学归纳法. 当 $n=1$ 时, 不难验证
$$0 \leqslant T_1 \leqslant I.$$
假设
$$0 \leqslant T_k \leqslant I.$$
一方面, 由于
$$(T_k^2(I-T_k)x, x) = (T_k(I-T_k)x, T_k x)$$
$$= ((I-T_k)T_k x, T_k x) \geqslant 0$$
且
$$(T_k(I-T_k)^2 x, x) = ((I-T_k)T_k(I-T_k)x, x)$$
$$= (T_k(I-T_k)x, (I-T_k)x) \geqslant 0,$$
于是
$$T_k^2(I-T_k) \geqslant 0,$$
$$T_k(I-T_k)^2 \geqslant 0,$$
从而
$$T_{k+1} = T_k^2(I-T_k) + T_k(I-T_k)^2 \geqslant 0.$$
另一方面, 注意
$$T_k \leqslant I$$
且
$$T_k^2 \geqslant 0,$$

因此
$$I - T_{k+1} = (I - T_k) + T_k^2 \geqslant 0,$$
从而
$$T_{k+1} \leqslant I.$$
于是
$$0 \leqslant T_{k+1} \leqslant I.$$

第二步: 对任意 $x \in \mathcal{H}$, 级数
$$\sum_{n=1}^{\infty} T_n^2 x$$
收敛, 并且收敛到 $T_1 x$. 事实上, 由于
$$T_{n+1} = T_n - T_n^2,$$
于是
$$\begin{aligned} T_1 &= T_1^2 + T_2 \\ &= T_1^2 + T_2^2 + T_3 \\ &\vdots \\ &= \sum_{k=1}^{n} T_k^2 + T_{n+1}. \end{aligned}$$
注意 T_{n+1} 是正算子, 因此
$$\sum_{k=1}^{n} T_k^2 = T_1 - T_{n+1} \leqslant T_1.$$
故, 对任意的 $x \in \mathcal{H}$, 我们有
$$\begin{aligned} \sum_{k=1}^{n} \|T_k x\|^2 &= \sum_{k=1}^{n} (T_k x, T_k x) \\ &= \sum_{k=1}^{n} (T_k^2 x, x) \leqslant (T_1 x, x). \end{aligned}$$
所以无穷级数
$$\sum_{k=1}^{\infty} \|T_k x\|^2$$

§4.3 正算子

收敛, 从而
$$\lim_{n\to\infty} \|T_n x\| = 0.$$
于是
$$\sum_{k=1}^{\infty} T_k^2 x = \lim_{n\to\infty} \sum_{k=1}^{n} T_k^2 x$$
$$= \lim_{n\to\infty} (T_1 x - T_{n+1} x) = T_1 x.$$

第三步: 如果 T 和 S 可交换, 则 TS 是正算子. 事实上, 因为 S 与 T 可交换, 因此 T_n 和 S 是可交换的. 注意 S 是正算子, 于是, 对任意 $x \in \mathcal{H}$, 有
$$(TSx, x) = \|T\|(ST_1 x, x)$$
$$= \sum_{n=1}^{\infty}(ST_n^2 x, x)$$
$$= \sum_{n=1}^{\infty}(ST_n x, T_n x) \geqslant 0.$$

故 TS 是正算子. $\square$

注 4.3.1 定理 4.3.1 中的 "可交换" 这一条件不能省略, 可考虑 $\mathbb{C}^2$ 上的算子
$$T = \begin{pmatrix} 1 & 0 \\ 0 & 0 \end{pmatrix}, \quad S = \begin{pmatrix} 1 & 1 \\ 1 & 1 \end{pmatrix}.$$

下面讨论正算子的平方根算子. 首先引进平方根算子的定义.

定义 4.3.2 设 $T \in \mathcal{B}(\mathcal{H})$. 如果存在 $S \in \mathcal{B}(\mathcal{H})$ 使得
$$T = S^2,$$
则 S 称为 T 的平方根算子, 简记为
$$S = T^{\frac{1}{2}}.$$

显然, 如果 S 是 T 的平方根算子, 则 $-S$ 也是 T 的平方根算子. 因此 T 的平方根算子不是唯一的.

定理 4.3.2 任意正算子 $T \in \mathcal{B}(\mathcal{H})$ 具有唯一的正平方根算子 $T^{\frac{1}{2}}$. 此外, $T^{\frac{1}{2}}$ 和每一个与 T 可交换的有界线性算子均可交换.

证 因为 T 是正算子, 因此存在 $\alpha > 0$ 使得
$$\alpha^2 T \leqslant I.$$

令
$$S_0 = 0,$$
并且对 $n = 1, 2, \cdots$, 记
$$S_n = S_{n-1} + \frac{1}{2}(\alpha^2 T - S_{n-1}^2).$$
不难发现, S_n 是 T 的多项式. 于是 $\{S_n\}$ 是相互可交换的自共轭算子列, 并且 S_n 和每一个与 T 可交换的有界线性算子均可交换.

先证明
$$S_0 \leqslant S_1 \leqslant \cdots \leqslant S_n \leqslant S_{n+1} \leqslant \cdots \leqslant I.$$
实际上, 对任意的自然数 n, 我们有
$$\begin{aligned} I - S_n &= I - S_{n-1} - \frac{1}{2}(\alpha^2 T - S_{n-1}^2) \\ &= \frac{1}{2}(I - S_{n-1})^2 + \frac{1}{2}(I - \alpha^2 T) \geqslant 0. \end{aligned}$$
于是
$$S_n \leqslant I.$$
另一方面, 因为
$$S_1 - S_0 = \frac{1}{2}\alpha^2 T,$$
因此
$$S_1 - S_0 \geqslant 0.$$
如果
$$S_n - S_{n-1} \geqslant 0,$$
由 $\{S_n\}$ 的相互可交换性以及定理 4.3.1 可知
$$\begin{aligned} S_{n+1} - S_n &= S_n + \frac{1}{2}(\alpha^2 T - S_n^2) - S_{n-1} - \frac{1}{2}(\alpha^2 T - S_{n-1}^2) \\ &= \frac{1}{2}\left[(I - S_n) + (I - S_{n-1})\right](S_n - S_{n-1}) \geqslant 0. \end{aligned}$$
由数学归纳法即得所需结论.

其次证明存在正算子 $S \in \mathcal{B}(\mathcal{H})$ 使得
$$\lim_{n \to \infty} S_n x = S x, \quad x \in \mathcal{H}.$$
事实上, 令
$$V_n = I - S_n,$$

则 $\{V_n\}$ 是相互可交换的算子列, 并且
$$V_1 \geqslant V_2 \geqslant \cdots \geqslant V_n \geqslant V_{n+1} \geqslant \cdots \geqslant 0.$$
当 $n > m$ 时, 由定理 4.3.1 可知
$$(V_m - V_n)V_m \geqslant 0,$$
$$V_n(V_m - V_n) \geqslant 0.$$
于是, 对任意的 $x \in \mathcal{H}$ 有
$$(V_m^2 x, x) \geqslant (V_n V_m x, x) \geqslant (V_n^2 x, x).$$
注意, 对固定的 $x \in \mathcal{H}$ 而言, $\{(V_n^2 x, x)\}$ 是单调有界数列, 进而必收敛. 因此
$$\lim_{n,m \to \infty} (V_n V_m x, x) = \lim_{n \to \infty} (V_n^2 x, x).$$
故
$$\lim_{n,m \to \infty} \|V_m x - V_n x\|^2 = \lim_{n,m \to \infty} (V_m x - V_n x, V_m x - V_n x)$$
$$= \lim_{m \to \infty} (V_m^2 x, x) - 2 \lim_{n,m \to \infty} (V_n V_m x, x) + \lim_{n \to \infty} (V_n^2 x, x) = 0,$$
从而 $\{V_n x\}$ 是 $\mathcal{H}$ 中的 Cauchy 列. 由于
$$S_n x = x - V_n x,$$
所以 $\{S_n x\}$ 在 $\mathcal{H}$ 中必收敛. 对每一个 $x \in \mathcal{H}$, 定义
$$Sx = \lim_{n \to \infty} S_n x.$$
一方面, 对任意的 $x \in \mathcal{H}$ 和 $y \in \mathcal{H}$ 以及常数 α 和 β,
$$S(\alpha x + \beta y) = \lim_{n \to \infty} S_n(\alpha x + \beta y) = \alpha Sx + \beta Sy,$$
再由
$$S_n \leqslant I$$
可知
$$\|Sx\| = \lim_{n \to \infty} \|S_n x\|$$
$$\leqslant \lim_{n \to \infty} \|S_n\| \|x\|$$
$$\leqslant \lim_{n \to \infty} \sup_{\|y\|=1} (S_n y, y) \|x\|$$
$$\leqslant \lim_{n \to \infty} \sup_{\|y\|=1} (y, y) \|x\| = \|x\|.$$

故 $S \in \mathcal{B}(\mathcal{H})$. 另一方面, 对任意的 $x \in \mathcal{H}$ 和 $y \in \mathcal{H}$, 注意 S_n 是正算子, 所以
$$(Sx, y) = \lim_{n \to \infty} (S_n x, y)$$
$$= \lim_{n \to \infty} (x, S_n y) = (x, Sy).$$
并且
$$(Sx, x) = \lim_{n \to \infty} (S_n x, x) \geqslant 0,$$
于是 S 是正算子.

现在证明 S 和每一个与 T 可交换的算子均可交换. 事实上, 如果 $W \in \mathcal{B}(\mathcal{H})$ 与 T 可交换, 则 W 和每一个 S_n 均可交换. 所以, 对每一个 $x \in \mathcal{H}$ 有
$$SWx = \lim_{n \to \infty} S_n W x$$
$$= \lim_{n \to \infty} W S_n x = WSx,$$
从而
$$SW = WS.$$
故 S 和每一个与 T 可交换的算子均可交换.

再证明
$$T^{\frac{1}{2}} = \alpha^{-1} S.$$
因为
$$S_{n+1} = S_n + \frac{1}{2}(\alpha^2 T - S_n^2),$$
令 $n \to \infty$ 即得
$$S = S + \frac{1}{2}(\alpha^2 T - S^2),$$
从而
$$T^{\frac{1}{2}} = \alpha^{-1} S.$$

最后证明 $T^{\frac{1}{2}}$ 的唯一性. 用反证法, 假设存在正算子 $T_1 \in \mathcal{B}(\mathcal{H})$ 和 $T_2 \in \mathcal{B}(\mathcal{H})$ 使得
$$T_1^2 = T,$$
$$T_2^2 = T.$$
则 T_1 和 T 可交换, T_2 和 T 也可交换, 从而 T_1 和 T_2 可交换. 对任意的 $x \in \mathcal{H}$, 令
$$y = (T_1 - T_2)x.$$

则
$$(T_1y, y) + (T_2y, y) = ((T_1 + T_2)y, y)$$
$$= ((T_1 + T_2)(T_1 - T_2)x, y)$$
$$= ((T_1^2 - T_2^2)x, y)$$
$$= (Tx - Tx, y) = 0,$$

注意 T_1 和 T_2 是正算子, 于是
$$(T_1y, y) = 0,$$
$$(T_2y, y) = 0.$$

因为 T_1 是正算子, 因此 T_1 存在平方根算子 $T_1^{\frac{1}{2}}$, 从而
$$0 = (T_1y, y) = (T_1^{\frac{1}{2}}y, T_1^{\frac{1}{2}}y) = \|T_1^{\frac{1}{2}}y\|^2.$$

故
$$T_1y = T_1^{\frac{1}{2}}(T_1^{\frac{1}{2}}y) = 0;$$

同样可得
$$T_2y = 0.$$

所以
$$\|T_1x - T_2x\|^2 = (T_1x - T_2x, T_1x - T_2x)$$
$$= (T_1y - T_2y, x) = 0.$$

注意 $x \in \mathcal{H}$ 是任意的, 于是
$$T_1 = T_2.$$

$\square$

对正算子 $T \in \mathcal{B}(\mathcal{H})$ 而言, $T^{\frac{1}{2}}$ 总表示 T 的唯一的平方根算子. 那么, 正算子和其平方根算子有什么联系?

定理 4.3.3 设 $T \in \mathcal{B}(\mathcal{H})$ 是正算子. 则
$$\|T^{\frac{1}{2}}\|^2 = \|T\|$$

并且
$$\mathcal{N}(T^{\frac{1}{2}}) = \mathcal{N}(T).$$

证 注意 T 和 $T^{\frac{1}{2}}$ 是自共轭算子, 因此利用定理 4.1.3 和 4.1.6 直接推出. $\square$

推论 4.3.4 设 $T \in \mathcal{B}(\mathcal{H})$ 是正算子. 则

(i) T 可逆当且仅当 $T^{\frac{1}{2}}$ 可逆;
(ii) $\overline{\mathcal{R}(T^{\frac{1}{2}})} = \overline{\mathcal{R}(T)} = \overline{\mathcal{R}(T^2)}$;
(iii) $\mathcal{R}(T)$ 为闭的当且仅当 $\mathcal{R}(T^{\frac{1}{2}})$ 为闭的, 此时
$$\mathcal{R}(T) = \mathcal{R}(T^{\frac{1}{2}}).$$

证 由 T 和 $T^{\frac{1}{2}}$ 的自共轭性以及
$$T = T^{\frac{1}{2}} T^{\frac{1}{2}}$$
推出 (i). 再由定理 4.3.3 可得 (ii).

下面证 (iii). 设 $\mathcal{R}(T)$ 为闭的. 由于
$$T = T^{\frac{1}{2}} T^{\frac{1}{2}},$$
于是
$$\mathcal{R}(T) \subset \mathcal{R}(T^{\frac{1}{2}}),$$
结合
$$\overline{\mathcal{R}(T^{\frac{1}{2}})} = \overline{\mathcal{R}(T)}$$
可知 $\mathcal{R}(T^{\frac{1}{2}})$ 是闭的. 反之, 假设 $\mathcal{R}(T^{\frac{1}{2}})$ 是闭的. 由 $T^{\frac{1}{2}}$ 的自共轭性知
$$\mathcal{R}(T^{\frac{1}{2}}) = \mathcal{N}(T^{\frac{1}{2}})^{\perp}.$$
于是
$$\mathcal{R}(T) = \mathcal{R}\left(T^{\frac{1}{2}}|_{\mathcal{R}(T^{\frac{1}{2}})}\right)$$
$$= \mathcal{R}(T^{\frac{1}{2}}),$$
从而 $\mathcal{R}(T)$ 是闭的. □

本节最后介绍较为特殊的正算子及其相关性质.

定理 4.3.5 设 $T \in \mathcal{B}(\mathcal{H}, \mathcal{K})$. 则下面结论成立:
(i) TT^* 和 T^*T 是正算子;
(ii) $\mathcal{N}(T) = \mathcal{N}(T^*T)$, $\overline{\mathcal{R}(T)} = \overline{\mathcal{R}(TT^*)}$;
(iii) $\mathcal{R}(T)$ 是闭的当且仅当 $\mathcal{R}(TT^*)$ 是闭的. 此时,
$$\mathcal{R}(T) = \mathcal{R}(TT^*).$$

证 (i) 对任意的 $x \in \mathcal{H}$, 由于
$$(TT^*x, x) = (T^*x, T^*x) \geqslant 0,$$
于是 TT^* 是正算子. 完全类似可证 T^*T 是正算子.

(ii) 因为
$$\mathcal{R}(T)^\perp = \mathcal{N}(T^*),$$
因此
$$\mathcal{N}(T^*T) = \mathcal{N}(T) \oplus \{x \in \mathcal{N}(T)^\perp : Tx \in \mathcal{N}(T^*)\} = \mathcal{N}(T).$$
又因为
$$\overline{\mathcal{R}(T)} = \mathcal{N}(T^*)^\perp,$$
$$\overline{\mathcal{R}(TT^*)} = \mathcal{N}(TT^*)^\perp,$$
注意, 对 T^* 应用前面的论证即得
$$\mathcal{N}(T^*) = \mathcal{N}(TT^*),$$
因此
$$\overline{\mathcal{R}(T)} = \overline{\mathcal{R}(TT^*)}.$$

(iii) 如果 $\mathcal{R}(T)$ 闭, 则 $\mathcal{R}(T^*)$ 闭, 从而
$$\mathcal{R}(T^*) = \mathcal{N}(T)^\perp.$$
于是
$$\mathcal{R}(TT^*) = \mathcal{R}\left(T|_{\mathcal{R}(T^*)}\right) = \mathcal{R}(T),$$
从而 $\mathcal{R}(TT^*)$ 是闭的. 反之, 如果 $\mathcal{R}(TT^*)$ 是闭的, 则
$$\mathcal{R}(T) \subset \overline{\mathcal{R}(T)} = \overline{\mathcal{R}(TT^*)} = \mathcal{R}(TT^*).$$
显然,
$$\mathcal{R}(TT^*) \subset \mathcal{R}(T).$$
于是
$$\mathcal{R}(T) = \mathcal{R}(TT^*),$$
从而 $\mathcal{R}(T)$ 是闭的. □

§4.4 部分等距算子

定义 4.4.1 设 $U \in \mathcal{B}(\mathcal{H}, \mathcal{K})$. 如果
$$\|Ux\| = \|x\|, \quad x \in \mathcal{N}(U)^\perp,$$
则称 U 为部分等距算子.

例 4.4.1 空间 ℓ^2 上的左移算子 S_l 是部分等距算子.

定理 4.4.1 设 $U \in \mathcal{B}(\mathcal{H},\mathcal{K})$ 是部分等距算子, 则 $\mathcal{R}(U)$ 是闭子空间.

证 设 $\{y_n\}$ 是 $\mathcal{R}(U)$ 中的任意 Cauchy 列. 由于 $\mathcal{K}$ 是 Hilbert 空间, 于是存在 $y_0 \in \mathcal{K}$ 使得
$$\lim_{n\to\infty} y_n = y_0.$$
下面证明 $y_0 \in \mathcal{R}(U)$. 因为 $y_n \in \mathcal{R}(U)$, 因此存在 $x_n \in \mathcal{N}(U)^\perp$ 使得
$$Ux_n = y_n.$$
对任意的 $\varepsilon > 0$, 由于 $\{y_n\}$ 是 Cauchy 列, 所以存在 $N \in \mathbb{N}$, 当 $n,m > N$ 时
$$\|y_n - y_m\| < \varepsilon.$$
注意 U 是部分等距算子, 因而
$$\begin{aligned}\|x_n - x_m\| &= \|Ux_n - Ux_m\| \\ &= \|y_n - y_m\| < \varepsilon,\end{aligned}$$
所以 $\{x_n\}$ 是 $\mathcal{N}(U)^\perp$ 中的 Cauchy 列, 从而必收敛. 于是存在 $x_0 \in \mathcal{N}(U)^\perp$ 使得
$$\lim_{n\to\infty} x_n = x_0.$$
再由极限的唯一性,
$$y_0 = \lim_{n\to\infty} y_n = \lim_{n\to\infty} Ux_n = Ux_0.$$
故 $y_0 \in \mathcal{R}(U)$. □

定理 4.4.2 设 $U \in \mathcal{B}(\mathcal{H},\mathcal{K})$. 则下面叙述等价:
 (i) U 是部分等距算子;
 (ii) 对任意的 $x, y \in \mathcal{H}$, $(Ux, Uy) = (P_{\mathcal{N}(U)^\perp} x, y)$;
 (iii) $U^*U = P_{\mathcal{N}(U)^\perp}$;
 (iv) U^* 是部分等距算子;
 (v) $UU^* = P_{\mathcal{R}(U)}$.

证 (i)⇒(ii). 设 U 是部分等距算子. 对任意的 $x \in \mathcal{H}$ 和 $y \in \mathcal{H}$ 以及常数 λ, 不难发现
$$\|Ux + \lambda Uy\|^2 = \|P_{\mathcal{N}(U)^\perp} x + \lambda P_{\mathcal{N}(U)^\perp} y\|^2,$$
从而
$$\|Ux\|^2 + \|Uy\|^2 + 2\mathrm{Re}\overline{\lambda}(Ux, Uy) = \|P_{\mathcal{N}(U)^\perp} x\|^2 + \|P_{\mathcal{N}(U)^\perp} y\|^2$$
$$+ 2\mathrm{Re}\overline{\lambda}(P_{\mathcal{N}(U)^\perp} x, P_{\mathcal{N}(U)^\perp} y).$$

§4.4 部分等距算子

注意
$$\|Ux\| = \|P_{\mathcal{N}(U)^\perp}x\|,$$
$$\|Uy\| = \|P_{\mathcal{N}(U)^\perp}y\|,$$

于是
$$\mathrm{Re}\overline{\lambda}(Ux, Uy) = \mathrm{Re}\overline{\lambda}(P_{\mathcal{N}(U)^\perp}x, P_{\mathcal{N}(U)^\perp}y).$$

上式中, 取 $\lambda = 1$ 即得
$$\mathrm{Re}(Ux, Uy) = \mathrm{Re}(P_{\mathcal{N}(U)^\perp}x, P_{\mathcal{N}(U)^\perp}y);$$

再取 $\lambda = \mathrm{i}$ 可得
$$\mathrm{Im}(Ux, Uy) = \mathrm{Im}(P_{\mathcal{N}(U)^\perp}x, P_{\mathcal{N}(U)^\perp}y).$$

故
$$(Ux, Uy) = (P_{\mathcal{N}(U)^\perp}x, P_{\mathcal{N}(U)^\perp}y) = (P_{\mathcal{N}(U)^\perp}x, y).$$

(ii)⇒(i). 对任意的 $x \in \mathcal{N}(U)^\perp$, 不难发现
$$\|Ux\|^2 = (Ux, Ux,) = (P_{\mathcal{N}(U)^\perp}x, x) = \|x\|^2.$$

所以 U 是部分等距算子.

(ii)⇒(iii). 对任意的 $x \in \mathcal{H}$ 和 $y \in \mathcal{H}$,
$$(U^*Ux, y) = (Ux, Uy) = (P_{\mathcal{N}(U)^\perp}x, y),$$

从而
$$((U^*U - P_{\mathcal{N}(U)^\perp})x, y) = 0.$$

故
$$U^*U = P_{\mathcal{N}(U)^\perp}.$$

(iii)⇒(iv). 对任意的 $x \in \mathcal{N}(U^*)^\perp$, 由
$$\mathcal{N}(U^*)^\perp = \mathcal{R}(U)$$

知存在 $y \in \mathcal{N}(U)^\perp$ 使得
$$Uy = x.$$

因此
$$\|x\|^2 = (Uy, Uy) = (P_{\mathcal{N}(U)^\perp}y, y) = \|y\|^2.$$

故
$$\|U^*x\|^2 = \|U^*Uy\|^2 = \|y\|^2 = \|x\|^2,$$

从而 U^* 是部分等距算子.

(iv)$\Rightarrow$(v). 如果 U^* 是部分等距算子, 完全类似于 (i)$\Rightarrow$(ii)$\Rightarrow$(iii) 的证明方法可得
$$UU^* = P_{\mathcal{R}(U)}.$$

(v)$\Rightarrow$(i). 证明过程类似于 (iii)$\Rightarrow$(iv). □

习题 4.7 设 S_l 和 S_r 是 ℓ_2 上的左移算子和右移算子. 则 $S_r S_l$ 是正交投影算子.

定义 4.4.2 设 $U \in \mathcal{B}(\mathcal{H}, \mathcal{K})$ 是部分等距算子. 如果 U 是单射, 则称 U 为等距算子; 如果 U 是可逆算子, 则称 U 为等距同构算子. 当 $\mathcal{H} = \mathcal{K}$ 时, 等距同构算子称为酉算子.

例 4.4.2 空间 ℓ^2 上的右移算子 S_r 是等距算子.

事实上, 对任意的 $x = (x_1, x_2, \cdots) \in \ell_2$, 因为
$$S_r x = (0, x_1, x_2, \cdots),$$
因此
$$\|S_r x\| = \|x\|.$$
注意 S_r 是单射, 于是 S_r 是等距算子.

习题 4.8 设 $U \in \mathcal{B}(\mathcal{H}, \mathcal{K})$. 则下面叙述等价:
 (i) U 是等距算子;
 (ii) 对任意的 $x, y \in \mathcal{H}$, $(Ux, Uy) = (x, y)$;
 (iii) $U^*U = I$.

习题 4.9 设 $U \in \mathcal{B}(\mathcal{H}, \mathcal{K})$. 则 U 是等距同构算子当且仅当
$$U^* = U^{-1}.$$

定理 4.4.3 如果 $U \in \mathcal{B}(\mathcal{H})$ 是酉算子, 则
$$\sigma(U) \subset \{\lambda \in \mathbb{C} : |\lambda| = 1\}.$$

证 酉算子是等距算子, 因此
$$\|U\| = 1,$$
从而
$$\{\lambda \in \mathbb{C} : |\lambda| > 1\} \subset \rho(U).$$

如果 $0 < |\lambda| < 1$, 由于 U^* 是酉算子, 因此 $U^* - \lambda^{-1}I$ 是可逆算子, 从而
$$U - \lambda I = -\lambda U(U^* - \lambda^{-1}I)$$
是可逆算子, 于是
$$\{\lambda \in \mathbb{C} : 0 < |\lambda| < 1\} \subset \rho(U).$$
显然, U 是可逆算子, 所以 $0 \in \rho(U)$. 故
$$\sigma(U) \subset \{\lambda \in \mathbb{C} : |\lambda| = 1\}.$$

□

§4.5 极 分 解

如果 $z \in \mathbb{C}$, 则 z 可表示为
$$z = |z|e^{i\arg z}.$$
这是复数 z 的极分解. 本节将这一表示推广到有界线性算子上. 为此, 需要引进 $T \in \mathcal{B}(\mathcal{H}, \mathcal{K})$ 的绝对值 $|T|$.

定义 4.5.1 设 $T \in \mathcal{B}(\mathcal{H}, \mathcal{K})$. 则称 $(T^*T)^{\frac{1}{2}}$ 为 T 的绝对值, 记为
$$|T| = (T^*T)^{\frac{1}{2}}.$$

由定理 4.3.3 和 4.3.5 可知, 如果 $T \in \mathcal{B}(\mathcal{H}, \mathcal{K})$, 则
$$\mathcal{N}(|T|) = \mathcal{N}(T).$$
此外, $\mathcal{R}(T)$ 是闭的当且仅当 $\mathcal{R}(|T|)$ 是闭的.

例 4.5.1 设 S_r 是 ℓ_2 上的右移算子. 求 $|S_r|$.

事实上, 不难验证 $S_l S_r$ 是正交投影算子, 于是
$$|S_r| = (S_r^* S_r)^{\frac{1}{2}} = (S_l S_r)^{\frac{1}{2}} = S_l S_r.$$

定理 4.5.1 设 $T \in \mathcal{B}(\mathcal{H}, \mathcal{K})$. 对任意的 $x \in \mathcal{H}$, 我们有
$$\|Tx\| = \||T|x\|.$$

证 对任意的 $x \in \mathcal{H}$, 不难发现
$$\||T|x\|^2 = (|T|x, |T|x)$$
$$= (T^*Tx, x) = \|Tx\|^2.$$

□

习题 4.10 设 $T \in \mathcal{B}(\mathcal{H}, \mathcal{K})$ 和 $S \in \mathcal{B}(\mathcal{H}, \mathcal{K})$ 是给定的算子. 如果
$$\|Tx\| = \|Sx\|, \quad x \in \mathcal{H},$$
则
$$|T| = |S|.$$

定理 4.5.2 设 $T \in \mathcal{B}(\mathcal{H}, \mathcal{K})$. 则存在部分等距算子 $U \in \mathcal{B}(\mathcal{H}, \mathcal{K})$ 使得
$$T = U|T|.$$

证 对任意的 $y \in \overline{\mathcal{R}(|T|)}$, 存在 $\{x_n\} \subset \mathcal{H}$ 使得
$$\lim_{n \to \infty} |T|x_n = y.$$
注意, 定理 4.5.1 说明
$$\||T|x_n\| = \|Tx_n\|,$$
从而 $\{Tx_n\}$ 是收敛的. 定义算子 $V: \overline{\mathcal{R}(|T|)} \longrightarrow \mathcal{K}$ 为
$$Vy = \lim_{n \to \infty} Tx_n.$$
不难发现
$$V|T|x = Tx, \quad x \in \mathcal{H},$$
即
$$T = V|T|.$$
现在证明 $V: \overline{\mathcal{R}(|T|)} \longrightarrow \mathcal{K}$ 是等距算子并且
$$\mathcal{R}(V) = \overline{\mathcal{R}(T)}.$$
一方面, 对任意的 $u \in \overline{\mathcal{R}(|T|)}$ 和 $v \in \overline{\mathcal{R}(|T|)}$, 存在 $\{x_n\} \subset \mathcal{H}$ 和 $\{y_n\} \subset \mathcal{H}$ 使得
$$\lim_{n \to \infty} |T|x_n = u,$$
$$\lim_{n \to \infty} |T|y_n = v.$$
因此
$$\begin{aligned} V(\alpha u + \beta v) &= \lim_{n \to \infty} T(\alpha x_n + \beta y_n) \\ &= \alpha \lim_{n \to \infty} Tx_n + \beta \lim_{n \to \infty} Ty_n \\ &= \alpha Vu + \beta Vv, \end{aligned}$$
其中 α 和 β 是常数. 于是 V 是线性算子. 另一方面, 对任意的 $y \in \overline{\mathcal{R}(|T|)}$, 存在 $\{x_n\} \subset \mathcal{H}$ 使得
$$\lim_{n \to \infty} |T|x_n = y,$$

§4.5 极 分 解

结合定理 4.5.1 即得

$$\|Vy\|^2 = \lim_{n\to\infty} \|Tx_n\|^2$$
$$= \lim_{n\to\infty} \||T|x_n\|^2 = \|y\|^2.$$

故 V 是等距算子. 此外, 由 V 的定义可知

$$\mathcal{R}(V) \subset \overline{\mathcal{R}(T)},$$

而等式

$$T = V|T|$$

蕴含着

$$\mathcal{R}(T) \subset \mathcal{R}(V).$$

注意 V 是等距算子, 从而 $\mathcal{R}(V)$ 是闭的. 所以

$$\mathcal{R}(V) = \overline{\mathcal{R}(T)}.$$

记

$$U = VP_{\mathcal{N}(T)^\perp},$$

其中 $P_{\mathcal{N}(T)^\perp}$ 是 $\mathcal{N}(T)^\perp$ 上的正交投影算子. 由于

$$\mathcal{N}(T)^\perp = \mathcal{N}(|T|)^\perp = \overline{\mathcal{R}(|T|)} = \mathcal{N}(V)^\perp,$$

于是 $U \in \mathcal{B}(\mathcal{H}, \mathcal{K})$ 是部分等距算子, 其零空间和值域分别为 $\mathcal{N}(T)$ 和 $\overline{\mathcal{R}(T)}$. 此外,

$$P_{\mathcal{N}(T)^\perp}|T| = |T|.$$

所以

$$T = V|T| = (VP_{\mathcal{N}(T)^\perp})|T| = U|T|.$$

$\square$

定理 4.5.2 中的部分等距算子未必是唯一的, 见下面的例 4.5.2.

例 4.5.2 设

$$T = \begin{pmatrix} S_r & 0 \\ 0 & 0 \end{pmatrix} : \ell_2 \oplus \ell_2 \longrightarrow \ell_2 \oplus \ell_2,$$

其中 S_r 是 ℓ_2 上的右移算子. 则

$$T^*T = \begin{pmatrix} S_l & 0 \\ 0 & 0 \end{pmatrix} \begin{pmatrix} S_r & 0 \\ 0 & 0 \end{pmatrix} = \begin{pmatrix} I & 0 \\ 0 & 0 \end{pmatrix},$$

从而
$$|T| = (T^*T)^{\frac{1}{2}} = \begin{pmatrix} I & 0 \\ 0 & 0 \end{pmatrix}.$$

令
$$U = \begin{pmatrix} S_r & 0 \\ 0 & \alpha I \end{pmatrix},$$

其中 α 是任意常数. 容易验证 U 是部分等距算子并且
$$T = U|T|.$$

由于 α 的任意的, 所以 U 不是唯一的.

定理 4.5.3 设 $T \in \mathcal{B}(\mathcal{H}, \mathcal{K})$. 如果
$$T = U|T|,$$

其中 $U \in \mathcal{B}(\mathcal{H}, \mathcal{K})$ 是部分等距算子, 则
$$\overline{\mathcal{R}(|T|)} \subset \mathcal{N}(U)^\perp.$$

此外, 当
$$\overline{\mathcal{R}(|T|)} = \mathcal{N}(U)^\perp$$

时, U 是唯一的并且
$$\mathcal{R}(U) = \overline{\mathcal{R}(T)}.$$

证 对任意的 $x \in \mathcal{H}$, 由定理 4.5.1 可知
$$\|U|T|x\| = \|Tx\| = \||T|x\|,$$

再结合 U 是部分等距算子即得 $|T|x \in \mathcal{N}(U)^\perp$. 故
$$\mathcal{R}(|T|) \subset \mathcal{N}(U)^\perp,$$

从而
$$\overline{\mathcal{R}(|T|)} \subset \mathcal{N}(U)^\perp.$$

如果
$$\overline{\mathcal{R}(|T|)} = \mathcal{N}(U)^\perp,$$

一方面, 不难发现
$$\mathcal{R}(U) = \overline{\mathcal{R}(T)}.$$

§4.5 极 分 解

事实上, 由
$$\mathcal{R}(U) = \mathcal{R}(U|_{\overline{\mathcal{R}(|T|)}}) \subset \overline{\mathcal{R}(U|T|)} = \overline{\mathcal{R}(T)}$$
$$= \overline{\mathcal{R}(U|T|)} \subset \overline{\mathcal{R}(U)} = \mathcal{R}(U)$$

即可得出. 另一方面, 可以证明 U 是唯一的. 若不然, 假设存在部分等距算子 $W \in \mathcal{B}(\mathcal{H}, \mathcal{K})$ 使得
$$W|T| = U|T|,$$
其中
$$\overline{\mathcal{R}(|T|)} = \mathcal{N}(W)^{\perp}.$$
于是, 对于任意的 $x \in \mathcal{H}$, 由于存在 $\{x_n\} \subset \mathcal{H}$ 使得
$$\lim_{n \to \infty} |T|x_n = P_{\overline{\mathcal{R}(|T|)}}x,$$
从而
$$Wx - Ux = (W - U)P_{\overline{\mathcal{R}(|T|)}}x$$
$$= \lim_{n \to \infty}(W|T| - U|T|)x_n = 0.$$
所以
$$W = U.$$

$\square$

由定理 4.5.2 和 4.5.3 容易推出以下推论.

推论 4.5.4 设 $T \in \mathcal{B}(\mathcal{H}, \mathcal{K})$ 可分解为
$$T = U|T|,$$
其中 $U \in \mathcal{B}(\mathcal{H}, \mathcal{K})$ 是部分等距算子. 则
  (i) $|T| = U^*T$;
  (ii) $|T^*| = U|T|U^*$;
  (iii) $T^* = U^*|T^*|$.

证 如果存在部分等距算子 $U \in \mathcal{B}(\mathcal{H}, \mathcal{K})$ 使得 T 可分解为
$$T = U|T|,$$
由定理 4.5.3 可知
$$\mathcal{R}(|T|) \subset \mathcal{N}(U)^{\perp}.$$
  (i) 不难验证
$$U^*T = U^*U|T| = P_{\mathcal{N}(U)^{\perp}}|T| = |T|.$$

(ii) 对任意的 $x \in \mathcal{H}$, 因为 $|T|$ 是正算子, 因此

$$(U|T|U^*x, x) = (|T|U^*x, U^*x) \geqslant 0,$$

从而 $U|T|U^*$ 是正算子. 注意

$$\begin{aligned}(U|T|U^*)^2 &= U|T|U^*U|T|U^* \\ &= U|T|P_{\mathcal{N}(U)^\perp}|T|U^* \\ &= (U|T|)(U|T|)^* = TT^*,\end{aligned}$$

结合正平方根算子的唯一性即得

$$|T^*| = U|T|U^*.$$

(iii) 由 (ii) 可知 $|T^*| = U|T|U^*$, 从而

$$\begin{aligned}U^*|T^*| &= U^*U|T|U^* \\ &= |T|U^* = T^*.\end{aligned}$$

□

习题 4.11 设 $T \in \mathcal{B}(\mathcal{H}, \mathcal{K})$. 则存在部分等距算子 $U \in \mathcal{B}(\mathcal{H}, \mathcal{K})$ 使得

$$T = UT^*U.$$

设 $T \in \mathcal{B}(\mathcal{H})$. 据定理 4.5.2 可知必存在部分等距算子 $U \in \mathcal{B}(\mathcal{H})$ 使得

$$T = U|T|.$$

一般情况下, 这里的 U 是不唯一的. 那么, 什么条件下部分等距算子 U 是唯一的? 或者部分等距算子 U 能否换成酉算子? 由 [19] 可见: 存在唯一的部分等距算子 U 使得

$$T = U|T|$$

当且仅当 T 是单射或者 T^* 是单射; 存在酉算子 U 使得

$$T = U|T|$$

当且仅当 T 和 T^* 的零空间具有相同的维数.

在有限维空间的情况下, 由上面讨论可知任何方阵 A 均可表示为

$$A = U|A|,$$

其中 U 是酉矩阵. 此时, $U|A|$ 称为矩阵 A 的极分解. 然而, 并非任何有界线性算子 T 均可表示为酉算子 U 和正算子 $|T|$ 的乘积

$$T = U|T|.$$

例如，考虑 ℓ_2 上的右移算子 S_r. 不难发现，如果
$$S_r = U|S_r|,$$
由
$$|S_r| = I$$
可得
$$U = S_r.$$
显然，U 是等距算子，但并非酉算子. 基于此，在无穷维情况下我们将酉算子推广成部分等距算子即得如下定义.

定义 4.5.2 设 $T \in \mathcal{B}(\mathcal{H},\mathcal{K})$. 如果存在部分等距算子 $U \in \mathcal{B}(\mathcal{H},\mathcal{K})$ 使得 T 可分解为
$$T = U|T|,$$
其中 U 满足
$$\mathcal{N}(U) = \mathcal{N}(T),$$
$$\mathcal{R}(U) = \overline{\mathcal{R}(T)},$$
则 $U|T|$ 称为 T 的极分解.

由定理 4.5.2 和 4.5.3 可知，任何有界线性算子都有唯一的极分解.

习题 4.12 设 $T \in \mathcal{B}(\mathcal{H},\mathcal{K})$. 如果 $U|T|$ 是 T 的极分解，则 $U^*|T^*|$ 是 T^* 的极分解.

如果 $T \in \mathcal{B}(\mathcal{H})$ 的极分解为 $U|T|$，则 U 和 $|T|$ 能否交换？U 能否换成酉算子？为了回答这些问题，我们介绍拟正常算子和拟可逆算子的极分解.

定义 4.5.3 设 $T \in \mathcal{B}(\mathcal{H})$. 如果 T^*T 和 T 可交换，则称 T 为拟正常算子；如果 T 和 T^* 均为单射，则称 T 为拟可逆算子.

定理 4.5.5 设 $T \in \mathcal{B}(\mathcal{H})$. 如果 $U|T|$ 是 T 的极分解，则 U 和 $|T|$ 是可交换的当且仅当 T 是拟正常算子.

证 设 U 和 $|T|$ 可交换. 则
$$TT^*T = U|T||T|^2$$
$$= |T|^2 U|T| = T^*T^2.$$

反之，假设 T^*T 和 T 是可交换的. 由于 $|T|$ 是 T^*T 的正平方根算子，据定

理 4.3.2 可知 $|T|$ 和 $U|T|$ 是可交换的, 从而
$$(U|T| - |T|U)|T| = 0.$$
注意
$$\mathcal{N}(U) = \mathcal{N}(T),$$
从而
$$\mathcal{N}(U) = \mathcal{R}(|T|)^\perp.$$
于是, 对任意的 $x \in \mathcal{R}(|T|) \oplus \mathcal{R}(|T|)^\perp$ 有
$$(U|T| - |T|U)x = 0.$$
再利用 U 和 $|T|$ 的连续性可得
$$(U|T| - |T|U)x = 0, \quad x \in \mathcal{H},$$
即
$$U|T| = |T|U.$$
$\square$

定理 4.5.6 设 $T \in \mathcal{B}(\mathcal{H})$ 的极分解为 $U|T|$. 则 $U \in \mathcal{B}(\mathcal{H})$ 是酉算子当且仅当 T 是拟可逆算子.

证 因为 $U|T|$ 是 T 的极分解, 因此
$$\mathcal{N}(U) = \mathcal{N}(T),$$
$$\mathcal{R}(U) = \overline{\mathcal{R}(T)}.$$
由此可见 T 是拟可逆算子当且仅当 U 是酉算子. $\square$

第五章 紧算子及其谱

紧算子是有界线性算子中最重要的一类算子, 其众多性质均与矩阵的性质类似. 正因为如此, 人们认为紧算子是有限维空间上线性变换的直接推广. 紧线性算子的研究归功于 Riesz 的工作. 在研究积分方程的过程中, Riesz 有效地结合 Fredholm 和 Hilbert 的研究方法, 引进了全连续算子 (紧算子) 的概念. 1918 年, Riesz 考虑了全连续算子 T, 且利用 Riesz 引理等工具给出了算子 $I-T$ 的各种性质, 从而解决了紧算子的特征值问题.

§5.1 紧 算 子

定义 5.1.1 设 $T \in \mathcal{B}(\mathcal{H},\mathcal{K})$. 如果对任意的 $\{x_n\} \subset \mathcal{H}$ 且 $\|x_n\|=1$, 点列 $\{Tx_n\}$ 包含 $\mathcal{K}$ 中收敛的子列, 则称 T 为紧算子.

记 $\mathcal{B}_0(\mathcal{H},\mathcal{K})$ 为从 $\mathcal{H}$ 到 $\mathcal{K}$ 的全体紧算子的集合.

例 5.1.1 设 $F \in \mathcal{B}(\mathcal{H},\mathcal{K})$. 如果 $\mathcal{R}(F)$ 是有限维的, 则 F 为紧算子.

事实上, 对任意的 $\{x_n\} \subset \mathcal{H}$ 且 $\|x_n\|=1$, 由于 F 是有界的, 于是 $\{Fx_n\}$ 是有限维空间 $\mathcal{R}(F)$ 中的有界集, 从而 $\{Fx_n\}$ 包含收敛子列. 故 F 是紧算子.

定义 5.1.2 设 $F \in \mathcal{B}(\mathcal{H},\mathcal{K})$. 如果 $\dim \mathcal{R}(F) < \infty$, 则称 F 为有限秩算子.

$\mathcal{B}(\mathcal{H},\mathcal{K})$ 中的有限秩算子之全体记为 $\mathcal{F}(\mathcal{H},\mathcal{K})$. 显然,

$$\mathcal{F}(\mathcal{H},\mathcal{K}) \subset \mathcal{B}_0(\mathcal{H},\mathcal{K}).$$

例 5.1.2 设 $\mathcal{M}$ 是 $\mathcal{H}$ 的闭子空间. 则正交投影算子 $P_\mathcal{M}$ 是紧算子当且仅当 $\mathcal{M}$ 是有限维的.

事实上，如果 $\mathcal{M}$ 是有限维的，则 $P_\mathcal{M}$ 是有限秩算子，从而 $P_\mathcal{M}$ 是紧算子. 另一方面，如果 $P_\mathcal{M}$ 是紧算子，则 $\mathcal{M}$ 必为有限维的. 若不然，$\mathcal{M}$ 中存在标准正交系 $\{u_n\}_{n=1}^\infty$ 并且
$$P_\mathcal{M} u_n = u_n.$$
由于对任意的 n 和 m，当 $m \neq n$ 时
$$\|u_n - u_m\|^2 = (u_n - u_m, u_n - u_m)$$
$$= \|u_n\|^2 + \|u_m\|^2 = 2,$$
于是 $\{P_\mathcal{M} u_n\}$ 不包含收敛子列. 故 $P_\mathcal{M}$ 不是紧算子.

习题 5.1 ℓ_2 上的右移算子 S_r 不是紧算子.

习题 5.2 $\mathcal{H}$ 是有限维的当且仅当 $\mathcal{B}(\mathcal{H}) = \mathcal{B}_0(\mathcal{H})$.

定理 5.1.1 $\mathcal{B}_0(\mathcal{H}, \mathcal{K})$ 是 $\mathcal{B}(\mathcal{H}, \mathcal{K})$ 的线性子空间.

证 显然，$\mathcal{B}_0(\mathcal{H}, \mathcal{K})$ 是 $\mathcal{B}(\mathcal{H}, \mathcal{K})$ 的子集. 下面只需证明 $\mathcal{B}_0(\mathcal{H}, \mathcal{K})$ 是线性空间即可. 设 $T_1 \in \mathcal{B}(\mathcal{H}, \mathcal{K})$ 和 $T_2 \in \mathcal{B}(\mathcal{H}, \mathcal{K})$ 为紧算子，α 和 β 为常数. 对任意的点列 $\{x_n\} \subset \mathcal{H}$ 且 $\|x_n\| = 1$，由于 T_1 是紧的，因此 $\{T_1 x_n\}$ 包含收敛子列 $\{T_1 x_n'\}$，从而 $\{\alpha T_1 x_n'\}$ 收敛. 对于点列 $\{x_n'\}$，由 T_2 的紧性可知 $\{T_2 x_n'\}$ 包含收敛子列 $\{T_2 x_n''\}$，于是 $\{\beta T_2 x_n''\}$ 是收敛的. 注意，点列 $\{\alpha T_1 x_n''\}$ 是收敛列 $\{\alpha T_1 x_n'\}$ 的子列，从而 $\{\alpha T_1 x_n''\}$ 也收敛. 所以 $\{(\alpha T_1 + \beta T_2) x_n''\}$ 是收敛的. 故 $\alpha T_1 + \beta T_2$ 是紧算子. $\square$

定理 5.1.2 $\mathcal{B}_0(\mathcal{H}, \mathcal{K})$ 是 $\mathcal{B}(\mathcal{H}, \mathcal{K})$ 的闭子集.

证 设 $\{T_n\}$ 是 $\mathcal{B}_0(\mathcal{H}, \mathcal{K})$ 中的算子列并且
$$\lim_{n \to \infty} T_n = T.$$
由定理 2.2.2 知 $T \in \mathcal{B}(\mathcal{H}, \mathcal{K})$. 对任意的 $\{x_n\} \subset \mathcal{H}$，$\|x_n\| = 1$，由于 T_1 是紧算子，于是存在 $\{x_n\}$ 的子列 $\{x_n^{(1)}\}$ 使得 $\{T_1 x_n^{(1)}\}$ 是收敛的；又因为 T_2 也是紧算子，因此存在 $\{x_n^{(1)}\}$ 的子列 $\{x_n^{(2)}\}$ 使得 $\{T_2 x_n^{(2)}\}$ 为收敛的；继续这一过程，可得一系列点列：
$$\{x_n^{(1)}\} : x_1^{(1)}, x_2^{(1)}, \cdots, x_n^{(1)}, \cdots;$$
$$\{x_n^{(2)}\} : x_1^{(2)}, x_2^{(2)}, \cdots, x_n^{(2)}, \cdots;$$
$$\cdots\cdots\cdots\cdots$$
$$\{x_n^{(i)}\} : x_1^{(i)}, x_2^{(i)}, \cdots, x_n^{(i)}, \cdots;$$
$$\cdots\cdots\cdots\cdots$$

并且对每一个 $i = 1, 2, \cdots$，我们有

(i) $\{x_n^{(i+1)}\}$ 是 $\{x_n^{(i)}\}$ 的子列；

(ii) $\{T_i x_n^{(i)}\}$ 是收敛的.

§5.1 紧 算 子

对 $n = 1, 2, \cdots$, 取
$$u_n = x_n^{(n)}.$$

显然, $\{u_n\}$ 是 $\{x_n\}$ 的子列. 此外, 对每一个正整数 i, 由于 $\{u_n\}_{n=i+1}^{\infty}$ 是 $\{x_n^{(i)}\}$ 的子列, 于是 $\{T_i u_n\}_{n=i+1}^{\infty}$ 是收敛的, 从而 $\{T_i u_n\}_{n=1}^{\infty}$ 是收敛的. 下面证明 $\{Tu_n\}$ 是收敛的.

对任意的 $\varepsilon > 0$, 因为
$$\lim_{n \to \infty} T_n = T,$$
因此存在正整数 p 使得
$$\|T - T_p\| < \varepsilon.$$
注意 $\{T_p u_n\}$ 是收敛的, 所以存在正整数 N 使得 $n, m > N$ 时
$$\|T_p u_n - T_p u_m\| < \varepsilon,$$
从而
$$\begin{aligned}\|Tu_n - Tu_m\| &\leqslant \|(T - T_p)(u_n - u_m)\| + \|T_p u_n - T_p u_m\| \\ &\leqslant \|T - T_p\| \|u_n - u_m\| + \varepsilon \\ &\leqslant (\|u_n\| + \|u_m\|)\|T - T_p\| + \varepsilon \leqslant 3\varepsilon.\end{aligned}$$

故 $\{Tu_n\}$ 是 Hilbert 空间 $\mathcal{K}$ 中的 Cauchy 列, 从而必收敛. 于是 T 是紧算子. □

例 5.1.3 对于 $x = (x_1, x_2, \cdots) \in \ell_2$, 定义算子
$$Tx = (\alpha_1 x_1, \alpha_2 x_2, \cdots).$$
则 T 是紧算子当且仅当
$$\lim_{n \to \infty} \alpha_n = 0.$$

事实上, 用 $\{e_n\}$ 表示 ℓ_2 的标准正交基, 其中 e_n 为第 n 个分量为 1, 其余分量为 0 的元素. 显然,
$$\|Te_n\| = |\alpha_n|.$$
如果 T 是紧算子, 则
$$\lim_{n \to \infty} \alpha_n = 0.$$
若不然, 存在 $\varepsilon > 0$ 和 $\{Te_n\}$ 的子列 $\{Te_n'\}$ 使得
$$\|Te_n'\| > \varepsilon, \quad n = 1, 2, \cdots.$$
注意 e_n' 是单位向量且 T 是紧算子, 于是存在 $\{e_n'\}$ 的子列 $\{e_n''\}$ 使得 $\{Te_n''\}$ 是收敛的, 从而存在 $y \in \ell_2$ 使得
$$\lim_{n \to \infty} Te_n'' = y.$$

对任意的 $x \in \ell_2$, 利用内积的连续性和 Bessel 不等式可得

$$(y,x) = \lim_{n\to\infty}(Te_n'', x)$$
$$= \lim_{n\to\infty}(e_n'', T^*x) = 0,$$

从而
$$y = 0.$$

故
$$\lim_{n\to\infty} \|Te_n''\| = 0.$$

注意, $\{e_n''\}$ 是 $\{e_n'\}$ 的子列, 于是对任意的 n,
$$\|Te_n''\| > \varepsilon$$

成立, 矛盾.

反之, 假设
$$\lim_{n\to\infty}\alpha_n = 0.$$

则 $\{\alpha_n\}$ 是有界的, 换言之, 存在 $M>0$ 使得对任意的正整数 n 有
$$|\alpha_n| \leqslant M.$$

于是
$$\|Tx\|^2 = \sum_{n=1}^{\infty}|\alpha_n x_n|^2 \leqslant M^2\|x\|^2,$$

从而 T 是有界线性算子. 对每一个正整数 n, 定义
$$F_n x = (\alpha_1 x_1, \alpha_2 x_2, \cdots, \alpha_n x_n, 0, 0, \cdots),$$

其中 $x=(x_1, x_2, \cdots) \in \ell_2$. 则 F_n 为有限秩算子. 不难发现,

$$\|(T-F_n)x\| = \left(\sum_{m=n+1}^{\infty}|\alpha_m|^2|x_m|^2\right)^{\frac{1}{2}}$$
$$\leqslant \sup\{|\alpha_m| : m = n+1, n+2, \cdots\}\|x\|,$$

从而
$$\|T-F_n\| \leqslant \sup_{m \geqslant n+1}|\alpha_m|.$$

注意
$$\lim_{n\to\infty}\alpha_n = 0,$$

故
$$\lim_{n\to\infty} \|T - F_n\| = 0.$$
由定理 5.1.2 可知, T 是紧算子.

§5.2 弱收敛与紧性

定义 5.2.1 设 $\{x_n\}$ 是 $\mathcal{H}$ 中的点列, $x_0 \in \mathcal{H}$. 如果对每一个 $x \in \mathcal{H}$, 数列 $\{(x, x_n)\}$ 是收敛的, 则称 $\{x_n\}$ 为弱收敛的; 如果 $\{x_n\}$ 为弱收敛并且
$$\lim_{n\to\infty} (x, x_n) = (x, x_0),$$
则称 $\{x_n\}$ 弱收敛到 x_0; x_0 称为 $\{x_n\}$ 的弱极限.

注意, 收敛和弱收敛是不同的概念. 如果 $\{x_n\}$ 是 $\mathcal{H}$ 中的点列且 $x_0 \in \mathcal{H}$, 则 $\{x_n\}$ 收敛到 x_0 指的是
$$\lim_{n\to\infty} \|x_n - x_0\| = 0,$$
而 $\{x_n\}$ 弱收敛到 x_0 指的是对每一个 $x \in \mathcal{H}$ 均有
$$\lim_{n\to\infty} (x, x_n - x_0) = 0.$$
为了避免收敛和弱收敛这两个概念的混淆, 如果 $\{x_n\}$ 收敛到 x_0, 人们通常称 $\{x_n\}$ 强收敛到 x_0.

本书中, 收敛指的是强收敛, 不再一一指明.

定理 5.2.1 设 $\{x_n\}$ 是 $\mathcal{H}$ 中的点列, $x_0 \in \mathcal{H}$. 如果 $\{x_n\}$ 收敛到 x_0, 则 $\{x_n\}$ 弱收敛到 x_0.

证 对每一个 $x \in \mathcal{H}$, 利用 Cauchy-Schwarz 不等式可知
$$|(x, x_n) - (x, x_0)| = |(x, x_n - x_0)| \leqslant \|x\| \|x_n - x_0\|.$$
显然, 如果 $\{x_n\}$ 收敛到 x_0, 则
$$\lim_{n\to\infty} \|x_n - x_0\| = 0,$$
从而
$$\lim_{n\to\infty} (x, x_n) = (x, x_0).$$
于是 $\{x_n\}$ 弱收敛到 x_0. □

例 5.2.1 举例说明弱收敛的点列未必收敛.

事实上, 考虑 ℓ_2 上的标准正交基 $\{e_n\}_{n=1}^{\infty}$ 即可. 对每一个 $x \in \ell_2$, 由于

$$\sum_{n=1}^{\infty} |(x, e_n)|^2 < \infty,$$

从而

$$\lim_{n \to \infty} |(x, e_n)| = 0.$$

于是 $\{e_n\}$ 弱收敛到 0. 另一方面, 对任意的正整数 n 和 m, 由于 $\{e_n\}$ 是标准正交基, 所以

$$\|e_n - e_m\|^2 = \begin{cases} 2, & \text{当 } n \neq m \text{ 时}; \\ 0, & \text{当 } n = m \text{ 时}. \end{cases}$$

故 $\{e_n\}$ 不是 Cauchy 列, 从而不收敛.

习题 5.3 如果 $\{x_n\}$ 是 $\mathcal{H}$ 中的弱收敛点列, 则

(i) $\{x_n\}$ 的弱极限是唯一的;

(ii) $\{x_n\}$ 的任意子列都弱收敛, 并且弱收敛到同一个极限.

引理 5.2.2 设 $\{x_n\}$ 为 $\mathcal{H}$ 中的点列.

(i) 如果 $\{x_n\}$ 是弱收敛的, 则 $\{x_n\}$ 是有界的;

(ii) 如果 $\{x_n\}$ 是有界的, 则 $\{x_n\}$ 包含一个弱收敛的子列.

证 (i) 对每一个正整数 n, 定义

$$f_n(x) = (x, x_n),$$

其中 $x \in \mathcal{H}$. 由 Riesz 表示定理可知, f_n 是有界线性泛函列并且

$$\|f_n\| = \|x_n\|.$$

对每一个 $x \in \mathcal{H}$, 因为 $\{x_n\}$ 弱收敛, 于是 $\{(x, x_n)\}$ 为收敛数列, 故 $\sup_n |f_n(x)|$ 是有界的. 再由定理 2.2.3 可知 $\sup_n \|f_n\|$ 是有界的, 从而 $\{x_n\}$ 是有界的.

(ii) 由于 $\{x_n\}$ 是有界点列, 因此 $\{(x_1, x_n)\}$ 是有界数列, 从而存在 $\{x_n\}$ 的子列 $\{x_n^{(1)}\}$ 使得 $\{(x_1, x_n^{(1)})\}$ 是收敛数列. 又由于 $\{x_n^{(1)}\}$ 是有界的, 从而 $\{(x_2, x_n^{(1)})\}$ 是有界数列, 于是存在 $\{x_n^{(1)}\}$ 的子列 $\{x_n^{(2)}\}$ 使得 $\{(x_2, x_n^{(2)})\}$ 是收敛的. 不难发现, $\{(x_1, x_n^{(2)})\}$ 也是收敛的. 类似地, 对每一个 x_i, $i = 2, 3, \cdots$, 总存在 $\{x_n\}$ 的子列 $\{x_n^{(i)}\}$ 使得数列 $\{(x_1, x_n^{(i)})\}$, $\{(x_2, x_n^{(i)})\}$, $\cdots$, $\{(x_i, x_n^{(i)})\}$ 均收敛. 对每一个正整数 n, 我们取

$$u_n = x_n^{(n)}.$$

通过类似于定理 5.1.2 的证明过程可得对每一个 x_i, 数列 $\{(x_i, u_n)\}$ 是收敛的. 令

$$\mathcal{M} = \text{span}\{x_n : n = 1, 2, \cdots\}.$$

易证, 对每一个 $y \in \mathcal{M}$, 数列 $\{(y, u_n)\}$ 是收敛的. 任取 $x \in \mathcal{M} \oplus \mathcal{M}^\perp$, 由于存在 $y \in \mathcal{M}$ 和 $z \in \mathcal{M}^\perp$ 使得
$$x = y + z,$$
于是
$$(x, u_n) = (y, u_n) + (z, u_n) = (y, u_n)$$
为收敛数列.

对任意的 $\varepsilon > 0$ 和每一个 $x \in \mathcal{H}$, 因为
$$\mathcal{H} = \overline{\mathcal{M} \oplus \mathcal{M}^\perp},$$
因此存在 $x_0 \in \mathcal{M} \oplus \mathcal{M}^\perp$ 使得
$$\|x - x_0\| < \varepsilon.$$
注意 $\{(x_0, u_n)\}$ 收敛, 于是存在正整数 N 使得当 $n, m > N$ 时
$$|(x_0, u_n) - (x_0, u_m)| < \varepsilon,$$
从而
$$|(x, u_n) - (x, u_m)| \leqslant |(x, u_n) - (x_0, u_n)| + |(x_0, u_n) - (x_0, u_m)| + |(x_0, u_m) - (x, u_m)|$$
$$\leqslant \|x - x_0\|(\|u_n\| + \|u_m\|) + |(x_0, u_n) - (x_0, u_m)|$$
$$\leqslant (2 \sup_n \|x_n\| + 1)\varepsilon.$$
由 ε 的任意性知, 数列 $\{(x, u_n)\}$ 是 Cauchy 列, 从而必收敛. 因此 $\{u_n\}$ 是 $\{x_n\}$ 的一个弱收敛的子列. □

定理 5.2.3 设 $T \in \mathcal{B}(\mathcal{H}, \mathcal{K})$, 则下面叙述等价:

(i) T 是紧算子;

(ii) 若 $\{x_n\}$ 弱收敛到 x, 则 $\{Tx_n\}$ 收敛到 Tx.

证 设 (i) 成立. 用反证法, 假设 $\{x_n\}$ 弱收敛到 x, 但 $\{Tx_n\}$ 不是收敛到 Tx 的. 不失一般性, 考虑 $x = 0$ 的情况. 则存在 $\varepsilon > 0$ 以及 $\{x_n\}$ 的子列 $\{x_n'\}$ 使得对任意正整数 n 有
$$\|Tx_n'\| > \varepsilon.$$
注意, $\{x_n'\}$ 是弱收敛的, 由引理 5.2.2 知 $\{x_n'\}$ 有界. 再结合 T 的紧性即得存在 $\{x_n'\}$ 的子列 $\{x_n''\}$ 使得 $\{Tx_n''\}$ 是收敛的. 一方面, 因为 $\{x_n''\}$ 是 $\{x_n'\}$ 的子列, 从而对任意的 n 有
$$\|Tx_n''\| > \varepsilon.$$

另一方面，由于 $\{x_n''\}$ 弱收敛到 0，因此对任意的 $x \in \mathcal{H}$,
$$\left(\lim_{n\to\infty} Tx_n'', x\right) = \lim_{n\to\infty} (Tx_n'', x)$$
$$= \lim_{n\to\infty} (x_n'', T^*x) = 0,$$
从而
$$\lim_{n\to\infty} Tx_n'' = 0.$$
矛盾.

假设 (ii) 成立. 任取 $\mathcal{H}$ 中的点列 $\{x_n\}$ 且 $\|x_n\| = 1$. 显然，$\{x_n\}$ 是有界的, 结合引理 5.2.2 可得 $\{x_n\}$ 包含弱收敛的子列 $\{x_n'\}$. 注意 (ii) 成立，于是 $\{Tx_n'\}$ 是收敛的. 故 T 是紧算子. □

例 5.1.3 中证明 T 的紧性时，先构造了有限秩算子列 F_n, 再证明了 F_n 的极限是 T, 从而给出了 T 的紧性. 那么，任意的紧算子是不是有限秩算子列的极限呢？

定理 5.2.4 设 $T \in \mathcal{B}(\mathcal{H}, \mathcal{K})$. 如果 $\mathcal{H}$ 是可分的，则 T 是紧算子当且仅当存在有限秩算子列 $F_n \in \mathcal{B}(\mathcal{H}, \mathcal{K})$ 使得
$$\lim_{n\to\infty} F_n = T.$$
换言之,
$$\overline{\mathcal{F}(\mathcal{H}, \mathcal{K})} = \mathcal{B}_0(\mathcal{H}, \mathcal{K}).$$

证 设 T 是紧算子. 如果 $\mathcal{N}(T)^\perp$ 是有限维空间，则 T 为有限秩算子. 此时，取
$$F_n = T$$
即可. 下面考虑 $\mathcal{N}(T)^\perp$ 为无穷维空间的情况. 记 $\{u_i\}_{i=1}^\infty$ 为 $\mathcal{N}(T)^\perp$ 的标准正交基，P_n 表示 n 维空间 $\text{span}\{u_1, u_2, \cdots, u_n\}$ 上的正交投影算子. 对每一个正整数 n, 令
$$F_n = TP_n.$$
显然，F_n 是 $\mathcal{H}$ 到 $\mathcal{K}$ 的有限秩算子. 由范数的定义可知，对每一个正整数 n, 存在单位元素 $x_n \in \mathcal{H}$ 使得
$$\frac{1}{2}\|T - F_n\| \leqslant \|(T - F_n)x_n\|$$
$$= \|T(P_{\mathcal{N}(T)^\perp} - P_n)x_n\|.$$
如果 $\{(P_{\mathcal{N}(T)^\perp} - P_n)x_n\}$ 弱收敛到 0，由定理 5.2.3 可得 $\{T(P_{\mathcal{N}(T)^\perp} - P_n)x_n\}$ 收敛到 0，从而 F_n 收敛到 T. 于是，仅需证明 $\{(P_{\mathcal{N}(T)^\perp} - P_n)x_n\}$ 弱收敛到 0 即可. 事实上，对每一个 $x \in \mathcal{H}$, 不难发现
$$|((P_{\mathcal{N}(T)^\perp} - P_n)x_n, x)| = |(x_n, (P_{\mathcal{N}(T)^\perp} - P_n)x)|$$

§5.2 弱收敛与紧性

$$\leqslant \|x_n\| \|(P_{\mathcal{N}(T)^\perp} - P_n)x\|$$

$$= \left\| \sum_{i=n+1}^{\infty} (x, u_i)u_i \right\|$$

$$= \left(\sum_{i=n+1}^{\infty} |(x, u_i)|^2 \right)^{\frac{1}{2}},$$

从而

$$\lim_{n \to \infty} ((P_{\mathcal{N}(T)^\perp} - P_n)x_n, x) = 0.$$

于是 $\{(P_{\mathcal{N}(T)^\perp} - P_n)x_n\}$ 弱收敛到 0.

反之, 假设存在有限秩算子列 $F_n \in \mathcal{B}(\mathcal{H}, \mathcal{K})$ 使得

$$\lim_{n \to \infty} F_n = T.$$

由于 F_n 是有限秩算子, 所以 F_n 为紧算子. 根据定理 5.1.2 即得 T 是紧算子. □

值得注意的是, 可以证明紧算子的零空间的正交补是可分的. 所以, 定理 5.2.4 中去掉空间的可分性时, 结论同样成立.

我们知道, 紧算子可看成有限秩算子列的极限, 因此紧算子与有限秩算子具有很多类似的性质.

定理 5.2.5 设 $T \in \mathcal{B}(\mathcal{H}, \mathcal{K}), S \in \mathcal{B}(\mathcal{K}, \mathcal{H})$. 如果 T 是紧算子, 则 ST 和 TS 均为紧算子.

证 对 $\mathcal{H}$ 中的任意单位元素列 $\{x_n\}$, 由于 T 是紧算子, 于是 $\{Tx_n\}$ 包含收敛子列 $\{Tx_n'\}$. 注意 S 是有界的, 所以 $\{STx_n'\}$ 也收敛. 故 ST 是紧算子.

对 $\mathcal{K}$ 中的任意单位元素列 $\{y_n\}$, 因为 S 是有界的, 所以 $\{Sy_n\}$ 是有界点列, 从而 $\{Sy_n\}$ 包含弱收敛的子列 $\{Sy_n'\}$. 由 T 的紧性和定理 5.2.3 知 $\{TSy_n'\}$ 收敛. 故 TS 是紧算子. □

习题 5.4 设 $T \in \mathcal{B}(\mathcal{H}, \mathcal{K})$ 是紧算子. 则 T 是可逆算子当且仅当

$$\dim \mathcal{H} = \dim \mathcal{K} < \infty.$$

不难发现, 如果两个算子的乘积是紧算子, 则其中一个不一定是紧算子. 但是, 我们有下面的定理.

定理 5.2.6 设 $T \in \mathcal{B}(\mathcal{H}, \mathcal{K})$. 如果 T^*T 是紧算子, 则 T 是紧算子.

证 设 $\{x_n\} \subset \mathcal{H}$ 弱收敛到 x. 一方面, 由于 $\{x_n\}$ 是弱收敛的, 于是 $\{x_n\}$ 是有界的. 故存在 $M > 0$ 使得对任意的 n 有

$$\|x_n\| \leqslant M.$$

另一方面, 因为 T^*T 是紧算子, $\{x_n\}$ 弱收敛到 x, 据定理 5.2.3 得
$$\lim_{n\to\infty} \|T^*Tx_n - T^*Tx\| = 0.$$
注意到
$$\begin{aligned}
\|Tx_n - Tx\|^2 &= (Tx_n - Tx, Tx_n - Tx) \\
&= (x_n - x, T^*Tx_n - T^*Tx) \\
&\leqslant \|x_n - x\|\|T^*Tx_n - T^*Tx\| \\
&\leqslant (M + \|x\|)\|T^*Tx_n - T^*Tx\|,
\end{aligned}$$
即得
$$\lim_{n\to\infty} \|Tx_n - Tx\| = 0.$$
因此 $\{Tx_n\}$ 收敛到 Tx. 利用定理 5.2.3 可知 T 是紧算子. □

由定理 5.2.5 和 5.2.6 直接推出以下推论.

推论 5.2.7 设 $T \in \mathcal{B}(\mathcal{H},\mathcal{K})$. 如果 T 是紧算子, 则 T^* 也是紧算子.

习题 5.5 设 $T \in \mathcal{B}(\mathcal{H})$ 是正算子, 则 T 是紧算子当且仅当 $T^{\frac{1}{2}}$ 是紧算子.

定理 5.2.8 设 $T \in \mathcal{B}(\mathcal{H},\mathcal{K})$. 如果 T 是紧算子, 则 $\mathcal{R}(T)$ 不包含无穷维闭子空间.

证 用反证法, 如果 $\mathcal{M}$ 是 $\mathcal{R}(T)$ 的无穷维闭子空间, 则 T 有算子矩阵表示
$$T = \begin{pmatrix} T_1 \\ T_2 \end{pmatrix} : \mathcal{H} \longrightarrow \mathcal{M} \oplus \mathcal{M}^\perp.$$
由于 $\mathcal{M} \subset \mathcal{R}(T)$, 从而 T_1 为满射, 于是 T_1 是右可逆算子. 记 $T_1^r : \mathcal{M} \longrightarrow \mathcal{H}$ 为 T_1 的右逆. 令
$$\begin{aligned}
U &= \begin{pmatrix} T_1^r & 0 \end{pmatrix} : \mathcal{M} \oplus \mathcal{M}^\perp \longrightarrow \mathcal{H}, \\
V &= \begin{pmatrix} I_\mathcal{M} & 0 \\ -T_2 T_1^r & I_{\mathcal{M}^\perp} \end{pmatrix} : \mathcal{M} \oplus \mathcal{M}^\perp \longrightarrow \mathcal{M} \oplus \mathcal{M}^\perp.
\end{aligned}$$
则 U 和 V 是有界线性算子并且
$$\begin{aligned}
VTU &= \begin{pmatrix} I_\mathcal{M} & 0 \\ -T_2 T_1^r & I_{\mathcal{M}^\perp} \end{pmatrix} \begin{pmatrix} T_1 \\ T_2 \end{pmatrix} \begin{pmatrix} T_1^r & 0 \end{pmatrix} \\
&= \begin{pmatrix} I_\mathcal{M} & 0 \\ 0 & 0 \end{pmatrix} = P_\mathcal{M}.
\end{aligned}$$
注意 T 是紧算子, 由定理 5.2.5 可知 VTU 是紧算子, 从而 $P_\mathcal{M}$ 为紧算子. 由

例 5.1.2 可知 $\mathcal{M}$ 是有限维的, 矛盾. □

定理 5.2.8 的逆命题同样成立: 如果 $\mathcal{R}(T)$ 不包含无穷维闭子空间, 则 T 是紧算子. 证明可参阅 [12].

习题 5.6 设 $T \in \mathcal{B}(\mathcal{H}, \mathcal{K})$ 是紧算子. 则 $\mathcal{R}(T)$ 是闭的当且仅当 T 是有限秩算子.

§5.3 Hilbert-Schmidt 算子

在本节, 我们规定空间 $\mathcal{H}$ 为可分 Hilbert 空间. Hilbert-Schmidt 算子是非常重要的一类紧算子, 具有很多较好的性质. 首先给出下面结论.

引理 5.3.1 设 $T \in \mathcal{B}(\mathcal{H})$. 如果 $\{\varphi_n\}_{n=1}^{\infty}$ 和 $\{\phi_n\}_{n=1}^{\infty}$ 为 $\mathcal{H}$ 的两组标准正交基, 则

$$\sum_{n=1}^{\infty} \|T\varphi_n\|^2 = \sum_{n=1}^{\infty}\sum_{m=1}^{\infty} |(T\varphi_n, \phi_m)|^2$$
$$= \sum_{n=1}^{\infty} \|T^*\phi_n\|^2 = \sum_{n=1}^{\infty} \|T\phi_n\|^2.$$

证 由于 $\{\varphi_n\}_{n=1}^{\infty}$ 和 $\{\phi_n\}_{n=1}^{\infty}$ 为两组标准正交基, 根据 Parseval 等式可知

$$\|T\varphi_n\|^2 = \sum_{m=1}^{\infty} |(T\varphi_n, \phi_m)|^2,$$
$$\|T^*\phi_n\|^2 = \sum_{m=1}^{\infty} |(T^*\phi_n, \varphi_m)|^2.$$

于是

$$\sum_{n=1}^{\infty} \|T\varphi_n\|^2 = \sum_{n=1}^{\infty}\sum_{m=1}^{\infty} |(T\varphi_n, \phi_m)|^2$$
$$= \sum_{m=1}^{\infty}\sum_{n=1}^{\infty} |(T^*\phi_m, \varphi_n)|^2$$
$$= \sum_{m=1}^{\infty} \|T^*\phi_m\|^2.$$

另一方面, 取 $\varphi_n = \phi_n$, 并且对 T^* 应用上面的论证即得最后等式. □

设 $T \in \mathcal{B}(\mathcal{H})$, $\{e_n\}_{n=1}^{\infty}$ 是 $\mathcal{H}$ 的标准正交基. 由引理 5.3.1 可知无穷级数

$$\sum_{n=1}^{\infty} \|Te_n\|^2$$

的敛散性与标准正交基 $\{e_n\}$ 的选取无关.

定义 5.3.1　设 $\{e_n\}$ 是 $\mathcal{H}$ 的标准正交基, $T \in \mathcal{B}(\mathcal{H})$. 如果
$$\sum_{n=1}^{\infty} \|Te_n\|^2 < \infty,$$
则称 T 为 Hilbert-Schmidt 算子. 此时, 记
$$s(T) = \left(\sum_{n=1}^{\infty} \|Te_n\|^2\right)^{\frac{1}{2}}.$$

设 $T \in \mathcal{B}(\mathcal{H})$. 由引理 5.3.1 知 T 是 Hilbert-Schmidt 算子当且仅当 T^* 是 Hilbert-Schmidt 算子. 此外,
$$s(T) = s(T^*).$$

习题 5.7　设 $T \in \mathcal{B}(\mathcal{H})$ 和 $S \in \mathcal{B}(\mathcal{H})$ 为 Hilbert-Schmidt 算子, $\alpha \in \mathbb{C}$. 则

(i) αT 是 Hilbert-Schmidt 算子;

(ii) $T + S$ 是 Hilbert-Schmidt 算子.

定理 5.3.2　设 $T \in \mathcal{B}(\mathcal{H})$ 是 Hilbert-Schmidt 算子. 则
$$\|T\| \leqslant s(T).$$

证　对任意的单位元 $x \in \mathcal{H}$, 存在 $\mathcal{H}$ 的标准正交基 $\{e_n\}_{n=1}^{\infty}$ 使得
$$e_1 = x,$$
从而
$$\|Tx\| = \|Te_1\|$$
$$\leqslant \left(\sum_{n=1}^{\infty} \|Te_n\|^2\right)^{\frac{1}{2}} = s(T).$$
于是
$$\|T\| \leqslant s(T).$$
$\square$

定理 5.3.3　Hilbert-Schmidt 算子是紧算子.

证　设 $T \in \mathcal{B}(\mathcal{H})$ 是 Hilbert-Schmidt 算子. 选定 $\mathcal{H}$ 的标准正交基 $\{e_i\}_{i=1}^{\infty}$, 则任意 $x \in \mathcal{H}$ 可表示为
$$x = \sum_{i=1}^{\infty} (x, e_i) e_i.$$

定义算子 $T_n : \mathcal{H} \longrightarrow \mathcal{H}$ 为
$$T_n x = \sum_{i=1}^{n} (x, e_i) T e_i,$$
其中 $x \in \mathcal{H}$. 显然, T_n 为有限秩算子. 对任意的 $x \in \mathcal{H}$, 利用 Parseval 等式和 Cauchy-Schwarz 不等式可得

$$\begin{aligned} \|(T - T_n)x\| &= \left\| \sum_{i=n+1}^{\infty} (x, e_i) T e_i \right\| \\ &\leqslant \left(\sum_{i=n+1}^{\infty} |(x, e_i)|^2 \right)^{\frac{1}{2}} \left(\sum_{i=n+1}^{\infty} \|T e_i\|^2 \right)^{\frac{1}{2}} \\ &\leqslant \left(\sum_{i=n+1}^{\infty} \|T e_i\|^2 \right)^{\frac{1}{2}} \|x\|, \end{aligned}$$

从而
$$\|T - T_n\| \leqslant \left(\sum_{i=n+1}^{\infty} \|T e_i\|^2 \right)^{\frac{1}{2}}.$$

由于 T 是 Hilbert-Schmidt 算子, 于是
$$\sum_{i=1}^{\infty} \|T e_i\|^2 < \infty.$$

故
$$\lim_{n \to \infty} \|T - T_n\| = 0.$$

结合定理 5.2.4 可知 T 是紧算子. □

两个 Hilbert-Schmidt 算子的乘积是否是 Hilbert-Schmidt 算子?

定理 5.3.4 设 $T \in \mathcal{B}(\mathcal{H}), S \in \mathcal{B}(\mathcal{H})$. 如果 T 是 Hilbert-Schmidt 算子, 则 TS 和 ST 均为 Hilbert-Schmidt 算子. 此外, $s(TS)$ 和 $s(ST)$ 不超过 $s(T)\|S\|$.

证 设 $\{e_n\}$ 是 $\mathcal{H}$ 的标准正交基. 一方面, 由于
$$\begin{aligned} \sum_{n=1}^{\infty} \|ST e_n\|^2 &\leqslant \sum_{n=1}^{\infty} \|S\|^2 \|T e_n\|^2 \\ &= \|S\|^2 \sum_{n=1}^{\infty} \|T e_n\|^2 \\ &= \|S\|^2 (s(T))^2, \end{aligned}$$

于是, ST 是 Hilbert-Schmidt 算子且
$$s(ST) \leqslant \|S\|s(T).$$
另一方面, 据引理 5.3.1 可知
$$\sum_{n=1}^{\infty} \|TSe_n\|^2 = \sum_{n=1}^{\infty} \|S^*T^*e_n\|^2$$
$$\leqslant \|S^*\|^2 \sum_{n=1}^{\infty} \|T^*e_n\|^2$$
$$= \|S\|^2 \sum_{n=1}^{\infty} \|Te_n\|^2.$$
故, TS 是 Hilbert-Schmidt 算子且
$$s(TS) \leqslant \|S\|s(T).$$

□

推论 5.3.5 设 $T \in \mathcal{B}(\mathcal{H})$. 则 T 是 Hilbert-Schmidt 算子当且仅当 $|T|$ 是 Hilbert-Schmidt 算子. 此时,
$$s(T) = s(|T|).$$

证 设 $U|T|$ 为 T 的极分解, 其中 $U \in \mathcal{B}(\mathcal{H})$ 为部分等距算子. 则
$$T = U|T|,$$
$$|T| = U^*T.$$
据定理 5.3.4 可得 T 是 Hilbert-Schmidt 算子当且仅当 $|T|$ 是 Hilbert-Schmidt 算子. 此时,
$$s(T) = s(U|T|) \leqslant \|U\|s(|T|),$$
$$s(|T|) = s(U^*T) \leqslant \|U^*\|s(T).$$
注意, U 是部分等距算子, 从而 U 和 U^* 的范数均为 1. 于是
$$s(T) = s(|T|).$$

□

Hilbert-Schmidt 算子起源于 Hilbert 和 Schmidt 的积分方程研究中. 可以证明, 积分算子是 Hilbert-Schmidt 算子.

例 5.3.1 例 2.1.2 中的积分算子 K 是 Hilbert-Schmidt 算子.

为了叙述方便, 对每一个 $s \in [a,b]$, 记
$$k_s(t) = k(s,t).$$
显然, $k_s(t)$ 是 $[a,b]$ 上的连续函数. 因为 $L^2[a,b]$ 是可分的, 因此存在标准正交基 $\{e_n\}_{n=1}^\infty$. 对每一个 $s \in [a,b]$ 和正整数 n,
$$(Ke_n)(s) = \int_a^b k_s(t)e_n(t)\mathrm{d}t = (k_s, \overline{e}_n),$$
从而
$$\|Ke_n\|^2 = \int_a^b |(Ke_n)(s)|^2 \mathrm{d}s = \int_a^b |(k_s, \overline{e}_n)|^2 \mathrm{d}s.$$
由于 $\{e_n\}_{n=1}^\infty$ 是标准正交基, 因此其共轭 $\{\overline{e}_n\}_{n=1}^\infty$ 也是标准正交基, 从而
$$\|k_s\|^2 = \sum_{n=1}^\infty |(k_s, \overline{e}_n)|^2.$$
于是
$$\begin{aligned}\sum_{n=1}^\infty \|Ke_n\|^2 &= \sum_{n=1}^\infty \int_a^b |(k_s, \overline{e}_n)|^2 \mathrm{d}s \\ &= \int_a^b \sum_{n=1}^\infty |(k_s, \overline{e}_n)|^2 \mathrm{d}s \\ &= \int_a^b \|k_s\|^2 \mathrm{d}s \\ &= \int_a^b \left(\int_a^b |k(s,t)|^2 \mathrm{d}t\right) \mathrm{d}s \\ &= \iint_{[a,b]\times[a,b]} |k(s,t)|^2 \mathrm{d}t\mathrm{d}s.\end{aligned}$$
注意 $k(s,t)$ 是连续函数, 因此, 上式最后积分为有限的, 从而 K 是 Hilbert-Schmidt 算子.

可以证明, 积分算子 K 是 Hilbert-Schmidt 算子当且仅当其核函数 $k(s,t) \in L^2[a,b]$, 可参阅 [32].

§5.4 迹类算子

本节讨论两个 Hilbert-Schmidt 算子的乘积算子, 即所谓的迹类算子.

定义 5.4.1 设 $T \in \mathcal{B}(\mathcal{H})$. 如果 T 是两个 Hilbert-Schmidt 算子之乘积, 则 T 称为迹类算子.

不难发现, 迹类算子是 Hilbert-Schmidt 算子, 进而是紧算子. 迹类算子具有如下重要性质.

定理 5.4.1 设 $T \in \mathcal{B}(\mathcal{H})$ 是迹类算子, $\{e_n\}$ 是 $\mathcal{H}$ 的标准正交基. 则无穷级数 $\sum_{n=1}^{\infty}(Te_n, e_n)$ 是收敛的, 并且其和与标准正交基 $\{e_n\}$ 的选取无关.

证 假设 T 是迹类算子. 则存在 $\mathcal{H}$ 上的 Hilbert-Schmidt 算子 L 和 S 使得
$$T = L^*S.$$
从而
$$
\begin{aligned}
|(Te_n, e_n)| &= |(L^*Se_n, e_n)| \\
&= |(Se_n, Le_n)| \\
&\leqslant \|Se_n\| \cdot \|Le_n\| \\
&\leqslant \frac{1}{2}\left(\|Se_n\|^2 + \|Le_n\|^2\right).
\end{aligned}
$$
因此
$$\sum_{n=1}^{\infty}|(Te_n, e_n)| \leqslant \frac{1}{2}(s(S))^2 + \frac{1}{2}(s(L))^2.$$
故无穷级数 $\sum_{n=1}^{\infty}(Te_n, e_n)$ 绝对收敛, 从而收敛.

由极化恒等式 (见习题 1.2) 可知
$$(Se_n, Le_n) = \frac{1}{4}\left[\|(S+L)e_n\|^2 - \|(S-L)e_n\|^2 + \mathrm{i}\|(S+\mathrm{i}L)e_n\|^2 - \mathrm{i}\|(S-\mathrm{i}L)e_n\|^2\right].$$
于是
$$
\begin{aligned}
\sum_{n=1}^{\infty}(Te_n, e_n) &= \sum_{n=1}^{\infty}(Se_n, Le_n) \\
&= \frac{1}{4}\sum_{n=1}^{\infty}\left[\|(S+L)e_n\|^2 - \|(S-L)e_n\|^2 + \mathrm{i}\|(S+\mathrm{i}L)e_n\|^2 - \mathrm{i}\|(S-\mathrm{i}L)e_n\|^2\right] \\
&= \frac{1}{4}[(s(S+L))^2 - (s(S-L))^2 + \mathrm{i}(s(S+\mathrm{i}L))^2 - \mathrm{i}(s(S-\mathrm{i}L))^2].
\end{aligned}
$$
所以, 无穷级数 $\sum_{n=1}^{\infty}(Te_n, e_n)$ 的和与标准正交基的选取无关. $\square$

定义 5.4.2 设 $T \in \mathcal{B}(\mathcal{H})$, $\{e_n\}$ 是 $\mathcal{H}$ 的标准正交基. 如果 T 是迹类算子, 称
$$\mathrm{tr}(T) = \sum_{n=1}^{\infty}(Te_n, e_n)$$
为 T 的迹.

§5.4 迹类算子

习题 5.8 设 $T \in \mathcal{B}(\mathcal{H}), \alpha \in \mathbb{C}$. 则
(i) T 是迹类算子当且仅当 T^* 是迹类算子;
(ii) T 是迹类算子当且仅当 αT 是迹类算子.
此外, 当 T 为迹类算子时,
$$\operatorname{tr}(T) = \overline{\operatorname{tr}(T^*)},$$
$$\operatorname{tr}(\alpha T) = \alpha \cdot \operatorname{tr}(T).$$

定理 5.4.2 设 $T \in \mathcal{B}(\mathcal{H}), S \in \mathcal{B}(\mathcal{H})$. 如果 T 是迹类算子, 则 ST 和 TS 是迹类算子并且
$$\operatorname{tr}(TS) = \operatorname{tr}(ST).$$

证 设 T 是迹类算子. 则存在 $\mathcal{H}$ 上的两个 Hilbert-Schmidt 算子 L 和 R 使得
$$T = LR,$$
从而
$$ST = (SL)R,$$
$$TS = L(RS).$$
由定理 5.3.4 可知 SL 和 RS 均为 Hilbert-Schmidt 算子. 故 ST 和 TS 是迹类算子.

现在证明 ST 和 TS 具有相同的迹. 为此, 假设 $\{e_n\}$ 是 $\mathcal{H}$ 的标准正交基. 利用极化恒等式可知
$$\operatorname{tr}(ST) = \sum_{n=1}^{\infty}(SLRe_n, e_n) = \sum_{n=1}^{\infty}(Re_n, L^*S^*e_n)$$
$$= \sum_{n=1}^{\infty}\frac{1}{4}\left[\|(R + L^*S^*)e_n\|^2 - \|(R - L^*S^*)e_n\|^2 +\right.$$
$$\left. \mathrm{i}\|(R + \mathrm{i}L^*S^*)e_n\|^2 - \mathrm{i}\|(R - \mathrm{i}L^*S^*)e_n\|\right].$$

注意, L 和 R 是 Hilbert-Schmidt 算子, 因此 $R + L^*S^*$, $R - L^*S^*$, $R + \mathrm{i}L^*S^*$ 和 $R - \mathrm{i}L^*S^*$ 均为 Hilbert-Schmidt 算子. 结合引理 5.3.1 可知
$$\sum_{n=1}^{\infty}\|(R + L^*S^*)e_n\|^2 = \sum_{n=1}^{\infty}\|(R^* + SL)e_n\|^2,$$
$$\sum_{n=1}^{\infty}\|(R - L^*S^*)e_n\|^2 = \sum_{n=1}^{\infty}\|(R^* - SL)e_n\|^2,$$
$$\sum_{n=1}^{\infty}\|(R + \mathrm{i}L^*S^*)e_n\|^2 = \sum_{n=1}^{\infty}\|(R^* - \mathrm{i}SL)e_n\|^2,$$

$$\sum_{n=1}^{\infty}\|(R-\mathrm{i}L^*S^*)e_n\|^2 = \sum_{n=1}^{\infty}\|(R^*+\mathrm{i}SL)e_n\|^2.$$

于是

$$\overline{\mathrm{tr}(ST)} = \sum_{n=1}^{\infty} \frac{1}{4}\left[\|(R^*+SL)e_n\|^2 - \|(R^*-SL)e_n\|^2\right.$$
$$\left. +\mathrm{i}\|(R^*+\mathrm{i}SL)e_n\| - \mathrm{i}\|(R^*-\mathrm{i}SL)e_n\|^2\right]$$
$$= \sum_{n=1}^{\infty}(R^*e_n, SLe_n) = \sum_{n=1}^{\infty}(S^*R^*e_n, Le_n),$$

即

$$\mathrm{tr}(ST) = \sum_{n=1}^{\infty}(Le_n, S^*R^*e_n).$$

另一方面, 完全类似于上面的证明方法可得

$$\mathrm{tr}(S^*T^*) = \sum_{n=1}^{\infty}(R^*e_n, SLe_n),$$

从而

$$\mathrm{tr}(TS) = \overline{\mathrm{tr}(S^*T^*)}$$
$$= \sum_{n=1}^{\infty}\overline{(R^*e_n, SLe_n)}$$
$$= \sum_{n=1}^{\infty}(SLe_n, R^*e_n).$$

由于

$$(SLe_n, R^*e_n) = (Le_n, S^*R^*e_n),$$

于是

$$\mathrm{tr}(ST) = \mathrm{tr}(TS).$$

$\square$

推论 5.4.3 设 $T \in \mathcal{B}(\mathcal{H})$, $\{e_n\}$ 是 $\mathcal{H}$ 的标准正交基. 则下面叙述等价:

(i) T 是迹类算子;

(ii) $|T|$ 是迹类算子;

(iii) $\sum_{n=1}^{\infty}(|T|e_n, e_n) < \infty$;

(iv) $|T|^{\frac{1}{2}}$ 是 Hilbert-Schmidt 算子.

§5.4 迹类算子

证 设 $U|T|$ 是 T 的极分解, 其中 U 是部分等距算子. 则
$$T = U|T|,$$
$$|T| = U^*T.$$

据定理 5.4.2 可知, T 是迹类算子当且仅当 $|T|$ 是迹类算子. 于是 (i) 和 (ii) 是等价的.

如果 (ii) 成立, 由定理 5.4.1 得知 (iii) 成立; 如果 (iii) 成立, 则
$$\sum_{n=1}^{\infty} \||T|^{\frac{1}{2}}e_n\|^2 = \sum_{n=1}^{\infty}(|T|^{\frac{1}{2}}e_n, |T|^{\frac{1}{2}}e_n)$$
$$= \sum_{n=1}^{\infty}(|T|e_n, e_n) < \infty,$$

从而 $|T|^{\frac{1}{2}}$ 是 Hilbert-Schmidt 算子. 于是 (iv) 成立. 最后, 如果 (iv) 成立, 由
$$|T| = |T|^{\frac{1}{2}}|T|^{\frac{1}{2}}$$

易知 $|T|$ 是迹类算子. 故 (ii) 成立. □

定理 5.4.4 设 $T \in \mathcal{B}(\mathcal{H})$ 和 $S \in \mathcal{B}(\mathcal{H})$ 是迹类算子. 则 $T+S$ 是迹类算子并且
$$\text{tr}(T+S) = \text{tr}(T) + \text{tr}(S).$$

证 设 $U|T+S|$ 是 $T+S$ 的极分解. 则
$$|T+S| = U^*T + U^*S.$$

因为 T 和 S 是迹类算子, 因此 U^*T 和 U^*S 是迹类算子. 用 $\{e_n\}$ 表示 $\mathcal{H}$ 的标准正交基. 则据定理 5.4.1 可知
$$\sum_{n=1}^{\infty}(U^*Te_n, e_n) < \infty,$$
$$\sum_{n=1}^{\infty}(U^*Se_n, e_n) < \infty,$$

从而
$$\sum_{n=1}^{\infty}(|T+S|e_n, e_n) = \sum_{n=1}^{\infty}(U^*Te_n + U^*Se_n, e_n)$$
$$= \sum_{n=1}^{\infty}(U^*Te_n, e_n) + \sum_{n=1}^{\infty}(U^*Se_n, e_n) < \infty.$$

由推论 5.4.3 可见 $T+S$ 是迹类算子. 等式
$$\operatorname{tr}(T+S) = \operatorname{tr}(T) + \operatorname{tr}(S)$$
由内积的线性性容易得出. □

设 $T \in \mathcal{B}(\mathcal{H})$. 如果 T 是迹类算子, 则 $|T|$ 也是迹类算子. 令
$$\tau(T) = \operatorname{tr}(|T|).$$

习题 5.9 设 $T \in \mathcal{B}(\mathcal{H})$. 如果 T 是迹类算子, 则
(i) $\tau(T) = \tau(|T|)$;
(ii) $\tau(T) = (s(|T|^{\frac{1}{2}}))^2$.

定理 5.4.5 设 $T \in \mathcal{B}(\mathcal{H})$ 和 $S \in \mathcal{B}(\mathcal{H})$ 是迹类算子, $W \in \mathcal{B}(\mathcal{H})$, $\alpha \in \mathbb{C}$. 则
(i) $\tau(T) \geqslant 0$, $\tau(T) = 0$ 当且仅当 $T = 0$;
(ii) $\tau(T) = \tau(T^*)$;
(iii) $\tau(\alpha T) = |\alpha|\tau(T)$;
(iv) $|\operatorname{tr}(W|T|)| \leqslant \|W\|\tau(T)$;
(v) $|\operatorname{tr}(T)| \leqslant \tau(T)$;
(vi) $\tau(T+S) \leqslant \tau(T) + \tau(S)$.

证 设 $\{e_n\}$ 是 $\mathcal{H}$ 的标准正交基, $U|T|$ 是 T 的极分解, 其中 U 是部分等距算子. 此时
$$T = U|T|,$$
$$|T| = U^*T.$$

(i) 由
$$\tau(T) = \operatorname{tr}(|T|)$$
$$= \sum_{n=1}^{\infty} (|T|e_n, e_n)$$
$$= \sum_{n=1}^{\infty} \||T|^{\frac{1}{2}}e_n\|^2$$

容易推出 (i).

(ii) 由推论 4.5.4 可知
$$|T^*| = U|T|U^*.$$
于是, 利用定理 5.4.2 即得
$$\tau(T^*) = \operatorname{tr}(|T^*|) = \operatorname{tr}(U|T|U^*)$$

$$= \text{tr}(U^*U|T|) = \text{tr}(|T|) = \tau(T).$$

(iii) 由于
$$|\alpha T| = |\alpha||T|,$$
因此
$$\tau(\alpha T) = \text{tr}(|\alpha T|) = \text{tr}(|\alpha||T|)$$
$$= |\alpha|\text{tr}(|T|) = |\alpha|\tau(T).$$

(iv) 因为 T 是迹类算子, 由定理 5.4.2 和推论 5.4.3 可知 $W|T|$ 是迹类算子. 故
$$\text{tr}(W|T|) = \sum_{n=1}^{\infty}(W|T|e_n, e_n)$$
$$= \sum_{n=1}^{\infty}(|T|^{\frac{1}{2}}e_n, |T|^{\frac{1}{2}}W^*e_n).$$

由于 T 是迹类算子, 所以 $|T|^{\frac{1}{2}}$ 以及 $|T|^{\frac{1}{2}}W^*$ 均为 Hilbert-Schmidt 算子. 据 Cauchy-Schwarz 不等式可得
$$|\text{tr}(W|T|)| \leqslant \sum_{n=1}^{\infty}\left|(|T|^{\frac{1}{2}}e_n, |T|^{\frac{1}{2}}W^*e_n)\right|$$
$$\leqslant \sum_{n=1}^{\infty}\||T|^{\frac{1}{2}}e_n\|\||T|^{\frac{1}{2}}W^*e_n\|$$
$$\leqslant \left(\sum_{n=1}^{\infty}\||T|^{\frac{1}{2}}e_n\|^2\right)^{\frac{1}{2}}\left(\sum_{n=1}^{\infty}\||T|^{\frac{1}{2}}W^*e_n\|^2\right)^{\frac{1}{2}}$$
$$= s(|T|^{\frac{1}{2}})s(|T|^{\frac{1}{2}}W^*).$$

现在, 利用定理 5.3.4 和习题 5.9 即得
$$|\text{tr}(W|T|)| \leqslant \|W^*\|\left[s(|T|^{\frac{1}{2}})\right]^2 = \|W^*\|\tau(T).$$

注意
$$\|W^*\| = \|W\|,$$
故
$$|\text{tr}(W|T|)| \leqslant \|W\|\tau(T).$$

(v) 因为 U 是部分等距算子, 因此其范数为 1. 对 T 的极分解 $U|T|$ 应用 (iv) 即得
$$|\text{tr}(T)| = |\text{tr}(U|T|)| \leqslant \|U\|\tau(T) = \tau(T).$$

(vi) 设 $V_1|S|$ 和 $V_2|T+S|$ 分别为 S 和 $T+S$ 的极分解，其中 V_1 和 V_2 为部分等距算子. 则

$$S = V_1|S|,$$
$$|T+S| = V_2^*(T+S).$$

注意到 $U|T|$ 是 T 的极分解，于是利用 (iv) 即得

$$\begin{aligned}\tau(T+S) &= \text{tr}(|T+S|) \\ &= \text{tr}(V_2^*T + V_2^*S) \\ &= \text{tr}(V_2^*U|T|) + \text{tr}(V_2^*V_1|S|) \\ &\leqslant \|V_2^*U\|\tau(T) + \|V_2^*V_1\|\tau(S).\end{aligned}$$

注意 V_1, V_2 和 U 是部分等距算子，因此 $\|V_2^*U\|$ 和 $\|V_2^*V_1\|$ 不会超过 1，从而

$$\tau(T+S) \leqslant \tau(T) + \tau(S).$$

□

§5.5 紧算子的谱

众所周知，无穷维空间上的紧算子是不可逆的. 于是，我们主要考虑紧算子的非零谱点及其相关性质.

设 $T \in \mathcal{B}(\mathcal{H})$ 是紧算子. 如果 $\lambda \neq 0$, 则

$$T - \lambda I = -\lambda(I - \lambda^{-1}T).$$

显然，$\lambda^{-1}T$ 也是紧算子. 因此，我们仅需讨论 $\lambda = 1$ 的情况即可.

定理 5.5.1 设 $T \in \mathcal{B}(\mathcal{H})$. 如果 T 是紧算子，则 $\mathcal{N}(I - T)$ 是有限维的.

证 任取 $\mathcal{H}$ 中的点列 $\{x_n\}$ 并且 $\|x_n\| = 1$. 由于 $P_{\mathcal{N}(I-T)}x_n \in \mathcal{N}(I-T)$, 因此

$$P_{\mathcal{N}(I-T)}x_n = TP_{\mathcal{N}(I-T)}x_n.$$

注意 T 是紧算子，于是 $\{TP_{\mathcal{N}(I-T)}x_n\}$ 包含收敛子列，从而 $\{P_{\mathcal{N}(I-T)}x_n\}$ 包含收敛子列. 所以正交投影算子 $P_{\mathcal{N}(I-T)}$ 是紧算子. 根据例 5.1.2 即得 $\mathcal{N}(I-T)$ 为有限维的. □

定理 5.5.2 设 $T \in \mathcal{B}(\mathcal{H})$. 如果 T 是紧算子，则 $\mathcal{R}(I - T)$ 是闭的.

证 对任意的 $x \in \mathcal{N}(I-T)^\perp$, 定义

$$Sx = (I-T)x.$$

则 $S: \mathcal{N}(I-T)^\perp \longrightarrow \mathcal{H}$ 是有界线性算子并且
$$\mathcal{N}(S) = \{0\},$$
$$\mathcal{R}(S) = \mathcal{R}(I-T).$$

故, 仅需证明 $\mathcal{R}(S)$ 是闭的即可. 用反证法, 如果 $\mathcal{R}(S)$ 是不闭的, 则 S 不是下方有界的. 因此, 对每一个正整数 n, 存在 $x_n \in \mathcal{N}(I-T)^\perp$, $\|x_n\| = 1$ 使得
$$\|Sx_n\| \leqslant \frac{1}{n}.$$
于是
$$\lim_{n \to \infty} Sx_n = 0.$$
又因为 T 是紧算子, 因此存在 $\{x_n\}$ 的子列 $\{x'_n\}$ 使得 $\{Tx'_n\}$ 是收敛的. 令
$$\lim_{n \to \infty} Tx'_n = x_0.$$
由于 $\{x'_n\}$ 是 $\{x_n\}$ 的子列, 于是 $x'_n \in \mathcal{N}(I-T)^\perp$ 并且
$$\lim_{n \to \infty} Sx'_n = 0,$$
从而
$$\lim_{n \to \infty} x'_n = \lim_{n \to \infty} [Tx'_n + (I-T)x'_n]$$
$$= \lim_{n \to \infty} Tx'_n + \lim_{n \to \infty} Sx'_n = x_0.$$
注意 $x'_n \in \mathcal{N}(I-T)^\perp$ 并且 $\|x'_n\| = 1$, 因此 $x_0 \in \mathcal{N}(I-T)^\perp$ 且 $\|x_0\| = 1$. 此时, 不难发现
$$Sx_0 = \lim_{n \to \infty} Sx'_n = 0,$$
从而 $x_0 \in \mathcal{N}(S)$. 因为 S 是单射, 所以 $x_0 = 0$, 这与 $\|x_0\| = 1$ 矛盾. □

习题 5.10 设 $T \in \mathcal{B}(\mathcal{H})$ 是紧算子并记
$$S = I - T.$$
则对任意的正整数 n, $\mathcal{N}(S^n)$ 是有限维的并且 $\mathcal{R}(S^n)$ 是闭的.

设 $T \in \mathcal{B}(\mathcal{H})$ 是紧算子. 那么 $I - T$ 的升标和降标有什么性质? 为此, 先给出著名的 Riesz 引理.

引理 5.5.3 (Riesz 引理) 设 $\mathcal{M}$ 为 $\mathcal{H}$ 的闭子空间, $\mathcal{M} \neq \mathcal{H}$. 对任意的 $0 < \varepsilon < 1$, 存在 $\mathcal{H}$ 中的单位向量 x_ε 使得
$$\operatorname{dist}(x_\varepsilon, \mathcal{M}) = \inf_{x \in \mathcal{M}} \|x - x_\varepsilon\| \geqslant 1 - \varepsilon.$$

证 取 $x_0 \in \mathcal{H} \backslash \mathcal{M}$. 因为 $\mathcal{M}$ 是闭的, 于是
$$\text{dist}(x_0, \mathcal{M}) \neq 0.$$
对任意的 $0 < \varepsilon < 1$, 由下确界的定义可知存在 $y_0 \in \mathcal{M}$ 使得
$$\text{dist}(x_0, \mathcal{M}) \leqslant \|x_0 - y_0\| \leqslant (1+\varepsilon)\text{dist}(x_0, \mathcal{M}).$$
令
$$x_\varepsilon = \frac{x_0 - y_0}{\|x_0 - y_0\|}.$$
显然, x_ε 是单位向量. 对任意的 $x \in \mathcal{M}$, 因为 $\mathcal{M}$ 是线性空间, 因此 $\|x_0 - y_0\|x + y_0 \in \mathcal{M}$, 于是
$$\begin{aligned}
\|x - x_\varepsilon\| &= \left\|x - \frac{x_0 - y_0}{\|x_0 - y_0\|}\right\| \\
&= \frac{1}{\|x_0 - y_0\|}\|(\|x_0 - y_0\|x + y_0) - x_0\| \\
&\geqslant \frac{\text{dist}(x_0, \mathcal{M})}{(1+\varepsilon)\text{dist}(x_0, \mathcal{M})} \geqslant 1 - \varepsilon.
\end{aligned}$$
由 $x \in \mathcal{M}$ 的任意性即可得证. $\square$

定理 5.5.4 设 $T \in \mathcal{B}(\mathcal{H})$ 是紧算子. 则
$$\alpha(I - T) = \beta(I - T) < \infty.$$

证 令
$$S = I - T.$$
由定理 2.4.4 可知仅需证明 $\alpha(S)$ 和 $\beta(S)$ 均为有限数即可.

现在证明 $\alpha(S) < \infty$. 若不然, 对任意的 $n = 0, 1, 2, \cdots$, 我们有
$$\mathcal{N}(S^n) \neq \mathcal{N}(S^{n+1}).$$
因为 $\mathcal{N}(S^n) \subset \mathcal{N}(S^{n+1})$, 由 Riesz 引理可知存在 $x_n \in \mathcal{N}(S^{n+1}) \backslash \mathcal{N}(S^n)$, $\|x_n\| = 1$ 使得
$$\text{dist}(x_n, \mathcal{N}(S^n)) \geqslant \frac{1}{2}.$$
一方面, 因为 T 是紧算子, 因此 $\{Tx_n\}$ 包含收敛子列. 另一方面, 对任意的 n 和 m, 当 $m < n$ 时, 因为 $\mathcal{N}(S^m) \subset \mathcal{N}(S^n)$, 因此
$$S^n(Sx_n + x_m - Sx_m) = 0,$$
从而 $Sx_n + x_m - Sx_m \in \mathcal{N}(S^n)$. 于是
$$\|Tx_n - Tx_m\| = \|x_n - (Sx_n + x_m - Sx_m)\|$$

§5.5 紧算子的谱

$$\geq \text{dist}(x_n, \mathcal{N}(S^n)) \geq \frac{1}{2}.$$

故 $\{Tx_n\}$ 不包含收敛子列. 矛盾.

再证明 $\beta(S) < \infty$. 因为 T 是紧算子, 因此 T^* 是紧算子. 由上面讨论可知 S^* 的升标是有限的, 于是存在有限数 p 使得

$$\mathcal{N}(S^{*p}) = \mathcal{N}(S^{*(p+1)}),$$

从而

$$\mathcal{N}(S^{*p})^\perp = \mathcal{N}(S^{*(p+1)})^\perp.$$

由习题 5.10 可知对任意的 n, $\mathcal{R}(S^n)$ 是闭的, 于是

$$\mathcal{R}(S^n) = \mathcal{N}(S^{*n})^\perp.$$

故

$$\mathcal{R}(S^p) = \mathcal{R}(S^{p+1}).$$

因此

$$\beta(S) \leq p,$$

从而 $\beta(S)$ 是有限的. □

推论 5.5.5 设 $T \in \mathcal{B}(\mathcal{H})$ 是紧算子. 则 $I - T$ 是单射当且仅当 $I - T$ 是满射.

证 注意, $I-T$ 是单射当且仅当 $\alpha(I-T) = 0$; $I-T$ 满射当且仅当 $\beta(I-T) = 0$, 所以利用定理 5.5.4 即可得证. □

利用推论 5.5.5 可得著名的 Fredholm 择一定理, 它在积分方程理论中有着重要的应用.

习题 5.11 (Fredholm 择一定理) 设 $T \in \mathcal{B}(\mathcal{H})$ 是紧算子. 则对每一个 $y \in \mathcal{H}$, 方程

$$(I - T)x = y$$

均有解当且仅当方程

$$Tx = x$$

的解是唯一的. 此时, 对每一个 $y \in \mathcal{H}$, 方程

$$(I - T)x = y$$

有唯一解.

定理 5.5.6 设 $T \in \mathcal{B}(\mathcal{H})$ 是紧算子. 则
$$\dim \mathcal{N}(I-T) = \dim \mathcal{N}(I-T^*).$$

证 用反证法, 不妨假设
$$\dim \mathcal{N}(I-T) < \dim \mathcal{N}(I-T^*).$$

由于
$$\mathcal{N}(I-T^*) = \mathcal{R}(I-T)^\perp,$$

于是存在 $V \in \mathcal{B}(\mathcal{H})$ 使得
$$\mathcal{N}(V)^\perp = \mathcal{N}(I-T),$$
$$\mathcal{R}(V) \subset \mathcal{R}(I-T)^\perp.$$

显然, V 是有限秩算子, 从而 V 是紧算子. 令
$$T_1 = T - V.$$

则 T_1 是紧算子. 注意, $I-T$ 和 V 的值域均为闭的, 于是 $I-T$ 和 V 可表示为
$$I-T = \begin{pmatrix} A & 0 \\ 0 & 0 \end{pmatrix} : \mathcal{N}(I-T)^\perp \oplus \mathcal{N}(I-T) \longrightarrow \mathcal{R}(I-T) \oplus \mathcal{R}(I-T)^\perp,$$
$$V = \begin{pmatrix} 0 & 0 \\ 0 & V_1 \end{pmatrix} : \mathcal{N}(I-T)^\perp \oplus \mathcal{N}(I-T) \longrightarrow \mathcal{R}(I-T) \oplus \mathcal{R}(I-T)^\perp,$$

其中 $A : \mathcal{N}(I-T)^\perp \longrightarrow \mathcal{R}(I-T)$ 是可逆算子, $V_1 : \mathcal{N}(I-T) \longrightarrow \mathcal{R}(I-T)^\perp$ 是单射. 所以
$$I - T_1 = I - T + V$$
$$= \begin{pmatrix} A & 0 \\ 0 & V_1 \end{pmatrix} : \mathcal{N}(I-T)^\perp \oplus \mathcal{N}(I-T) \longrightarrow \mathcal{R}(I-T) \oplus \mathcal{R}(I-T)^\perp$$

是单射. 结合推论 5.5.5 即得 $I - T_1$ 是满射. 故
$$\{0\} = \mathcal{R}(I-T_1)^\perp$$
$$= [\mathcal{R}(I-T) \oplus \mathcal{R}(V)]^\perp,$$

从而
$$\mathcal{R}(I-T) \oplus \mathcal{R}(V) = \mathcal{H},$$

于是
$$\dim \mathcal{R}(I-T)^\perp = \dim \mathcal{R}(V).$$

所以
$$\dim \mathcal{N}(I - T^*) = \dim \mathcal{R}(I - T)^\perp = \dim \mathcal{R}(V)$$
$$= \dim \mathcal{N}(I - T),$$

矛盾. □

习题 5.12 设 $T \in \mathcal{B}(\mathcal{H})$ 为紧算子, $\lambda \neq 0$. 则 $\lambda \in \sigma_p(T)$ 当且仅当 $\overline{\lambda} \in \sigma_p(T^*)$.

定义 5.5.1 设 $T \in \mathcal{B}(\mathcal{H})$. 如果 $\lambda \in \sigma_p(T)$, 令
$$\mathcal{N}^\infty(T - \lambda I) = \bigcup_{n=1}^\infty \mathcal{N}\left([T - \lambda I]^n\right).$$

则称 $\mathcal{N}^\infty(T - \lambda I)$ 为 λ 的广义特征子空间, 其维数 $\dim \mathcal{N}^\infty(T - \lambda I)$ 称为 λ 的代数重数, 简记为 $m(\lambda; T)$.

习题 5.13 设 $T \in \mathcal{B}(\mathcal{H})$. 如果 $\lambda \in \sigma_p(T)$, 则 $\dim \mathcal{N}(T - \lambda I)$ 和 $\alpha(T - \lambda I)$ 不会超过 $m(\lambda; T)$.

由上面的讨论可得紧算子的如下谱性质:

定理 5.5.7 (Reisz-Schauder 定理) 设 $T \in \mathcal{B}(\mathcal{H})$ 是紧算子. 则

(i) $\sigma(T)$ 中的所有非零谱点均为具有有限个代数重数的特征值;

(ii) $\sigma_p(T)$ 是至多可数集, 并且不存在非零聚点.

证 由定理 5.5.1, 定理 5.5.4 和推论 5.5.5 容易推出 (i). 下面证明 (ii).

首先证明对任意的 $\varepsilon > 0$, $\sigma_p(T) \cap \{\lambda \in \mathbb{C} : |\lambda| \geqslant \varepsilon\}$ 不是无限集合. 用反证法, 假设对某个 $\varepsilon_0 > 0$, 存在 $\sigma_p(T)$ 中的互不相同的特征值列 $\{\lambda_n\}_{n=1}^\infty$ 使得对任意的正整数 n 有
$$|\lambda_n| \geqslant \varepsilon_0.$$

令 e_n 是对应于特征值 λ_n 的单位特征向量. 则
$$T e_n = \lambda_n e_n.$$

现在构造单位向量列 $\{x_n\}$. 对每一个正整数 n, 由于 $\{e_1, e_2, \cdots, e_n\}$ 是线性无关的, 因此
$$\mathcal{M}_n = \text{span}\{e_1, e_2, \cdots, e_n\}$$

是 $\mathcal{H}$ 的 n 维闭子空间. 令
$$x_1 = e_1.$$

对每一个正整数 $n \geqslant 2$, 因为 $\mathcal{M}_{n-1}$ 是 $\mathcal{M}_n$ 的真闭子空间, 因此, 根据 Riesz 引理

可知存在单位向量 $x_n \in \mathcal{M}_n$ 使得

$$\mathrm{dist}(x_n, \mathcal{M}_{n-1}) \geqslant \frac{1}{2}.$$

由此可得单位向量列 $\{x_n\}$. 对每一个 $x_n \in \mathcal{M}_n$, 因为存在常数 $\alpha_1, \alpha_2, \cdots, \alpha_n$ 使得

$$x_n = \alpha_1 e_1 + \alpha_2 e_2 + \cdots + \alpha_n e_n,$$

所以

$$Tx_n = \alpha_1 \lambda_1 e_1 + \alpha_2 \lambda_2 e_2 + \cdots + \alpha_n \lambda_n e_n,$$

$$(T - \lambda_n I)x_n = \alpha_1(\lambda_1 - \lambda_n)e_1 + \alpha_2(\lambda_2 - \lambda_n)e_2 + \cdots + \alpha_{n-1}(\lambda_{n-1} - \lambda_n)e_{n-1},$$

从而 $Tx_n \in \mathcal{M}_n$, 但是 $(T - \lambda_n I)x_n \in \mathcal{M}_{n-1}$. 故, 对任意的整数 n 和 m, 不妨设 $n > m$, 我们有

$$\begin{aligned}\|Tx_n - Tx_m\| &= \|\lambda_n x_n + (T - \lambda_n)x_n - Tx_m\| \\ &= |\lambda_n| \|x_n - \lambda_n^{-1}[-(T - \lambda_n)x_n + Tx_m]\| \\ &\geqslant |\lambda_n| \mathrm{dist}(x_n, \mathcal{M}_{n-1}) \\ &\geqslant \frac{|\lambda_n|}{2} \geqslant \frac{\varepsilon_0}{2}.\end{aligned}$$

所以 $\{Tx_n\}$ 中没有收敛子列, 这与 T 的紧性矛盾.

现在, 对每一个正整数 n, 由上面论证可知集合

$$\sigma_p(T) \cap \left\{\lambda \in \mathbb{C} : |\lambda| \geqslant \frac{1}{n}\right\}$$

是空集或有限集合, 从而

$$\sigma_p(T) = \bigcup_{n=1}^{\infty} \left(\sigma_p(T) \cap \left\{\lambda \in \mathbb{C} : |\lambda| \geqslant \frac{1}{n}\right\}\right)$$

是至多可数集并且不存在非零聚点. □

值得注意的是, 紧算子的点谱可能为空集. 此时, $\lambda = 0$ 为紧算子的唯一谱点.

§5.6 紧算子的标准型

现在我们考虑紧算子的标准型. 为此先看紧的自共轭算子的一个性质.

定理 5.6.1 设 $T \in \mathcal{B}(\mathcal{H})$ 是紧的自共轭算子. 则 $T = 0$ 当且仅当 $\sigma_p(T) = \{0\}$.

证 如果 $\sigma_p(T) = \{0\}$, 由 Riesz-Schauder 定理知 $\sigma(T) = \{0\}$. 据定理 4.2.5 即得 $\|T\| = 0$, 从而 $T = 0$. 反之, 显然. □

§5.6 紧算子的标准型

定理 5.6.2 (Hilbert-Schmidt 定理) 设 $T \in \mathcal{B}(\mathcal{H})$ 是紧的自共轭算子. 则存在 $\mathcal{H}$ 的标准正交基 $\{\psi_n\}$ 使得

$$T\psi_n = \lambda_n \psi_n,$$

其中 $\{\lambda_n\}$ 是收敛到 0 的实数列.

证 如果 $T = 0$, 结论显然. 不妨假设 $T \neq 0$. 在 T 的每一个特征值对应的特征子空间中取一组标准正交基. 将这些选出的标准正交基之全体记为 $\{\psi_n\}$. 由 T 的自共轭性可知 $\{\psi_n\}$ 是相互正交的. 令

$$\mathcal{M} = \overline{\mathrm{span}\{\psi_n : n = 1, 2, \cdots\}}.$$

显然, $\mathcal{M}$ 是 T 的不变子空间. 由 T 的自共轭性和定理 2.7.1 可知 $\mathcal{M}^\perp$ 是 T 的不变子空间. 因此, 空间分解 $\mathcal{H} = \mathcal{M} \oplus \mathcal{M}^\perp$ 下 T 可表示为

$$T = \begin{pmatrix} T_1 & 0 \\ 0 & T_2 \end{pmatrix} : \mathcal{M} \oplus \mathcal{M}^\perp \longrightarrow \mathcal{M} \oplus \mathcal{M}^\perp.$$

由于 T 是紧的自共轭算子, 因此 T_1 和 T_2 均为紧的自共轭算子. 如果 $T_2 \neq 0$, 结合 Riesz-Schauder 定理和定理 5.6.1 得知存在 T_2 的非零点谱 μ 及其对应的特征向量 $\varphi \in \mathcal{M}^\perp$ 使得

$$T_2 \varphi = \mu \varphi.$$

令

$$\psi = \begin{pmatrix} 0 \\ \varphi \end{pmatrix}.$$

则

$$T\psi = \begin{pmatrix} T_1 & 0 \\ 0 & T_2 \end{pmatrix} \begin{pmatrix} 0 \\ \varphi \end{pmatrix}$$
$$= \mu \begin{pmatrix} 0 \\ \varphi \end{pmatrix} = \mu \psi,$$

从而 μ 是 T 的特征值并且其对应的特征向量为 ψ. 但是, $\psi \notin \mathcal{M}$. 这与 $\mathcal{M}$ 的选取矛盾. 故 $T_2 = 0$, 从而 $\mathcal{M}^\perp \subset \mathcal{N}(T)$. 结合 $\mathcal{N}(T) \subset \mathcal{M}$ 即得

$$\mathcal{M}^\perp = \{0\},$$

换言之

$$\mathcal{M} = \mathcal{H}.$$

故 $\{\psi_n\}$ 是 $\mathcal{H}$ 的标准正交基.

由 $\{\psi_n\}$ 的选取可知存在常数 λ_n 使得

$$T\psi_n = \lambda_n \psi_n.$$

于是 $\lambda_n \in \sigma_p(T)$, 从而 λ_n 是实数. 据 Riesz-Schauder 定理即得
$$\lim_{n\to\infty} \lambda_n = 0.$$
□

推论 5.6.3 设 $T \in \mathcal{B}(\mathcal{H})$ 是紧的自共轭算子. 则存在收敛到 0 的实数列 $\{\lambda_n\}$ 以及 $\mathcal{H}$ 的标准正交基 $\{\psi_n\} \subset \mathcal{H}$ 使得
$$Tx = \sum_{n=1}^{\infty} \lambda_n (x, \psi_n) \psi_n, \quad x \in \mathcal{H}.$$
此时, λ_n 是 T 的特征值 (特征值的个数按重数计算), 其对应的特征向量为 ψ_n.

证 因为 T 是紧的自共轭算子, 据 Hilbert-Schmidt 定理可知存在标准正交基 $\{\psi_n\}$ 和实数列 $\{\lambda_n\}$ 使得
$$T\psi_n = \lambda_n \psi_n$$
并且
$$\lim_{n\to\infty} \lambda_n = 0.$$
对任意的 $x \in \mathcal{H}$, 由于 $\{\psi_n\}$ 是 $\mathcal{H}$ 的标准正交基, 因此
$$x = \sum_{n=1}^{\infty} (x, \psi_n) \psi_n,$$
从而
$$Tx = \sum_{n=1}^{\infty} \lambda_n (x, \psi_n) \psi_n.$$
□

注意, 在推论 5.6.3 中的无穷级数有可能是有限项之和, 考虑数列 $\{\lambda_n\}$ 只有有限个非零项的情况. 通常, 推论 5.6.3 称为紧自共轭算子的谱分解定理.

定理 5.6.4 (紧算子的标准型) 设 $T \in \mathcal{B}(\mathcal{H})$. 则 T 是紧算子当且仅当
$$Tx = \sum_{n=1}^{N} \mu_n (x, \psi_n) \phi_n, \quad x \in \mathcal{H},$$
其中 $N \in \mathbb{N} \cup \{\infty\}$, $\{\mu_n\}_{n=1}^{N}$ 是正数集, $\{\psi_n\}_{n=1}^{N}$ 和 $\{\phi_n\}_{n=1}^{N}$ 分别为 $\mathcal{H}$ 中的标准正交系. 如果 N 取无穷大, 则
$$\lim_{n\to\infty} \mu_n = 0.$$

证 设 T 是紧算子, $U|T|$ 是 T 的极分解, 其中 U 是部分等距算子. 由于 T 是紧算子, 因此
$$|T| = U^* T$$

§5.6 紧算子的标准型

是紧的正算子. 据推论 5.6.3 可知存在收敛到 0 的实数列 $\{\mu_n\}$ 和标准正交基 $\{\psi_n\} \subset \mathcal{H}$ 使得

$$|T|x = \sum_{n=1}^{\infty} \mu_n(x, \psi_n)\psi_n, \quad x \in \mathcal{H},$$

其中 μ_n 是 $|T|$ 的特征值, 其对应的特征向量为 ψ_n. 显然, 对任意的正整数 n, $\mu_n \geqslant 0$ 并且

$$|T|\psi_n = \mu_n \psi_n.$$

不妨假设数列 $\{\mu_n\}$ 的前 N 项 $\mu_1, \mu_2, \cdots, \mu_N$ 为非零的, 其余项均为 0. 则

$$|T|x = \sum_{n=1}^{N} \mu_n(x, \psi_n)\psi_n, \quad x \in \mathcal{H}.$$

显然, 如果 $N = \infty$, 则

$$\lim_{n \to \infty} \mu_n = 0.$$

对每一个 $n = 1, 2, \cdots, N$, 令

$$\phi_n = U\psi_n.$$

则 $\{\phi_n\}_{n=1}^{N}$ 是 $\mathcal{H}$ 中的标准正交系. 事实上, 一方面, 因为 $U|T|$ 是 T 的极分解, 因此 U 是部分等距算子并且

$$\mathcal{R}(|T|) \subset \mathcal{N}(U)^{\perp}.$$

另一方面, 对任意的 $n = 1, 2, \cdots, N$, 不难发现

$$\psi_n = \mu_n^{-1}|T|\psi_n \in \mathcal{R}(|T|).$$

于是, 对任意的 i 和 j, $1 \leqslant i, j \leqslant N$, 我们有

$$(\phi_i, \phi_j) = (U\psi_i, U\psi_j) = (U^*U\psi_i, \psi_j)$$
$$= (P_{\mathcal{N}(U)^{\perp}}\psi_i, \psi_j) = (\psi_i, \psi_j)$$
$$= \begin{cases} 1, & i = j; \\ 0, & i \neq j. \end{cases}$$

因此 $\{\phi_n\}_{n=1}^{N}$ 是 $\mathcal{H}$ 中的标准正交系. 此时, 对任意的 $x \in \mathcal{H}$ 有

$$Tx = U|T|x = U\left(\sum_{n=1}^{N} \mu_n(x, \psi_n)\psi_n\right)$$
$$= \sum_{n=1}^{N} \mu_n(x, \psi_n)U\psi_n = \sum_{n=1}^{N} \mu_n(x, \psi_n)\phi_n.$$

反之, 假设
$$Tx = \sum_{n=1}^{N} \mu_n(x, \psi_n)\phi_n, \quad x \in \mathcal{H},$$
其中 $N \in \mathbb{N} \cup \{\infty\}$, $\{\mu_n\}_{n=1}^{N}$ 是正数集, $\{\psi_n\}_{n=1}^{N}$ 和 $\{\phi_n\}_{n=1}^{N}$ 分别为 $\mathcal{H}$ 中的标准正交系. 此外, 当 N 取无穷大时,
$$\lim_{n \to \infty} \mu_n = 0.$$
如果 $N < \infty$, 则 T 是有限秩算子, 从而 T 为紧算子; 如果 $N = \infty$, 令
$$T_m x = \sum_{n=1}^{m} \mu_n(x, \psi_n)\phi_n, \quad x \in \mathcal{H}.$$
则 T_m 是有限秩算子. 注意到
$$\|Tx - T_m x\| = \left\|\sum_{n=m+1}^{\infty} \mu_n(x, \psi_n)\phi_n\right\| \leqslant \sup_{n \geqslant m+1} \mu_n \|x\|,$$
于是
$$\|T - T_m\| \leqslant \sup_{n \geqslant m+1} \mu_n.$$
由于
$$\lim_{n \to \infty} \mu_n = 0,$$
因此
$$\lim_{m \to \infty} \sup_{n \geqslant m+1} \mu_n = 0,$$
从而
$$T = \lim_{m \to \infty} T_m.$$
故 T 为紧算子. □

本节最后, 我们利用紧算子的标准型刻画 Hilbert-Schmidt 算子和迹类算子.

定理 5.6.5 设 $T \in \mathcal{B}(\mathcal{H})$ 是紧算子. 如果 T 的标准型为
$$Tx = \sum_{n=1}^{N} \mu_n(x, \psi_n)\phi_n, \quad x \in \mathcal{H},$$
则有下面的结论:

(i) T 是 Hilbert-Schmidt 算子当且仅当 $\sum_{n=1}^{N} \mu_n^2 < \infty$. 此时,
$$s(T) = \left(\sum_{n=1}^{N} \mu_n^2\right)^{\frac{1}{2}}.$$

§5.6 紧算子的标准型

(ii) T 是迹类算子当且仅当 $\sum\limits_{n=1}^{N} \mu_n < \infty$. 此时,

$$\tau(T) = \sum_{n=1}^{N} \mu_n.$$

证 因为 $\{\psi_n\}_{n=1}^{N}$ 是标准正交系, 因此存在标准正交基 $\{\varphi_n\}_{n=1}^{\infty}$ 使得

$$\varphi_n = \psi_n, \quad n = 1, 2, \cdots, N.$$

(i) 据 T 的标准型容易看出

$$T\varphi_n = \begin{cases} \mu_n \phi_n, & 1 \leqslant n \leqslant N; \\ 0, & \text{其他}. \end{cases}$$

注意 μ_n 是正数, 因此

$$\|T\varphi_n\| = \begin{cases} \mu_n, & 1 \leqslant n \leqslant N; \\ 0, & \text{其他}, \end{cases}$$

从而

$$\sum_{n=1}^{\infty} \|T\varphi_n\|^2 = \sum_{n=1}^{N} \mu_n^2.$$

于是 (i) 成立.

(ii) 先求 $|T|$. 对任意的 $x \in \mathcal{H}$ 和 $y \in \mathcal{H}$,

$$(Tx, y) = \left(\sum_{n=1}^{N} \mu_n (x, \psi_n) \phi_n, y \right)$$

$$= \sum_{n=1}^{N} \mu_n (x, \psi_n)(\phi_n, y)$$

$$= \left(x, \sum_{n=1}^{N} \mu_n (y, \phi_n) \psi_n \right),$$

从而

$$T^* y = \sum_{n=1}^{N} \mu_n (y, \phi_n) \psi_n, \quad y \in \mathcal{H}.$$

于是, 对 $x \in \mathcal{H}$ 有

$$T^* T x = T^* \left(\sum_{n=1}^{N} \mu_n (x, \psi_n) \phi_n \right)$$

$$= \sum_{n=1}^{N} \mu_n(x, \psi_n) T^* \phi_n$$

$$= \sum_{n=1}^{N} \mu_n^2(x, \psi_n) \psi_n.$$

注意

$$|T| = (T^*T)^{\frac{1}{2}},$$

因此, 不难验证

$$|T|x = \sum_{n=1}^{N} \mu_n(x, \psi_n) \psi_n, \quad x \in \mathcal{H}.$$

故

$$|T|\varphi_n = \begin{cases} \mu_n \psi_n, & 1 \leqslant n \leqslant N; \\ 0, & \text{其他}, \end{cases}$$

从而

$$\sum_{n=1}^{\infty} (|T|\varphi_n, \varphi_n) = \sum_{n=1}^{N} (\mu_n \psi_n, \psi_n)$$

$$= \sum_{n=1}^{N} \mu_n(\psi_n, \psi_n) = \sum_{n=1}^{N} \mu_n.$$

据推论 5.4.3 可得 (ii). □

有关紧算子的其他性质, 读者可参阅 Schatten 撰写的专著 [32].

第六章 算子广义逆

广义逆的概念首次出现在 20 世纪初期的微分和积分方程的研究中. 1903 年, Fredholm 在研究积分方程时首次提出了积分算子的广义逆 [14]; 1906 年, Hilbert 研究微分方程时也提出了微分算子的广义逆 [22]. 此时, 矩阵广义逆还未被提及. 1920 年, Moore 在美国数学会通报上借助正交投影矩阵首次给出矩阵广义逆的定义, 后人称其为 Moore 广义逆. 1933 年和 1949 年, Moore 的学生我国南京师范大学的曾远荣 (Tseng Yuan-Yung) 先生将矩阵的 Moore 广义逆推广到 Hilbert 空间中的线性算子上, 提出了国际上公认的 Tseng 广义逆并进行了相关的研究 [37, 38, 39, 40]. 1955 年, Penrose[29] 发表了《广义逆矩阵》论文, 其中说明了矩阵的 Moore 广义逆实际上是满足四个矩阵方程的唯一解, 这在线性系统等领域中是非常重要的发现. 所以, 现在人们将此唯一解称为 Moore-Penrose 广义逆. 此后, 矩阵和算子的广义逆吸引了国内外众多学者, 出现了 Drazin 逆、Bott-Duffin 逆以及核逆等众多广义逆, 并广泛地应用于统计、优化、控制等学科中.

如今, 曾远荣先生已故去, 他的学生南京师范大学的马吉溥教授传承了其研究方向. 目前, 王玉文、卜长江、魏木生、魏益民等专家学者均投身到算子和矩阵广义逆的研究中, 他们在广义逆的表示和扰动等方面做了很多工作 [43, 27, 42, 41], 所得成果也引起了国内外众多学者的关注.

本章的目的是介绍算子广义逆的概念以及基本性质, 包括内逆、外逆、Moore-Penrose 逆以及 Drazin 逆等.

§6.1 内逆和外逆

定义 6.1.1 设 $T \in \mathcal{B}(\mathcal{H}, \mathcal{K})$, $S \in \mathcal{B}(\mathcal{K}, \mathcal{H})$. 如果
$$TST = T,$$
则 S 称为 T 的内逆, T 称为 S 的外逆.

通常, 内逆称为 {1}-逆; 外逆称为 {2}-逆. 由上面的定义容易推出内逆所满足的基本性质.

习题 6.1 设 $T \in \mathcal{B}(\mathcal{H}, \mathcal{K})$, $S \in \mathcal{B}(\mathcal{K}, \mathcal{H})$, $\lambda \in \mathbb{C}$. 假设 S 是 T 的内逆 (或外逆), 则

(i) S^* 是 T^* 的内逆 (或外逆);

(ii) $\lambda^\dagger S$ 是 λT 的内逆 (或外逆), 其中
$$\lambda^\dagger = \begin{cases} \lambda^{-1}, & \text{当 } \lambda \neq 0; \\ 0, & \text{当 } \lambda = 0; \end{cases}$$

(iii) $B^r S A^l$ 是 ATB 的内逆 (或外逆), 其中 $A \in \mathcal{B}(\mathcal{K})$ 是左可逆算子, $B \in \mathcal{B}(\mathcal{H})$ 是右可逆算子.

定理 6.1.1 设 $T \in \mathcal{B}(\mathcal{H}, \mathcal{K})$, $S \in \mathcal{B}(\mathcal{K}, \mathcal{H})$. 如果 T 是 S 的外逆, 则 ST 和 TS 均为投影算子并且
$$\mathcal{R}(T) = \mathcal{R}(TS),$$
$$\mathcal{N}(T) = \mathcal{N}(ST).$$

证 因为 S 是 T 的内逆, 因此
$$(TS)^2 = (TST)S = TS,$$
$$(ST)^2 = S(TST) = ST,$$
从而 TS 和 ST 为投影算子. 另一方面, 由于
$$\mathcal{R}(T) = \mathcal{R}(TST) \subset \mathcal{R}(TS) \subset \mathcal{R}(T),$$
$$\mathcal{N}(ST) \subset \mathcal{N}(TST) = \mathcal{N}(T) \subset \mathcal{N}(ST),$$
于是
$$\mathcal{R}(T) = \mathcal{R}(TS),$$
$$\mathcal{N}(T) = \mathcal{N}(ST).$$

□

§6.1 内逆和外逆

习题 6.2 设 $T \in \mathcal{B}(\mathcal{H},\mathcal{K})$, $S \in \mathcal{B}(\mathcal{K},\mathcal{H})$. 如果 T 是 S 的外逆, 则
$$\mathcal{H} = \mathcal{N}(T) \dotplus \mathcal{R}(ST),$$
$$\mathcal{K} = \mathcal{R}(T) \dotplus \mathcal{N}(TS).$$

如果 $S \in \mathcal{B}(\mathcal{K},\mathcal{H})$ 是 $T \in \mathcal{B}(\mathcal{H},\mathcal{K})$ 的内逆, 一般情况下
$$\mathcal{R}(S) \neq \mathcal{R}(ST),$$
$$\mathcal{N}(S) \neq \mathcal{N}(TS).$$

考虑矩阵
$$\begin{pmatrix} 1 & 0 \\ 0 & 0 \end{pmatrix}$$
及其内逆
$$\begin{pmatrix} 1 & 0 \\ 0 & 1 \end{pmatrix}.$$

我们知道, 如果 $T \in \mathcal{B}(\mathcal{H},\mathcal{K})$ 是可逆算子, 则 T^{-1} 是唯一的. 显然, T^{-1} 既是 T 的内逆又是 T 的外逆. 因此, 我们感兴趣的问题是: 内逆和外逆何时存在? 是否唯一?

定理 6.1.2 设 $T \in \mathcal{B}(\mathcal{H},\mathcal{K})$. 则 T 的内逆存在当且仅当 $\mathcal{R}(T)$ 是闭的.

证 设 T 的内逆存在. 不妨假设 $S \in \mathcal{B}(\mathcal{K},\mathcal{H})$ 是 T 的内逆, 从而 TS 是投影算子并且
$$\mathcal{R}(TS) = \mathcal{R}(T).$$

注意 TS 是投影算子, 因此 $\mathcal{R}(TS)$ 为闭的, 从而 $\mathcal{R}(T)$ 是闭的.

反之, 如果 $\mathcal{R}(T)$ 是闭的, 则存在其拓扑补空间 $\mathcal{G} \subset \mathcal{K}$ 使得
$$\mathcal{K} = \mathcal{R}(T) \dotplus \mathcal{G}.$$

再由 $\mathcal{N}(T)$ 的闭性即得存在闭子空间 $\mathcal{M} \subset \mathcal{H}$ 使得
$$\mathcal{H} = \mathcal{M} \dotplus \mathcal{N}(T).$$

此时, 算子 T 可表示为
$$T = \begin{pmatrix} T_1 & 0 \\ 0 & 0 \end{pmatrix} : \mathcal{M} \dotplus \mathcal{N}(T) \longrightarrow \mathcal{R}(T) \dotplus \mathcal{G},$$
其中 T_1 是 $\mathcal{M}$ 到 $\mathcal{R}(T)$ 的可逆算子. 记
$$S = \begin{pmatrix} T_1^{-1} & S_2 \\ S_3 & S_4 \end{pmatrix} : \mathcal{R}(T) \dotplus \mathcal{G} \longrightarrow \mathcal{M} \dotplus \mathcal{N}(T),$$

其中 S_2, S_3 和 S_4 是相应空间上的任意有界线性算子. 经计算可得

$$TST = T,$$

从而 S 是 T 的内逆. □

由定理 6.1.2 的证明可见, 因为 S 的算子矩阵表示中的 S_2, S_3 和 S_4 是任意的, 因此 T 的内逆不唯一. 那么, 不同的内逆间有何关联?

定理 6.1.3 设 $S \in \mathcal{B}(\mathcal{K}, \mathcal{H})$ 是 $T \in \mathcal{B}(\mathcal{H}, \mathcal{K})$ 的内逆. 令

$$P = I - ST,$$
$$Q = TS.$$

如果 $P' \in \mathcal{B}(\mathcal{H})$ 是 $\mathcal{N}(T)$ 上的投影算子, $Q' \in \mathcal{B}(\mathcal{K})$ 是 $\mathcal{R}(T)$ 上的投影算子, 则

$$S' = (I + P - P')S(I - Q + Q')$$
$$= (2I - ST - P')S(I - TS + Q')$$

是 T 的内逆并满足

$$P' = I - S'T,$$
$$Q' = TS'.$$

证 因为 S 是 T 的内逆, 因此 ST 和 TS 均为投影算子并且

$$\mathcal{R}(TS) = \mathcal{R}(T),$$
$$\mathcal{N}(ST) = \mathcal{N}(T),$$

从而

$$\mathcal{R}(P) = \mathcal{N}(T),$$
$$\mathcal{R}(Q) = \mathcal{R}(T).$$

由定理 2.5.4 (iii) 可知

$$\mathcal{R}(P - P') \subset \mathcal{N}(T),$$
$$\mathcal{R}(T) \subset \mathcal{N}(Q - Q'),$$

从而

$$T(P - P') = 0$$

并且

$$(Q - Q')T = 0.$$

再由定理 2.5.4 (i) 可知

$$QQ' = Q',$$

§6.1 内逆和外逆

$$P'P = P.$$

所以

$$\begin{aligned}
TS' &= T(I + P - P')S(I - Q + Q') \\
&= TS(I - Q + Q') \\
&= Q - Q^2 + QQ' = Q', \\
S'T &= (I + P - P')S(I - Q + Q')T \\
&= (I + P - P')ST \\
&= (I + P - P')(I - P) \\
&= I + P - P' - P - P^2 + P'P = I - P'
\end{aligned}$$

并且

$$\begin{aligned}
TS'T &= T(I + P - P')S(I - Q + Q')T \\
&= TS(I - Q + Q')T \\
&= TST = T.
\end{aligned}$$

故 S' 是 T 的内逆并且满足

$$\begin{aligned}
P' &= I - S'T, \\
Q' &= TS'.
\end{aligned}$$

$\square$

由外逆的定义不难发现, 零算子是任何算子的外逆. 关于非零外逆的存在性我们有以下定理.

定理 6.1.4 *任何非零算子均具有非零外逆.*

证 设 $T \in \mathcal{B}(\mathcal{H}, \mathcal{K})$ 是非零算子. 则存在闭子空间 $\mathcal{M} \subset \mathcal{N}(T)^\perp$ 使得

$$\mathcal{G} = \{Tx : x \in \mathcal{M}\}$$

是闭的. 实际上, $\mathcal{M}$ 取为有限维空间即可. 因此 T 可表示为

$$T = \begin{pmatrix} T_1 & T_2 \\ 0 & T_4 \end{pmatrix} : \mathcal{M} \oplus \mathcal{M}^\perp \longrightarrow \mathcal{G} \oplus \mathcal{G}^\perp,$$

其中 $T_1 : \mathcal{M} \longrightarrow \mathcal{G}$ 是可逆算子. 记

$$S = \begin{pmatrix} T_1^{-1} & 0 \\ 0 & 0 \end{pmatrix} : \mathcal{G} \oplus \mathcal{G}^\perp \longrightarrow \mathcal{M} \oplus \mathcal{M}^\perp.$$

不难验证
$$STS = S.$$

所以, T 具有非零外逆. □

§6.2 广 义 逆

定义 6.2.1 设 $T \in \mathcal{B}(\mathcal{H}, \mathcal{K}), S \in \mathcal{B}(\mathcal{K}, \mathcal{H})$. 如果
$$STS = S,$$
$$TST = T,$$
则 S 称为 T 的广义逆.

显然, S 和 T 互为广义逆. 容易发现, S 是 T 的广义逆当且仅当 S 既是 T 的内逆又是 T 的外逆. 因此, 广义逆又称 $\{1,2\}$-逆.

定理 6.2.1 设 $T \in \mathcal{B}(\mathcal{H}, \mathcal{K}), S \in \mathcal{B}(\mathcal{K}, \mathcal{H})$. 如果 S 是 T 的广义逆, 则 ST 是 $\mathcal{R}(S)$ 上平行于 $\mathcal{N}(T)$ 的投影算子, TS 是 $\mathcal{R}(T)$ 上平行于 $\mathcal{N}(S)$ 的投影算子.

证 由定理 6.1.1 直接得出. □

众所周知, 算子可逆当且仅当该算子是双射. 那么, 算子具有广义逆的等价条件是什么?

定理 6.2.2 设 $T \in \mathcal{B}(\mathcal{H}, \mathcal{K})$. 则 T 的广义逆存在当且仅当 $\mathcal{R}(T)$ 是闭的.

证 设 T 具有广义逆. 则 T 具有内逆, 从而 $\mathcal{R}(T)$ 是闭的. 反之, 假设 $\mathcal{R}(T)$ 闭, 从而 T 的内逆存在. 记 S 是 T 的内逆. 则
$$TST = T.$$
于是
$$(STS)T(STS) = S(TST)STS$$
$$= S(TST)S = STS,$$
$$T(STS)T = (TST)ST$$
$$= TST = T.$$
故 T 的广义逆存在. □

设 $T \in \mathcal{B}(\mathcal{H}, \mathcal{K})$ 是闭值域算子. 如果 $S \in \mathcal{B}(\mathcal{K}, \mathcal{H})$ 是 T 的内逆, 由定理 6.2.2 的证明可知 STS 是 T 的广义逆. 因此, 闭值域算子的广义逆不唯一. 那么广义逆怎么刻画?

定理 6.2.3 设 $T \in \mathcal{B}(\mathcal{H}, \mathcal{K})$ 是闭值域算子. 如果 $P \in \mathcal{B}(\mathcal{H})$ 是 $\mathcal{N}(T)$ 上的

§6.2 广义逆

投影算子, $Q \in \mathcal{B}(\mathcal{K})$ 是 $\mathcal{R}(T)$ 上的投影算子, 则存在唯一的算子 $S \in \mathcal{B}(\mathcal{K}, \mathcal{H})$ 使得 S 是 T 的广义逆并且满足

$$TS = Q,$$
$$ST = I - P.$$

证 因为 $P \in \mathcal{B}(\mathcal{H})$ 和 $Q \in \mathcal{B}(\mathcal{K})$ 为投影算子, 因此

$$\mathcal{K} = \mathcal{R}(Q) \dotplus \mathcal{N}(Q),$$
$$\mathcal{H} = \mathcal{R}(P) \dotplus \mathcal{N}(P).$$

注意

$$\mathcal{R}(P) = \mathcal{N}(T),$$
$$\mathcal{R}(Q) = \mathcal{R}(T),$$

于是 P, Q 和 T 有算子矩阵表示

$$P = \begin{pmatrix} 0 & 0 \\ 0 & I \end{pmatrix} : \mathcal{N}(P) \dotplus \mathcal{R}(P) \longrightarrow \mathcal{N}(P) \dotplus \mathcal{R}(P),$$

$$Q = \begin{pmatrix} I & 0 \\ 0 & 0 \end{pmatrix} : \mathcal{R}(Q) \dotplus \mathcal{N}(Q) \longrightarrow \mathcal{R}(Q) \dotplus \mathcal{N}(Q),$$

$$T = \begin{pmatrix} T_1 & 0 \\ 0 & 0 \end{pmatrix} : \mathcal{N}(P) \dotplus \mathcal{R}(P) \longrightarrow \mathcal{R}(Q) \dotplus \mathcal{N}(Q),$$

其中 $T_1 : \mathcal{N}(P) \longrightarrow \mathcal{R}(Q)$ 是可逆算子. 记

$$S = \begin{pmatrix} T_1^{-1} & 0 \\ 0 & 0 \end{pmatrix} : \mathcal{R}(Q) \dotplus \mathcal{N}(Q) \longrightarrow \mathcal{N}(P) \dotplus \mathcal{R}(P).$$

计算可知

$$TST = \begin{pmatrix} T_1 & 0 \\ 0 & 0 \end{pmatrix} : \mathcal{N}(P) \dotplus \mathcal{R}(P) \longrightarrow \mathcal{R}(Q) \dotplus \mathcal{N}(Q) = T,$$

$$STS = \begin{pmatrix} T_1^{-1} & 0 \\ 0 & 0 \end{pmatrix} : \mathcal{R}(Q) \dotplus \mathcal{N}(Q) \longrightarrow \mathcal{N}(P) \dotplus \mathcal{R}(P) = S,$$

$$TS = \begin{pmatrix} I & 0 \\ 0 & 0 \end{pmatrix} : \mathcal{R}(Q) \dotplus \mathcal{N}(Q) \longrightarrow \mathcal{R}(Q) \dotplus \mathcal{N}(Q) = Q$$

$$ST = \begin{pmatrix} I & 0 \\ 0 & 0 \end{pmatrix} : \mathcal{N}(P) \dotplus \mathcal{R}(P) \longrightarrow \mathcal{N}(P) \dotplus \mathcal{R}(P) = I - P.$$

现在证明 S 的唯一性. 反证法, 假设存在 T 的广义逆 $S_1 \in \mathcal{B}(\mathcal{K},\mathcal{H})$ 使得
$$TS_1 = Q,$$
$$S_1 T = I - P.$$
则
$$S_1 = S_1 T S_1 = S_1 T S T S_1$$
$$= (I-P)SQ = STSTS = S.$$
因此 S 是唯一的. □

通常, 定理 6.2.3 中的 S 称为 T 的关于 P 和 Q 的广义逆, 简记为 $T^g_{P,Q}$. 由上面的证明过程可知
$$\mathcal{R}(T^g_{P,Q}) = \mathcal{N}(P),$$
$$\mathcal{N}(T^g_{P,Q}) = \mathcal{N}(Q).$$

设 $T \in \mathcal{B}(\mathcal{H},\mathcal{K})$ 是闭值域算子. 如果 S 是 T 的广义逆, 则 TS 是 $\mathcal{R}(T)$ 上的投影算子, $I-ST$ 是 $\mathcal{N}(T)$ 上的投影算子. 于是, 据定理 6.2.3 可知, 广义逆 S 可表示为
$$S = T^g_{I-ST,TS}.$$

习题 6.3 设 $T \in \mathcal{B}(\mathcal{H},\mathcal{K})$ 是闭值域算子. 如果 $S_1 \in \mathcal{B}(\mathcal{K},\mathcal{H})$ 和 $S_2 \in \mathcal{B}(\mathcal{K},\mathcal{H})$ 是 T 的内逆, 则
$$T^g_{I-S_1 T, T S_2} = S_1 T S_2.$$
特别地, 如果 $P \in \mathcal{B}(\mathcal{H})$ 和 $P' \in \mathcal{B}(\mathcal{H})$ 是 $\mathcal{N}(T)$ 上的投影算子, $Q \in \mathcal{B}(\mathcal{K})$ 和 $Q' \in \mathcal{B}(\mathcal{K})$ 是 $\mathcal{R}(T)$ 上的投影算子, 则
$$T^g_{P,Q} = T^g_{P,Q'} T T^g_{P',Q}.$$

如果 $T \in \mathcal{B}(\mathcal{H},\mathcal{K})$ 是闭值域算子, 则 $\mathcal{R}(T)$ 和 $\mathcal{N}(T)$ 分别为 Hilbert 空间 $\mathcal{K}$ 和 $\mathcal{H}$ 的闭子空间, 因此必有相应的拓扑补空间 $\mathcal{G} \subset \mathcal{K}$ 和 $\mathcal{M} \subset \mathcal{H}$ 使得
$$\mathcal{H} = \mathcal{N}(T) \dotplus \mathcal{M},$$
$$\mathcal{K} = \mathcal{R}(T) \dotplus \mathcal{G}.$$
与此对应地分别存在 $\mathcal{N}(T)$ 上平行于 $\mathcal{M}$ 的投影算子 $P \in \mathcal{B}(\mathcal{H})$ 和 $\mathcal{R}(T)$ 上平行于 $\mathcal{G}$ 的投影算子 $Q \in \mathcal{B}(\mathcal{K})$. 于是, 定理 6.2.3 说明, 对应于不同的 $\mathcal{M}$ 和 $\mathcal{G}$, T 有不同的广义逆. 因此, $T^g_{P,Q}$ 可记为 $T^g_{\mathcal{M},\mathcal{G}}$.

设 $T \in \mathcal{B}(\mathcal{H},\mathcal{K})$ 为闭值域算子. 如果 $P \in \mathcal{B}(\mathcal{H})$ 和 $P' \in \mathcal{B}(\mathcal{H})$ 为 $\mathcal{N}(T)$ 上的投影算子, $Q \in \mathcal{B}(\mathcal{K})$ 和 $Q' \in \mathcal{B}(\mathcal{K})$ 为 $\mathcal{R}(T)$ 上的投影算子, 则 T 的广义逆 $T^g_{P,Q}$ 和 $T^g_{P',Q'}$ 有什么关系?

定理 6.2.4 设 $T \in \mathcal{B}(\mathcal{H},\mathcal{K})$ 是闭值域算子. 如果 $P \in \mathcal{B}(\mathcal{H})$ 和 $P' \in \mathcal{B}(\mathcal{H})$ 为 $\mathcal{N}(T)$ 上的投影算子, $Q \in \mathcal{B}(\mathcal{K})$ 和 $Q' \in \mathcal{B}(\mathcal{K})$ 为 $\mathcal{R}(T)$ 上的投影算子, 则

$$T^g_{P',Q'} = (I-P')T^g_{P,Q}Q'.$$

证 一方面, 因为

$$\mathcal{R}(Q) = \mathcal{R}(Q'),$$

据定理 2.5.4 可得

$$QQ' = Q',$$
$$Q'Q = Q.$$

另一方面, 注意

$$\mathcal{R}(P') = \mathcal{N}(T),$$

所以

$$TP' = 0.$$

故

$$T(I-P')T^g_{P,Q}Q' = TT^g_{P,Q}Q' = QQ' = Q',$$
$$T(I-P')T^g_{P,Q}Q'T = Q'T = Q'TT^g_{P,Q}T = Q'QT = QT = T,$$
$$(I-P')T^g_{P,Q}Q'T = (I-P')T^g_{P,Q}T$$
$$= (I-P')(I-P)$$
$$= I - P - P' + P'P = I - P',$$
$$(I-P')T^g_{P,Q}Q'T(I-P')T^g_{P,Q}Q' = (I-P')(I-P')T^g_{P,Q}Q'$$
$$= (I-P')T^g_{P,Q}Q'.$$

故

$$T^g_{P',Q'} = (I-P')T^g_{P,Q}Q'.$$

$\square$

§6.3 Moore-Penrose 逆

算子广义逆理论中, Moore-Penrose 逆是一类重要的广义逆, 其具有很多较好的性质.

定义 6.3.1 设 $T \in \mathcal{B}(\mathcal{H},\mathcal{K})$, $S \in \mathcal{B}(\mathcal{K},\mathcal{H})$. 如果

$$TST = T,$$

$$STS = S,$$
$$(TS)^* = TS,$$
$$(ST)^* = ST,$$

则 S 称为 T 的 Moore-Penrose 逆. T 的 Moore-Penrose 逆记为 $T^\dagger$, 换言之, $S = T^\dagger$.

据 Moore-Penrose 逆的定义容易发现

习题 6.4 设 $T \in \mathcal{B}(\mathcal{H}, \mathcal{K})$. 如果 $T^\dagger$ 存在, 则

(i) $(T^\dagger)^* = (T^*)^\dagger$, $(T^\dagger)^\dagger = T$;

(ii) $(\lambda T)^\dagger = \lambda^{-1} T^\dagger$, 其中 λ 为非零常数.

定理 6.3.1 设 $T \in \mathcal{B}(\mathcal{H}, \mathcal{K})$. 如果 $T^\dagger$ 存在, 则 $T^\dagger$ 是 T 的广义逆, 并且 $TT^\dagger$ 是 $\mathcal{R}(T)$ 上的正交投影算子, $I - T^\dagger T$ 是 $\mathcal{N}(T)$ 上的正交投影算子.

证 由 Moore-Penrose 逆的定义容易看出 $T^\dagger$ 是 T 的广义逆. 因此, 利用定理 6.2.1 即得 $TT^\dagger$ 和 $T^\dagger T$ 是投影算子并且

$$\mathcal{R}(TT^\dagger) = \mathcal{R}(T),$$
$$\mathcal{N}(T^\dagger T) = \mathcal{N}(T).$$

注意, $TT^\dagger$ 和 $T^\dagger T$ 是自共轭的, 从而 $TT^\dagger$ 和 $T^\dagger T$ 是正交投影算子. 于是

$$TT^\dagger = P_{\mathcal{R}(T)},$$
$$T^\dagger T = I - P_{\mathcal{N}(T)}.$$

□

习题 6.5 设 $T \in \mathcal{B}(\mathcal{H}, \mathcal{K})$. 如果 $T^\dagger$ 存在, 则

$$\mathcal{N}(T^\dagger) = \mathcal{N}(T^*),$$
$$\mathcal{R}(T^\dagger) = \mathcal{R}(T^*).$$

习题 6.6 设 $T \in \mathcal{B}(\mathcal{H}, \mathcal{K})$ 是闭值域算子. 如果存在 $S \in \mathcal{B}(\mathcal{K}, \mathcal{H})$ 使得 S 为 T 的外逆并且

$$TS = P_{\mathcal{R}(T)},$$
$$ST = I - P_{\mathcal{N}(T)},$$

则

$$S = T^\dagger.$$

定理 6.3.2 设 $T \in \mathcal{B}(\mathcal{H}, \mathcal{K})$. 则 $T^\dagger$ 存在当且仅当 $\mathcal{R}(T)$ 是闭的. 此时, $T^\dagger$

是唯一的并且
$$T^\dagger = T^g_{P_{\mathcal{N}(T)}, P_{\mathcal{R}(T)}}.$$

证 如果 $\mathcal{R}(T)$ 的闭的, 利用定理 6.2.3 可推出 $T^g_{P_{\mathcal{N}(T)}, P_{\mathcal{R}(T)}}$ 是 T 的 Moore-Penrose 逆. 反之, 如果 $T^\dagger$ 存在, 由定理 6.3.1 可知 T 的广义逆存在, 从而 $\mathcal{R}(T)$ 是闭的.

现在证明 $T^\dagger$ 是唯一的. 事实上, 结合定理 6.2.3 和定理 6.3.1 可得

$$\begin{aligned}
T^\dagger &= T^\dagger T T^\dagger \\
&= T^\dagger T T^g_{P_{\mathcal{N}(T)}, P_{\mathcal{R}(T)}} T T^\dagger \\
&= (I - P_{\mathcal{N}(T)}) T^g_{P_{\mathcal{N}(T)}, P_{\mathcal{R}(T)}} P_{\mathcal{R}(T)} \\
&= T^g_{P_{\mathcal{N}(T)}, P_{\mathcal{R}(T)}} T T^g_{P_{\mathcal{N}(T)}, P_{\mathcal{R}(T)}} T T^g_{P_{\mathcal{N}(T)}, P_{\mathcal{R}(T)}} \\
&= T^g_{P_{\mathcal{N}(T)}, P_{\mathcal{R}(T)}}.
\end{aligned}$$

于是 $T^\dagger$ 是唯一的, 并且等于 $T^g_{P_{\mathcal{N}(T)}, P_{\mathcal{R}(T)}}$. □

如果 $T \in \mathcal{B}(\mathcal{H}, \mathcal{K})$ 是闭值域算子, 则 T 有算子矩阵表示

$$T = \begin{pmatrix} T_1 & 0 \\ 0 & 0 \end{pmatrix} : \mathcal{N}(T)^\perp \oplus \mathcal{N}(T) \longrightarrow \mathcal{R}(T) \oplus \mathcal{R}(T)^\perp.$$

由定理 6.3.2 可知

$$\begin{aligned}
T^\dagger &= T^g_{P_{\mathcal{N}(T)}, P_{\mathcal{R}(T)}} \\
&= \begin{pmatrix} T_1^{-1} & 0 \\ 0 & 0 \end{pmatrix} : \mathcal{R}(T) \oplus \mathcal{R}(T)^\perp \longrightarrow \mathcal{N}(T)^\perp \oplus \mathcal{N}(T).
\end{aligned}$$

下面定理列出 Moore-Penrose 逆所满足的一些基本性质.

定理 6.3.3 设 $T \in \mathcal{B}(\mathcal{H}, \mathcal{K})$ 是闭值域算子. 则
  (i) $T^* = T^* T T^\dagger = T^\dagger T T^*$;
  (ii) $(T^*T)^\dagger = T^\dagger T^{*\dagger}$;
  (iii) $T^\dagger = (T^*T)^\dagger T^* = T^*(TT^*)^\dagger$;
  (iv) $(UTV)^\dagger = V^* T^\dagger U^*$, 其中 $U \in \mathcal{B}(\mathcal{K})$ 和 $V \in \mathcal{B}(\mathcal{H})$ 是酉算子.

证 由定理 6.3.1 推出 (i) 和 (ii); 由 (ii) 推出 (iii); 直接验证即得 (iv). □

最后考虑某些特殊算子的 Moore-Penrose 逆.

定理 6.3.4 设 $T \in \mathcal{B}(\mathcal{H})$ 是闭值域算子.
  (i) $T = T^\dagger$ 当且仅当 T 或 $-T$ 为正交投影算子;
  (ii) $T^* = T^\dagger$ 当且仅当 T 是部分等距算子.

证 (i) 如果 T 是正交投影算子,容易验证
$$T^\dagger = T;$$
反之,如果上式成立,则
$$T^2 = TT^\dagger = P_{\mathcal{R}(T)},$$
于是
$$\pm T = P_{\mathcal{R}(T)}^{\frac{1}{2}} = P_{\mathcal{R}(T)}.$$

(ii) 设
$$T^* = T^\dagger.$$
对任意 $x \in \mathcal{N}(T)^\perp$,容易验证
$$(Tx, Tx) = (T^*Tx, x)$$
$$= (T^\dagger Tx, x)$$
$$= (P_{\mathcal{N}(T)^\perp} x, x) = (x, x),$$
从而
$$\|Tx\| = \|x\|.$$
于是 T 是部分等距算子. 反之, 如果 T 是部分等距算子, 由定理 4.4.2 可知
$$TT^* = P_{\mathcal{R}(T)},$$
$$T^*T = I - P_{\mathcal{N}(T)}.$$
由此可证
$$T^\dagger = T^*.$$

□

§6.4 Drazin 逆

近年来, Drazin 逆的研究吸引了很多学者. 本节主要介绍 Drazin 逆的定义及其基本性质.

定义 6.4.1 设 $T \in \mathcal{B}(\mathcal{H})$. 如果存在 $S \in \mathcal{B}(\mathcal{H})$ 和非负整数 k 使得
$$TS = ST,$$
$$STS = S,$$
$$T^{k+1}S = T^k,$$

则 T 称为 Drazin 可逆的, S 称为 T 的 Drazin 逆, 简记为 T^D. 满足上述等式的最小整数 k 称为 T 的 Drazin 指标, 记为 $\mathrm{ind}(T)$.

习题 6.7 设 $T \in \mathcal{B}(\mathcal{H})$ 是 Drazin 可逆算子. 则

(i) T 是可逆的当且仅当 $\mathrm{ind}(T) = 0$. 此时, $T^D = T^{-1}$.

(ii) $T^D = 0$ 当且仅当 T 是幂零算子;

(iii) $(T^D)^* = (T^*)^D$;

(iv) $(UTV)^D = V^{-1}T^D U^{-1}$, 其中 U 和 V 是相应空间上的可逆算子.

(v) $(T^n)^D = (T^D)^n$, 其中 n 是正整数.

首先介绍 Drazin 可逆算子的基本性质.

定理 6.4.1 设 $T \in \mathcal{B}(\mathcal{H})$ 是 Drazin 可逆算子, $k = \mathrm{ind}(T)$. 则 TT^D 是投影算子并且
$$\mathcal{R}(TT^D) = \mathcal{R}(T^D) = \mathcal{R}(T^k),$$
$$\mathcal{N}(TT^D) = \mathcal{N}(T^D) = \mathcal{N}(T^k).$$

证 因为
$$T^D T T^D = T^D,$$
因此 TT^D 是投影算子. 一方面, 由于 T 和 T^D 是可交换的, 因此
$$T^k = T^{k+1} T^D = T^k T T^D = T^D T T^k,$$
从而
$$\mathcal{R}(T^k) \subset \mathcal{R}(T^D T) \subset \mathcal{R}(T^D),$$
$$\mathcal{N}(T^D) \subset \mathcal{N}(TT^D) \subset \mathcal{N}(T^k).$$
另一方面, 又由 T 和 T^D 的可交换性可知 $T^D T$ 是投影算子, 从而
$$T^D = T^D T T^D = (T^D T)^k T^D$$
$$= T^k (T^D)^{k+1} = (T^D)^{k+1} T^k.$$
于是
$$\mathcal{R}(T^D) \subset \mathcal{R}(T^k),$$
$$\mathcal{N}(T^k) \subset \mathcal{N}(T^D).$$
故
$$\mathcal{R}(TT^D) = \mathcal{R}(T^D) = \mathcal{R}(T^k),$$
$$\mathcal{N}(TT^D) = \mathcal{N}(T^D) = \mathcal{N}(T^k).$$

$\square$

推论 6.4.2 设 $T \in \mathcal{B}(\mathcal{H})$ 是 Drazin 可逆算子. 如果 k 为 T 的 Drazin 指标, 则 $\mathcal{R}(T^k)$ 是闭的.

证 由定理 6.4.1 可知 TT^D 是投影算子并且

$$\mathcal{R}(T^k) = \mathcal{R}(TT^D).$$

因为投影算子的值域为闭的, 因此 $\mathcal{R}(T^k)$ 是闭的. □

定理 6.4.3 设 $T \in \mathcal{B}(\mathcal{H})$. 如果 T 是 Drazin 可逆的, 则 T 的 Drazin 逆是唯一的.

证 设 $S_1 \in \mathcal{B}(\mathcal{H})$ 和 $S_2 \in \mathcal{B}(\mathcal{H})$ 是 T 的 Drazin 逆. 据定理 6.4.1 可知 TS_1 和 TS_2 均为投影算子并且具有相同的零空间和值域, 从而

$$TS_1 = TS_2.$$

由于 T 和 S_1 是可交换的, T 和 S_2 也可交换, 于是

$$S_1T = S_2T.$$

所以

$$S_1 = S_1TS_1 = S_1TS_2$$
$$= S_2TS_2 = S_2.$$

故 T 的 Drazin 逆是唯一的. □

下面定理给出 Drazin 可逆算子的重要性质. 为此, 先证明一个引理.

引理 6.4.4 设 $T \in \mathcal{B}(\mathcal{H}, \mathcal{K})$, $S \in \mathcal{B}(\mathcal{H}, \mathcal{K})$. 如果

$$\mathcal{R}(T) \cap \mathcal{R}(S) = \{0\}$$

且 $\mathcal{R}(T) + \mathcal{R}(S)$ 是闭的, 则 $\mathcal{R}(T)$ 和 $\mathcal{R}(S)$ 为闭的.

证 不失一般性, 假设 T 和 S 是单射. 若不然, 考虑

$$T|_{\mathcal{N}(T)^\perp} : \mathcal{N}(T)^\perp \longrightarrow \mathcal{K}$$

和

$$S|_{\mathcal{N}(S)^\perp} : \mathcal{N}(S)^\perp \longrightarrow \mathcal{K}$$

即可. 令

$$M = \begin{pmatrix} T & S \end{pmatrix} : \mathcal{H} \oplus \mathcal{H} \longrightarrow \mathcal{K}.$$

一方面, 因为 T 和 S 是单射并且
$$\mathcal{R}(T) \cap \mathcal{R}(S) = \{0\},$$
因此
$$\mathcal{N}(M) = \left\{ \begin{pmatrix} x \\ y \end{pmatrix} : Tx = -Sy, x \in \mathcal{H}, y \in \mathcal{H} \right\} = \left\{ \begin{pmatrix} 0 \\ 0 \end{pmatrix} \right\},$$
从而 M 是单射. 另一方面, 又因为 $\mathcal{R}(T) + \mathcal{R}(S)$ 是闭的, 因此
$$\mathcal{R}(M) = \mathcal{R}(T) + \mathcal{R}(S)$$
是闭的. 所以 M 是左可逆算子. 于是存在有界线性算子
$$N = \begin{pmatrix} Z \\ W \end{pmatrix} : \mathcal{K} \longrightarrow \mathcal{H} \oplus \mathcal{H}$$
使得
$$\begin{pmatrix} I & 0 \\ 0 & I \end{pmatrix} = NM = \begin{pmatrix} Z \\ W \end{pmatrix} \begin{pmatrix} T & S \end{pmatrix}$$
$$= \begin{pmatrix} ZT & ZS \\ WT & WS \end{pmatrix}.$$
故
$$ZT = I,$$
$$WS = I.$$
因此, T 和 S 均为左可逆算子, 从而其值域为闭的. □

定理 6.4.5 设 $T \in \mathcal{B}(\mathcal{H})$. 则 T 是 Drazin 可逆算子当且仅当 T 的升标 $\alpha(T)$ 和降标 $\beta(T)$ 是有限的. 此时, 我们有
$$\alpha(T) = \beta(T) = \text{ind}(T).$$

证 设 T 是 Drazin 可逆的, $k = \text{ind}(T)$. 则
$$TT^D = T^D T,$$
$$T^D T T^D = T^D,$$
$$T^{k+1} T^D = T^k.$$
一方面, 因为
$$T^{k+1} T^D = T^k,$$

因此 $\mathcal{R}(T^k) \subset \mathcal{R}(T^{k+1})$. 注意 $\mathcal{R}(T^{k+1}) \subset \mathcal{R}(T^k)$, 于是
$$\mathcal{R}(T^{k+1}) = \mathcal{R}(T^k).$$
另一方面, 由于 T 和 T^D 是可交换的, 于是
$$T^k = T^{k+1}T^D = T^D T^{k+1},$$
从而 $\mathcal{N}(T^{k+1}) \subset \mathcal{N}(T^k)$. 结合 $\mathcal{N}(T^k) \subset \mathcal{N}(T^{k+1})$ 即得
$$\mathcal{N}(T^{k+1}) = \mathcal{N}(T^k).$$
因此 T 的升标和降标是有限的并且不会超过 T 的 Drazin 指标.

反之, 假设 T 具有有限升标和有限降标, 记
$$k = \alpha(T) = \beta(T).$$
由定理 2.4.5 可知
$$\mathcal{H} = \mathcal{R}(T^k) \dotplus \mathcal{N}(T^k).$$
结合引理 6.4.4 推出 $\mathcal{R}(T^k)$ 是闭的. 注意, k 为 T 的升标和降标, 于是 $\mathcal{R}(T^k)$ 和 $\mathcal{N}(T^k)$ 均为 T 的不变子空间, 因此 T 可表示为
$$T = \begin{pmatrix} T_1 & 0 \\ 0 & T_2 \end{pmatrix} : \mathcal{R}(T^k) \dotplus \mathcal{N}(T^k) \longrightarrow \mathcal{R}(T^k) \dotplus \mathcal{N}(T^k).$$
一方面, 因为 $\mathcal{N}(T) \subset \mathcal{N}(T^k)$, 因此 $T_1 : \mathcal{R}(T^k) \longrightarrow \mathcal{R}(T^k)$ 是单射. 对任意的 $y \in \mathcal{R}(T^k)$, 由于
$$\mathcal{R}(T^k) = \mathcal{R}(T^{k+1}),$$
于是存在 $x \in \mathcal{R}(T^k)$ 使得
$$y = Tx = T_1 x,$$
从而 T_1 是满射. 故 T_1 是可逆算子. 另一方面, 注意
$$T^k = \begin{pmatrix} T_1^k & 0 \\ 0 & T_2^k \end{pmatrix},$$
所以
$$\mathcal{R}(T^k) = \mathcal{R}(T_1^k) \dotplus \mathcal{R}(T_2^k).$$
由 T_1 的可逆性不难发现
$$\mathcal{R}(T_1^k) = \mathcal{R}(T^k),$$
从而
$$\mathcal{R}(T_2^k) = \{0\}.$$

故
$$T_2^k = 0.$$

现在, 令
$$S = \begin{pmatrix} T_1^{-1} & 0 \\ 0 & 0 \end{pmatrix} : \mathcal{R}(T^k) \dotplus \mathcal{N}(T^k) \longrightarrow \mathcal{R}(T^k) \dotplus \mathcal{N}(T^k).$$

计算可得
$$ST = TS,$$
$$STS = S.$$

因为 T_2 是幂零算子, 因此存在正整数 k 使得
$$T_2^k = 0.$$

此时,
$$T^{k+1}S = \begin{pmatrix} T_1^{k+1} & 0 \\ 0 & T_2^{k+1} \end{pmatrix} \begin{pmatrix} T_1^{-1} & 0 \\ 0 & 0 \end{pmatrix}$$
$$= \begin{pmatrix} T_1^k & 0 \\ 0 & 0 \end{pmatrix} = T^k.$$

所以, T 是 Drazin 可逆的, S 为 T 的 Drazin 逆且 $\mathrm{ind}(T)$ 不会超过 k. □

定义 6.4.2 设 $T \in \mathcal{B}(\mathcal{H})$. 如果存在正整数 k 使得 $T^k = 0$, 但是 $T^{k-1} \neq 0$, 则 T 称为 k-幂零算子.

由定理 6.4.5 可得 Drazin 可逆算子的算子矩阵表示.

定理 6.4.6 设 $T \in \mathcal{B}(\mathcal{H})$. 如果 T 是 Drazin 可逆算子且 $k = \mathrm{ind}(T)$, 则 T 可表示为
$$T = \begin{pmatrix} T_1 & 0 \\ 0 & T_2 \end{pmatrix} : \mathcal{R}(T^k) \dotplus \mathcal{N}(T^k) \longrightarrow \mathcal{R}(T^k) \dotplus \mathcal{N}(T^k),$$

其中 T_1 是可逆算子, T_2 是 k-幂零算子. 反之, 如果存在 $\mathcal{H}$ 的两个互补的闭子空间 $\mathcal{M}$ 和 $\mathcal{G}$ 使得 T 在空间分解 $\mathcal{H} = \mathcal{M} \dotplus \mathcal{G}$ 下可表示为
$$T = \begin{pmatrix} T_1 & 0 \\ 0 & T_2 \end{pmatrix} : \mathcal{M} \dotplus \mathcal{G} \longrightarrow \mathcal{M} \dotplus \mathcal{G},$$

其中 T_1 是可逆算子, T_2 是 k-幂零算子, 则 T 是 Drazin 可逆算子, 其 Drazin 指标为 k 并且
$$\mathcal{M} = \mathcal{R}(T^k),$$

$$\mathcal{G} = \mathcal{N}(T^k).$$

证 设 T 是 Drazin 可逆算子, k 为 T 的 Drazin 指标. 由定理 6.4.5 可知 T 具有有限升标和有限降标并且

$$k = \alpha(T) = \beta(T).$$

再由定理 6.4.5 的证明过程即得 T 可表示为

$$T = \begin{pmatrix} T_1 & 0 \\ 0 & T_2 \end{pmatrix} : \mathcal{R}(T^k) \dotplus \mathcal{N}(T^k) \longrightarrow \mathcal{R}(T^k) \dotplus \mathcal{N}(T^k),$$

其中 T_1 是可逆算子并且

$$T_2^k = 0.$$

注意 T 的降标为 k, 于是

$$\mathcal{R}(T^{k-1}) \neq \mathcal{R}(T^k),$$

从而

$$\mathcal{R}(T_1^{k-1}) \dotplus \mathcal{R}(T_2^{k-1}) \neq \mathcal{R}(T^k).$$

因为 T_1 是可逆算子, 因此

$$\mathcal{R}(T_1^{k-1}) = \mathcal{R}(T_1^k).$$

于是

$$\mathcal{R}(T_2^{k-1}) \neq \{0\},$$

从而

$$T_2^{k-1} \neq 0.$$

反之, 假设存在 $\mathcal{H}$ 的两个互补的闭子空间 $\mathcal{M}$ 和 $\mathcal{G}$ 使得 T 在空间分解

$$\mathcal{H} = \mathcal{M} \dotplus \mathcal{G}$$

下可表示为

$$T = \begin{pmatrix} T_1 & 0 \\ 0 & T_2 \end{pmatrix} : \mathcal{M} \dotplus \mathcal{G} \longrightarrow \mathcal{M} \dotplus \mathcal{G},$$

其中 T_1 是可逆算子, T_2 是 k-幂零算子. 则

$$T^k = \begin{pmatrix} T_1^k & 0 \\ 0 & 0 \end{pmatrix}.$$

于是

$$\mathcal{M} = \mathcal{R}(T^k),$$
$$\mathcal{G} = \mathcal{N}(T^k).$$

令
$$S = \begin{pmatrix} T_1^{-1} & 0 \\ 0 & 0 \end{pmatrix} : \mathcal{M} \dotplus \mathcal{G} \longrightarrow \mathcal{M} \dotplus \mathcal{G}.$$

容易验证
$$ST = TS,$$
$$STS = S.$$

因为 T_2 是 k-幂零算子, 因此
$$T_2^{k-1} \neq T_2^k = 0,$$

从而
$$T^{k+1}S = \begin{pmatrix} T_1^{k+1} & 0 \\ 0 & T_2^{k+1} \end{pmatrix} \begin{pmatrix} T_1^{-1} & 0 \\ 0 & 0 \end{pmatrix}$$
$$= \begin{pmatrix} T_1^k & 0 \\ 0 & 0 \end{pmatrix} = T^k,$$
$$T^k S = \begin{pmatrix} T_1^k & 0 \\ 0 & T_2^k \end{pmatrix} \begin{pmatrix} T_1^{-1} & 0 \\ 0 & 0 \end{pmatrix}$$
$$= \begin{pmatrix} T_1^{k-1} & 0 \\ 0 & 0 \end{pmatrix} \neq T^{k-1}.$$

所以, T 是 Drazin 可逆的且 k 为 T 的 Drazin 指标. $\square$

由定理 6.4.6 的证明过程可见:

推论 6.4.7 设 $T \in \mathcal{B}(\mathcal{H})$ 是 Drazin 可逆算子, $k = \mathrm{ind}(T)$. 如果
$$T = \begin{pmatrix} T_1 & 0 \\ 0 & T_2 \end{pmatrix} : \mathcal{R}(T^k) \dotplus \mathcal{N}(T^k) \longrightarrow \mathcal{R}(T^k) \dotplus \mathcal{N}(T^k),$$

其中 T_1 是可逆算子, T_2 是 k-幂零算子, 则
$$T^D = \begin{pmatrix} T_1^{-1} & 0 \\ 0 & 0 \end{pmatrix} : \mathcal{R}(T^k) \dotplus \mathcal{N}(T^k) \longrightarrow \mathcal{R}(T^k) \dotplus \mathcal{N}(T^k).$$

定理 6.4.6 给出 Drazin 可逆算子的算子矩阵表示, 从而容易推出 Drazin 可逆算子的谱性质.

定理 6.4.8 设 $T \in \mathcal{B}(\mathcal{H})$ 是 Drazin 可逆的. 则存在 $\epsilon > 0$ 使得
$$\{\lambda \in \mathbb{C} : 0 < |\lambda| < \epsilon\} \subset \rho(T).$$

证 如果 T 是 Drazin 可逆的，由定理 6.4.6 知 T 可表示为

$$T = \begin{pmatrix} T_1 & 0 \\ 0 & T_2 \end{pmatrix} : \mathcal{R}(T^k) \dotplus \mathcal{N}(T^k) \longrightarrow \mathcal{R}(T^k) \dotplus \mathcal{N}(T^k),$$

其中 $k = \text{ind}(T)$，T_1 为可逆算子且 T_2 为幂零算子。于是

$$\sigma(T) = \sigma(T_1) \cup \sigma(T_2).$$

因为 T_2 是幂零算子，因此

$$\sigma(T_2) = \{0\}.$$

再结合 T_1 的可逆性以及 $\sigma(T_1)$ 的闭性即可得证。 □

从 Drazin 逆的定义看出，Drazin 逆必为外逆。那么，Drazin 逆是不是内逆？什么时候 Drazin 逆为内逆？下面回答这些问题。

定理 6.4.9 设 $T \in \mathcal{B}(\mathcal{H})$。如果 T 是 Drazin 可逆算子且 $k = \text{ind}(T)$，则 $T - TT^D T$ 是 k-幂零算子。反之，如果存在 $S \in \mathcal{B}(\mathcal{H})$ 使得

$$TS = ST,$$
$$STS = S,$$

并且 $T - TST$ 是 k-幂零算子，则 T 是 Drazin 可逆算子，S 为 T 的 Drazin 逆并且 $k = \text{ind}(T)$。

证 设 T 是 Drazin 可逆的。则 T 和 T^D 是可交换的并且 TT^D 是投影算子。于是，对任意的正整数 n 有

$$(T - TT^D T)^n = T^n (I - TT^D)^n$$
$$= T^n (I - TT^D)$$
$$= T^n - T^{n+1} T^D.$$

注意 k 为 T 的 Drazin 指标，因此

$$T^{k+1} T^D = T^k,$$
$$T^k T^D \neq T^{k-1},$$

从而

$$(T - TT^D T)^k = 0,$$
$$(T - TT^D T)^{k-1} \neq 0.$$

所以 $T - TT^D T$ 是 k-幂零算子。

§6.4 Drazin 逆

反之, 假设存在 $S \in \mathcal{B}(\mathcal{H})$ 使得

$$TS = ST,$$
$$STS = S$$

并且 $T - TST$ 是 k-幂零算子. 因为 S 是 T 的外逆, 因此 ST 及 $I - ST$ 均为投影算子. 对任意的正整数 n, 利用 T 和 S 的可交换性即得

$$\begin{aligned}(T - TST)^n &= T^n(I - TS)^n \\ &= T^n(I - TS) \\ &= T^n - T^{n+1}S.\end{aligned}$$

由于 $T - TST$ 是 k-幂零算子, 因此

$$0 = (T - TST)^k = T^k - T^{k+1}S,$$
$$0 \neq (T - TST)^{k-1} = T^{k-1} - T^k S,$$

从而

$$T^{k+1}S = T^k,$$
$$T^k S \neq T^{k-1}.$$

所以 T 是 Drazin 可逆的, S 为 T 的 Drazin 逆且 $\mathrm{ind}(T) = k$. □

定理 6.4.10 设 $T \in \mathcal{B}(\mathcal{H})$ 为 Drazin 可逆算子. 则 T^D 为 T 的内逆当且仅当 $\mathrm{ind}(T) \leqslant 1$.

证 如果 T^D 为 T 的内逆, 由 T 和 T^D 的可交换性得知

$$T = TT^D T = T^2 T^D,$$

所以 $\mathrm{ind}(T) \leqslant 1$.

反之, 假设 $\mathrm{ind}(T) \leqslant 1$. 如果 $\mathrm{ind}(T) = 0$, 则

$$T^D = T^{-1},$$

从而

$$TT^D T = T;$$

如果 $\mathrm{ind}(T) = 1$, 由 T 和 T^D 的可交换性即得

$$T = T^2 T^D = TT^D T.$$

□

我们引进群逆的定义.

定义 6.4.3　设 $T \in \mathcal{B}(\mathcal{H})$. 如果存在 $S \in \mathcal{B}(\mathcal{H})$ 使得
$$TS = ST,$$
$$STS = S,$$
$$TST = T,$$
则 T 称为群可逆算子, S 称为 T 的群逆, 简记为 $T^\sharp$.

由定义 6.4.3 不难发现, $T^\sharp$ 是 T 的广义逆. 另一方面, 因为 T 和 $T^\sharp$ 是可交换的, 因此
$$T = TT^\sharp T = T^2 T^\sharp,$$
从而 $T^\sharp$ 是 T 的 Drazin 逆. 于是 $T^\sharp$ 是唯一的. 此外, T 和 $T^\sharp$ 是互为群逆, 换言之,
$$(T^\sharp)^\sharp = T.$$

定理 6.4.11　设 $T \in \mathcal{B}(\mathcal{H})$. 则下面叙述等价:

(i) T 是群可逆算子;

(ii) T 是 Drazin 可逆算子且 $\mathrm{ind}(T) \leqslant 1$;

(iii) $\alpha(T) = \beta(T) \leqslant 1$;

(iv) T 可表示为
$$T = \begin{pmatrix} T_1 & 0 \\ 0 & 0 \end{pmatrix} : \mathcal{R}(T) \dotplus \mathcal{N}(T) \longrightarrow \mathcal{R}(T) \dotplus \mathcal{N}(T),$$
其中 T_1 是可逆算子.

证　由群逆和 Drazin 逆的定义以及定理 6.4.10 可知 (i) 和 (ii) 等价. 由定理 6.4.5 得知 (ii) 和 (iii) 等价. 再由定理 6.4.6 推出 (ii) 和 (iv) 等价. □

习题 6.8　设 $T \in \mathcal{B}(\mathcal{H})$ 是群可逆算子并且 T 可表示为
$$T = \begin{pmatrix} T_1 & 0 \\ 0 & 0 \end{pmatrix} : \mathcal{R}(T) \dotplus \mathcal{N}(T) \longrightarrow \mathcal{R}(T) \dotplus \mathcal{N}(T),$$
其中 T_1 是可逆算子. 则
$$T^\sharp = \begin{pmatrix} T_1^{-1} & 0 \\ 0 & 0 \end{pmatrix} : \mathcal{R}(T) \dotplus \mathcal{N}(T) \longrightarrow \mathcal{R}(T) \dotplus \mathcal{N}(T).$$

由此可知
$$\mathcal{R}(T) = \mathcal{R}(T^\sharp),$$
$$\mathcal{N}(T) = \mathcal{N}(T^\sharp).$$

如果 T 为 Drazin 可逆算子, 由定理 6.4.9 可知 $T - TT^D T$ 是幂零算子. 因此 T 可分解为 $TT^D T$ 和幂零算子 $T - TT^D T$ 之和. 由此引出 Drazin 可逆算子的柱心 – 幂零分解.

定义 6.4.4 设 $T \in \mathcal{B}(\mathcal{H})$ 为 Drazin 可逆算子. 令

$$C_T = TT^D T,$$
$$N_T = T - TT^D T.$$

则 C_T 称为 T 的柱心, N_T 称为 T 的幂零部分. 分解式

$$T = C_T + N_T$$

称为 T 的柱心 – 幂零分解.

定理 6.4.12 设 $T \in \mathcal{B}(\mathcal{H})$ 为 Drazin 可逆算子, $k = \mathrm{ind}(T)$. 则 T 的柱心 C_T 和幂零部分 N_T 满足如下性质:

(i) C_T 是群可逆算子且 $(C_T)^\sharp = T^D$;
(ii) $C_T = C_T TT^D = TT^D C_T$;
(iii) $C_T N_T = N_T C_T = 0$;
(iv) $T^D N_T = N_T T^D = 0$;
(v) N_T 是 k-幂零算子. 此时, $N_T = 0$ 当且仅当 T 是群可逆算子.

证 如果 T 是 Drazin 可逆算子且 $k = \mathrm{ind}(T)$, 由定理 6.4.6 可知 T 具有算子矩阵表示

$$T = \begin{pmatrix} T_1 & 0 \\ 0 & T_2 \end{pmatrix} : \mathcal{R}(T^k) \dotplus \mathcal{N}(T^k) \longrightarrow \mathcal{R}(T^k) \dotplus \mathcal{N}(T^k),$$

其中 T_1 是可逆算子, T_2 是 k-幂零算子. 结合推论 6.4.7 即得 T^D 可表示为

$$T^D = \begin{pmatrix} T_1^{-1} & 0 \\ 0 & 0 \end{pmatrix} : \mathcal{R}(T^k) \dotplus \mathcal{N}(T^k) \longrightarrow \mathcal{R}(T^k) \dotplus \mathcal{N}(T^k).$$

于是

$$C_T = TT^D T$$
$$= \begin{pmatrix} T_1 & 0 \\ 0 & 0 \end{pmatrix} : \mathcal{R}(T^k) \dotplus \mathcal{N}(T^k) \longrightarrow \mathcal{R}(T^k) \dotplus \mathcal{N}(T^k),$$
$$N_T = T - TT^D T$$
$$= \begin{pmatrix} 0 & 0 \\ 0 & T_2 \end{pmatrix} : \mathcal{R}(T^k) \dotplus \mathcal{N}(T^k) \longrightarrow \mathcal{R}(T^k) \dotplus \mathcal{N}(T^k).$$

经验证即得定理 6.4.12. □

习题 6.9 设 $T \in \mathcal{B}(\mathcal{H})$. 如果 T 为 Drazin 可逆算子, 则
$$(TT^DT)^D = T^D,$$
$$((T^D)^D)^D = T^D.$$

设 $T \in \mathcal{B}(\mathcal{H})$ 是 Drazin 可逆算子. 由定理 6.4.12 和 T 的柱心 - 幂零分解可知, T 可表示为群可逆算子 C_T 和幂零算子 N_T 之和, 其中 C_T 和 N_T 的乘积为零. 实际上, Drazin 可逆算子的柱心 - 幂零分解是唯一的.

定理 6.4.13 设 $T \in \mathcal{B}(\mathcal{H})$. 如果存在群可逆算子 $C \in \mathcal{B}(\mathcal{H})$ 和 k-幂零算子 $N \in \mathcal{B}(\mathcal{H})$ 使得
$$CN = NC = 0$$
并且
$$T = C + N,$$
则 T 是 Drazin 可逆算子, 其 Drazin 指标为 k. 此时,
$$C = C_T,$$
$$N = N_T.$$

证 因为 C 是群可逆算子, 因此 C 和 $C^\sharp$ 具有相同的值域和零空间 (见习题 6.8). 结合
$$CN = NC = 0$$
即得
$$C^\sharp N = NC^\sharp = 0.$$
于是
$$TC^\sharp = (C+N)C^\sharp = CC^\sharp = C^\sharp C = C^\sharp T,$$
$$C^\sharp TC^\sharp = C^\sharp(C+N)C^\sharp = C^\sharp CC^\sharp = C^\sharp.$$
另一方面, 对任意的正整数 n, 利用
$$CN = NC = 0$$
可得
$$T^n = C^n + N^n.$$
注意 N 是 k-幂零算子, 所以
$$T^{k+1}C^\sharp = (C^{k+1} + N^{k+1})C^\sharp$$

$$= C^{k-1}(CC^\sharp C) = C^k = T^k,$$
$$T^k C^\sharp = (C^k + N^k)C^\sharp$$
$$= C^{k-2}(CC^\sharp C) = C^{k-1} \neq T^{k-1}.$$

故, T 是 Drazin 可逆算子, $k = \mathrm{ind}(T)$ 并且
$$T^D = C^\sharp.$$

此时, 不难证明 C 和 N 分别为 T 的柱心和幂零部分. 实际上, 结合
$$T^D = C^\sharp$$
和
$$C^\sharp N = NC^\sharp = 0$$
可得
$$C_T = TT^D T$$
$$= (C+N)C^\sharp(C+N) = CC^\sharp C = C,$$
从而
$$N_T = T - TT^D T$$
$$= (C+N) - C = N.$$

$\square$

Moore-Penrose 广义逆, Drazin 广义逆和群逆是广义逆理论中常见的三类广义逆. 那么, 这些广义逆什么时候相等? 为此, 介绍所谓的 EP 算子.

定义 6.4.5 设 $T \in \mathcal{B}(\mathcal{H})$ 为闭值域算子. 如果
$$TT^\dagger = T^\dagger T,$$
则称 T 为 EP 算子.

设 $T \in \mathcal{B}(\mathcal{H})$ 为闭值域算子. 因为 $TT^\dagger$ 和 $T^\dagger T$ 分别为 $\mathcal{R}(T)$ 和 $\mathcal{N}(T)^\perp$ 上的正交投影算子, 因此 T 是 EP 算子当且仅当
$$\mathcal{R}(T) = \mathcal{N}(T)^\perp.$$

定理 6.4.14 设 $T \in \mathcal{B}(\mathcal{H})$ 是闭值域算子. 则下面三个条件等价:
 (i) T 是 EP 算子;
 (ii) $T^\dagger = T^\sharp$;
 (iii) $T^\dagger = T^D$.

证 如果 T 是 EP 算子, 则

$$\mathcal{R}(T) = \mathcal{N}(T)^\perp,$$

于是 T 可表示为

$$T = \begin{pmatrix} T_1 & 0 \\ 0 & 0 \end{pmatrix} : \mathcal{R}(T) \oplus \mathcal{N}(T) \longrightarrow \mathcal{R}(T) \oplus \mathcal{N}(T).$$

因此

$$T^\dagger = \begin{pmatrix} T_1^{-1} & 0 \\ 0 & 0 \end{pmatrix} : \mathcal{R}(T) \oplus \mathcal{N}(T) \longrightarrow \mathcal{R}(T) \oplus \mathcal{N}(T) = T^\sharp,$$

从而

$$T^\dagger = T^\sharp T^D.$$

反之, 如果

$$T^\dagger = T^D \quad \text{或} \quad T^\dagger = T^\sharp,$$

则 T 和 $T^\dagger$ 是可交换的, 从而 T 是 EP 算子. $\square$

§6.5　乘积算子的广义逆

众所周知, 如果 $T \in \mathcal{B}(\mathcal{H}, \mathcal{K})$ 和 $S \in \mathcal{B}(\mathcal{K}, \mathcal{H})$ 是可逆算子, 则 TS 为可逆算子并且

$$(TS)^{-1} = S^{-1} T^{-1}.$$

那么, 广义逆、Moore-Penrose 逆、Drazin 逆以及群逆有没有类似性质?

我们知道, 给定的有界线性算子具有内逆 (或广义逆或 Moore-Penrose 逆) 当且仅当其值域为闭的. 因此, 首先考虑乘积算子的值域的闭性.

定理 6.5.1 设 $T \in \mathcal{B}(\mathcal{H}, \mathcal{K})$ 和 $S \in \mathcal{B}(\mathcal{K}, \mathcal{H})$ 是闭值域算子. 如果 $T' \in \mathcal{B}(\mathcal{K}, \mathcal{H})$ 和 $S' \in \mathcal{B}(\mathcal{H}, \mathcal{K})$ 分别为 T 和 S 的内逆, 则 $\mathcal{R}(TS)$ 是闭的当且仅当 $\mathcal{R}(T'TSS')$ 为闭的.

证 设 TS 是闭值域算子. 则 TS 具有内逆, 记 $U \in \mathcal{B}(\mathcal{K})$ 为 TS 的内逆. 于是

$$\begin{aligned} T'TSS' &= T'(TSUTS)S' \\ &= T'T(SUT)SS' \\ &= T'TSS'(SUT)T'TSS', \end{aligned}$$

从而 SUT 是 $T'TSS'$ 的内逆. 因此 $\mathcal{R}(T'TSS')$ 是闭的.

反之, 假设 $\mathcal{R}(T'TSS')$ 是闭的. 则 $T'TSS'$ 具有内逆, 令 $V \in \mathcal{B}(\mathcal{H})$ 为 $T'TSS'$ 的内逆. 所以

$$\begin{aligned}TS &= TT'TSS'S \\ &= T(T'TSS')V(T'TSS')S \\ &= TS(S'VT')TS,\end{aligned}$$

从而 $S'VT'$ 是 TS 的内逆. 故 $\mathcal{R}(TS)$ 是闭的. □

由于 Moore-Penrose 逆是内逆, 于是可得:

推论 6.5.2 设 $T \in \mathcal{B}(\mathcal{H}, \mathcal{K})$ 和 $S \in \mathcal{B}(\mathcal{K}, \mathcal{H})$ 是闭值域算子. 则 TS 是闭值域算子当且仅当 $P_{\mathcal{N}(T)^\perp} P_{\mathcal{R}(S)}$ 是闭值域算子.

证 定理 6.5.1 中, T 和 S 的内逆分别取 $T^\dagger$ 和 $S^\dagger$, 再结合

$$T^\dagger T = P_{\mathcal{N}(T)^\perp},$$
$$SS^\dagger = P_{\mathcal{R}(S)},$$

即得 TS 是闭值域算子当且仅当 $P_{\mathcal{N}(T)^\perp} P_{\mathcal{R}(S)}$ 是闭值域算子. □

如果 $T \in \mathcal{B}(\mathcal{H}, \mathcal{K})$ 和 $S \in \mathcal{B}(\mathcal{K}, \mathcal{H})$ 是闭值域算子, 据推论 6.5.2 发现 $\mathcal{R}(TS)$ 的闭性可转化为 $\mathcal{R}(P_{\mathcal{N}(T)^\perp} P_{\mathcal{R}(S)})$ 的闭性. 那么, $\mathcal{R}(P_{\mathcal{N}(T)^\perp} P_{\mathcal{R}(S)})$ 何时为闭? 读者可参阅 [9].

设 $T \in \mathcal{B}(\mathcal{H}, \mathcal{K}), S \in \mathcal{B}(\mathcal{K}, \mathcal{H})$. 在 T, S 和 TS 均为闭值域算子的情况下, 等式

$$(TS)^\dagger = S^\dagger T^\dagger$$

也未必成立. 例如, 记

$$T = \begin{pmatrix} 1 & 1 \\ 0 & \frac{1}{2} \end{pmatrix},$$
$$S = \begin{pmatrix} 1 & 1 \\ 0 & 0 \end{pmatrix}.$$

经计算可知

$$T^\dagger = \begin{pmatrix} 1 & -2 \\ 0 & 2 \end{pmatrix},$$
$$S^\dagger = \begin{pmatrix} \frac{1}{2} & 0 \\ \frac{1}{2} & 0 \end{pmatrix}.$$

不难发现

$$TS = S,$$

因此
$$(TS)^\dagger \neq S^\dagger T^\dagger.$$
但是, 下面的结论很容易推出.

定理 6.5.3 设 $T \in \mathcal{B}(\mathcal{H}, \mathcal{K})$ 和 $S \in \mathcal{B}(\mathcal{K}, \mathcal{H})$ 是闭值域算子. 如果
$$\mathcal{R}(S) = \mathcal{R}(T^*),$$
则 TS 具有 Moore-Penrose 逆, 并且
$$(TS)^\dagger = S^\dagger T^\dagger = S^*(SS^*)^\dagger (T^*T)^\dagger T^*.$$

证 因为
$$\mathcal{R}(S) = \mathcal{R}(T^*),$$
因此
$$\mathcal{R}(TS) = \mathcal{R}(T),$$
$$\mathcal{N}(TS) = \mathcal{N}(S).$$
于是
$$TSS^\dagger T^\dagger = TP_{\mathcal{R}(S)}T^\dagger = TT^\dagger,$$
$$S^\dagger T^\dagger TS = S^\dagger P_{\mathcal{R}(T^*)}S = S^\dagger S,$$
$$TSS^\dagger T^\dagger TS = TT^\dagger TS = TS,$$
$$S^\dagger T^\dagger TSS^\dagger T^\dagger = S^\dagger SS^\dagger T^\dagger = S^\dagger T^\dagger.$$
注意 $TT^\dagger$ 和 $S^\dagger S$ 是自共轭算子, 所以
$$(TS)^\dagger = S^\dagger T^\dagger.$$
再利用定理 6.3.3 (iii) 可得
$$(TS)^\dagger = S^*(SS^*)^\dagger (T^*T)^\dagger T^*.$$
□

推论 6.5.4 设 $T \in \mathcal{B}(\mathcal{H})$ 是闭值域算子. 如果 $U|T|$ 是 T 的极分解, 则
$$T^\dagger = |T|^\dagger U^*.$$

证 如果 T 的值域是闭的, 则 $|T|$ 的值域为闭的. 因此 $|T|^\dagger$ 存在. 因为 $U|T|$ 是 T 的极分解, 因此 U 是部分等距算子并且
$$\mathcal{R}(|T|) = \mathcal{N}(U)^\perp = \mathcal{R}(U^*).$$

§6.5 乘积算子的广义逆

注意到定理 6.5.3 和
$$U^* = U^\dagger$$
可得
$$T^\dagger = (U|T|)^\dagger = |T|^\dagger U^*.$$

□

在定理 6.5.3 中, 如果
$$\mathcal{R}(S) = \mathcal{R}(T^*) = \mathcal{H},$$
则 SS^* 和 T^*T 为可逆算子. 此时, TS 的 Moore-Penrose 逆为
$$(TS)^\dagger = S^*(SS^*)^{-1}(T^*T)^{-1}T^*.$$

因此, 如果一个闭值域算子分解成左可逆算子 L 和右可逆算子 R 之乘积 LR, 那么, 可通过 RR^* 和 L^*L 的逆算子表示该乘积算子的 Moore-Penrose 逆. 众所周知, 矩阵具有满秩分解, 换言之, 任何矩阵均可分解成列满秩矩阵和行满秩矩阵的乘积. 所谓列满秩矩阵就是左可逆矩阵, 而行满秩矩阵即为右可逆矩阵. 那么, 矩阵的满秩分解能否推广到无穷维空间上? 实际上, 任何闭值域算子也可表示成左可逆算子和右可逆算子之乘积. 例如, 如果 $T \in \mathcal{B}(\mathcal{H}, \mathcal{K})$ 是闭值域算子, 则 T 可表示为
$$T = \begin{pmatrix} T_1 & 0 \\ 0 & 0 \end{pmatrix} : \mathcal{N}(T)^\perp \oplus \mathcal{N}(T) \longrightarrow \mathcal{R}(T) \oplus \mathcal{R}(T)^\perp,$$
其中 T_1 是可逆算子. 令
$$R = \begin{pmatrix} I & 0 \end{pmatrix} : \mathcal{N}(T)^\perp \oplus \mathcal{N}(T) \longrightarrow \mathcal{N}(T)^\perp,$$
$$L = \begin{pmatrix} T_1 \\ 0 \end{pmatrix} : \mathcal{N}(T)^\perp \longrightarrow \mathcal{R}(T) \oplus \mathcal{R}(T)^\perp.$$

显然, $R \in \mathcal{B}(\mathcal{H}, \mathcal{N}(T)^\perp)$ 是右可逆算子, $L \in \mathcal{B}(\mathcal{N}(T)^\perp, \mathcal{K})$ 是左可逆算子并且
$$T = LR.$$
此时,
$$T^\dagger = R^*(RR^*)^{-1}(L^*L)^{-1}L^*$$
$$= \begin{pmatrix} I \\ 0 \end{pmatrix} (T_1^*T_1)^{-1} \begin{pmatrix} T_1^* & 0 \end{pmatrix}$$
$$= \begin{pmatrix} I \\ 0 \end{pmatrix} \begin{pmatrix} T_1^{-1} & 0 \end{pmatrix} = \begin{pmatrix} T_1^{-1} & 0 \\ 0 & 0 \end{pmatrix}.$$

因此, 定理 6.5.3 提供了利用逆算子计算 Moore-Penrose 逆的有效公式.

设 $T \in \mathcal{B}(\mathcal{H}, \mathcal{K})$ 和 $S \in \mathcal{B}(\mathcal{K}, \mathcal{H})$. 当 T, S 和 TS 均为闭值域算子的情况下, 根据 [10] 可知
$$(TS)^\dagger = S^\dagger T^\dagger$$
当且仅当 $\mathcal{R}(T^*TS) \subset \mathcal{R}(S)$ 且 $\mathcal{R}(SS^*T^*) \subset \mathcal{R}(T^*)$, 证明可参考 [10].

最后讨论乘积算子的 Drazin 逆.

定理 6.5.5 设 $T \in \mathcal{B}(\mathcal{H})$, $S \in \mathcal{B}(\mathcal{H})$. 如果 T, S, TS 和 ST 均为 Drazin 可逆的, 则
$$(TS)^D = T[(ST)^2]^D S.$$

证　令
$$X = T[(ST)^2]^D S.$$

因为
$$[(ST)^2]^D = [(ST)^D]^2,$$

因此
$$\begin{aligned} TSX &= TST[(ST)^2]^D S \\ &= T(ST)(ST)^D(ST)^D S \\ &= T(ST)^D(ST)(ST)^D S = T(ST)^D S, \\ XTS &= T[(ST)^2]^D STS \\ &= T(ST)^D(ST)(ST)^D S = T(ST)^D S, \\ XTSX &= T(ST)^D ST[(ST)^2]^D S \\ &= T[(ST)^D]^2 S, \end{aligned}$$

从而
$$(TS)X = X(TS),$$
$$X(TS)X = X.$$

令
$$k = \max\{\mathrm{ind}(TS), \mathrm{ind}(ST)\}.$$

则
$$\begin{aligned} (TS)^{k+2}X &= (TS)^{k+1}TST[(ST)^2]^D S \\ &= (TS)^{k+1}T(ST)^D S \\ &= T(ST)^{k+1}(ST)^D S \end{aligned}$$

§6.5 乘积算子的广义逆

$$= T(ST)^k S = (TS)^{k+1}.$$

故

$$(TS)^D = X.$$

□

第七章 Fredholm 算子理论

Fredholm 算子理论起源于 Fredholm 的关于第二积分方程的研究工作, 它在数学物理的各个应用领域有着重要的应用. 本章主要介绍 Fredholm 算子理论, 引进 Fredholm 算子、Weyl 算子和 Browder 算子的定义, 进而讨论它们的基本性质. Fredholm 算子是一类闭值域算子, 具有与可逆算子类似的性质.

§7.1 约化最小模

算子值域的闭性可用约化最小模来刻画. 本节给出约化最小模的定义以及相关性质.

定义 7.1.1 设 $T \in \mathcal{B}(\mathcal{H}, \mathcal{K})$. 令
$$\gamma(T) = \begin{cases} \inf\limits_{x \notin \mathcal{N}(T)} \frac{\|Tx\|}{\mathrm{dist}(x, \mathcal{N}(T))}, & T \neq 0; \\ \infty, & T = 0. \end{cases}$$
称 $\gamma(T)$ 为 T 的约化最小模.

例 7.1.1 设 S_r 是 ℓ_2 上的右移算子. 则
$$\gamma(S_r) = 1.$$
事实上, 由于 S_r 是等距算子, 因此
$$\gamma(S_r) = \inf_{x \notin \mathcal{N}(S_r)} \frac{\|S_r x\|}{\mathrm{dist}(x, \mathcal{N}(S_r))}$$

$$= \inf_{x\neq 0} \frac{\|S_r x\|}{\operatorname{dist}(x,0)}$$
$$= \inf_{x\neq 0} \frac{\|x\|}{\|x\|}$$
$$= 1.$$

由约化最小模的定义可发现:

定理 7.1.1 设 $T \in \mathcal{B}(\mathcal{H},\mathcal{K})$. 如果 $T \neq 0$, 则
$$\gamma(T) = \inf_{x \in \mathcal{N}(T)^\perp \setminus \{0\}} \frac{\|Tx\|}{\|x\|}$$
$$= \inf\{\|Tx\| : x \in \mathcal{N}(T)^\perp, \|x\| = 1\}.$$

证 任意 $x \in \mathcal{H}$ 都有唯一的分解
$$x = P_{\mathcal{N}(T)} x + P_{\mathcal{N}(T)^\perp} x,$$
结合习题 1.5 即得
$$\operatorname{dist}(x, \mathcal{N}(T)) = \|P_{\mathcal{N}(T)^\perp} x\|.$$
于是
$$\gamma(T) = \inf_{x \notin \mathcal{N}(T)} \frac{\|Tx\|}{\operatorname{dist}(x, \mathcal{N}(T))}$$
$$= \inf_{x \notin \mathcal{N}(T)} \frac{\|T P_{\mathcal{N}(T)^\perp} x\|}{\|P_{\mathcal{N}(T)^\perp} x\|}$$
$$= \inf_{P_{\mathcal{N}(T)^\perp} x \neq 0} \frac{\|T P_{\mathcal{N}(T)^\perp} x\|}{\|P_{\mathcal{N}(T)^\perp} x\|}$$
$$= \inf_{x \in \mathcal{N}(T)^\perp \setminus \{0\}} \frac{\|Tx\|}{\|x\|}.$$

第二个等式由
$$\frac{\|Tx\|}{\|x\|} = \left\|T\left(\frac{x}{\|x\|}\right)\right\|$$
容易推出. □

习题 7.1 如果 $T \in \mathcal{B}(\mathcal{H},\mathcal{K})$, 则
$$\gamma(T) = \gamma(|T|).$$

推论 7.1.2 设 $T \in \mathcal{B}(\mathcal{H},\mathcal{K})$. 如果 $T \neq 0$, 则
$$\|Tx\| \geqslant \gamma(T) \operatorname{dist}(x, \mathcal{N}(T)), \quad x \in \mathcal{H}.$$

§7.1 约化最小模

证 如果 $x \in \mathcal{N}(T)^\perp$, 由定理 7.1.1 可知

$$\|Tx\| \geqslant \gamma(T)\|x\|.$$

因此, 对任意的 $x \in \mathcal{H}$ 有

$$\begin{aligned}\|Tx\| &= \|TP_{\mathcal{N}(T)^\perp}x\| \\ &\geqslant \gamma(T)\|P_{\mathcal{N}(T)^\perp}x\| \\ &= \gamma(T)\mathrm{dist}(x,\mathcal{N}(T)).\end{aligned}$$

□

约化最小模的重要性质是可以刻画算子值域的闭性.

定理 7.1.3 设 $T \in \mathcal{B}(\mathcal{H},\mathcal{K})$. 则 $\gamma(T) > 0$ 当且仅当 $\mathcal{R}(T)$ 是闭的. 此时

$$\gamma(T) = \|T^\dagger\|^{-1}.$$

证 不失一般性, 仅考虑 $T \neq 0$ 的情况. 设 $\gamma(T) > 0$, 并记

$$T_1 = T|_{\mathcal{N}(T)^\perp} : \mathcal{N}(T)^\perp \longrightarrow \mathcal{K}.$$

对任意 $x \in \mathcal{N}(T)^\perp$, 由于

$$\mathrm{dist}(x,\mathcal{N}(T)) = \|x\|,$$

因此

$$\|T_1 x\| = \|Tx\| \geqslant \gamma(T)\|x\|,$$

从而 T_1 是下方有界的. 于是 $\mathcal{R}(T_1)$ 是闭的. 注意

$$\mathcal{R}(T) = \mathcal{R}(T_1),$$

故 $\mathcal{R}(T)$ 是闭的.

反之, 如果 $\mathcal{R}(T)$ 是闭的, 则 $T^\dagger$ 存在并且

$$\begin{aligned}\|T^\dagger\| &= \sup_{u \neq 0} \frac{\|T^\dagger u\|}{\|u\|} \\ &= \sup_{u \in \mathcal{N}(T^\dagger)^\perp \setminus \{0\}} \frac{\|T^\dagger u\|}{\|u\|}.\end{aligned}$$

对每一个 $u \in \mathcal{N}(T^\dagger)^\perp$, 因为

$$\mathcal{N}(T^\dagger)^\perp = \mathcal{R}(T),$$

因此存在 $x \in \mathcal{N}(T)^\perp$ 使得

$$u = Tx.$$

所以

$$\|T^\dagger\| = \sup_{u \in \mathcal{N}(T^\dagger)^\perp \setminus \{0\}} \frac{\|T^\dagger u\|}{\|u\|}$$

$$= \sup_{x \in \mathcal{N}(T)^\perp \setminus \{0\}} \frac{\|T^\dagger T x\|}{\|T x\|}$$

$$= \sup_{x \in \mathcal{N}(T)^\perp \setminus \{0\}} \frac{\|x\|}{\|T x\|}$$

$$= \left(\inf_{x \in \mathcal{N}(T)^\perp \setminus \{0\}} \frac{\|T x\|}{\|x\|} \right)^{-1}$$

$$= \gamma(T)^{-1}.$$

于是

$$\gamma(T) = \|T^\dagger\|^{-1} > 0.$$

□

定理 7.1.4 如果 $T \in \mathcal{B}(\mathcal{H}, \mathcal{K})$, 则

$$\gamma(T) = \gamma(T^*).$$

证 因为 $\mathcal{R}(T)$ 是闭的当且仅当 $\mathcal{R}(T^*)$ 是闭的, 由定理 7.1.3 可知 $\gamma(T)$ 和 $\gamma(T^*)$ 同时为零或同时为正数. 故, 我们仅需考虑 $\gamma(T)$ 和 $\gamma(T^*)$ 同时为正数的情况即可.

如果 $\gamma(T)$ 和 $\gamma(T^*)$ 同时为正数, 由定理 7.1.3 可知

$$\gamma(T) = \|T^\dagger\|^{-1}$$
$$= \|(T^\dagger)^*\|^{-1}$$
$$= \|(T^*)^\dagger\|^{-1}$$
$$= \gamma(T^*).$$

□

习题 7.2 设 S_l 为 ℓ_2 上的左移算子. 求 $\gamma(S_l)$.

习题 7.3 设 $T \in \mathcal{B}(\mathcal{H}, \mathcal{K})$ 为非零算子. 则

$$\gamma(T) = \inf(\sigma(|T|) \setminus \{0\}) = \inf(\sigma(|T^*|) \setminus \{0\}).$$

§7.2 Fredholm 算子

设 $T \in \mathcal{B}(\mathcal{H}, \mathcal{K})$. 则 T 的很多性质可通过其零空间 $\mathcal{N}(T)$ 和值域 $\mathcal{R}(T)$ 来刻画, 如 T 的可逆性以及是否存在广义逆等. 通常, $\mathcal{N}(T)$ 的维数称为 T 的零度, 记

§7.2 Fredholm 算子

为 $n(T)$; $\mathcal{R}(T)$ 的余维数称为 T 的亏度, 记为 $d(T)$. 换言之,

$$n(T) = \dim \mathcal{N}(T),$$
$$d(T) = \mathrm{codim}\mathcal{R}(T).$$

显然, $n(T)$ 和 $d(T)$ 是非负整数或无穷大.

定义 7.2.1 设 $T \in \mathcal{B}(\mathcal{H}, \mathcal{K})$. 如果 $\mathcal{R}(T)$ 闭的且 $n(T) < \infty$, 则 T 称为左半 Fredholm 算子; 如果 $d(T) < \infty$, 则 T 称为右半 Fredholm 算子.

习题 7.4 左可逆算子是左半 Fredholm 算子, 右可逆算子是右半 Fredholm 算子.

定理 7.2.1 设 $T \in \mathcal{B}(\mathcal{H}, \mathcal{K})$. 则 T 是左半 Fredholm 算子当且仅当 T^* 是右半 Fredholm 算子. 此时

$$n(T) = d(T^*).$$

证 设 T 是左半 Fredholm 算子. 则 $\mathcal{N}(T)$ 是有限维的并且 $\mathcal{R}(T)$ 是闭的. 注意 $\mathcal{R}(T)$ 是闭的, 因此 $\mathcal{R}(T^*)$ 是闭的. 故

$$d(T^*) = \dim \mathcal{R}(T^*)^\perp$$
$$= \dim \mathcal{N}(T)$$
$$= n(T) < \infty,$$

从而 T^* 是右半 Fredholm 算子.

反之, 假设 T^* 是右半 Fredholm 算子. 则 $d(T^*)$ 是有限数. 于是存在 $\mathcal{H}$ 的 $d(T^*)$ 维子空间 $\mathcal{M}$ 使得

$$\mathcal{H} = \mathcal{R}(T^*) \dotplus \mathcal{M}.$$

由于 $\mathcal{M}$ 是有限维的, 于是 $\mathcal{M}$ 是闭子空间. 结合引理 6.4.4 可知 $\mathcal{R}(T^*)$ 是闭的, 从而

$$d(T^*) = \dim \mathcal{R}(T^*)^\perp.$$

故 $\mathcal{R}(T)$ 是闭的并且

$$n(T) = \dim \mathcal{N}(T)$$
$$= \dim \mathcal{R}(T^*)^\perp$$
$$= d(T^*) < \infty.$$

所以 T 是左半 Fredholm 算子. □

下面定理给出左半 Fredholm 算子和右半 Fredholm 算子的刻画.

定理 7.2.2 设 $T \in \mathcal{B}(\mathcal{H}, \mathcal{K})$. 则以下三个叙述等价:

(i) T 是左半 Fredholm 算子;

(ii) 存在 $S \in \mathcal{B}(\mathcal{K},\mathcal{H})$ 和有限秩算子 $F \in \mathcal{B}(\mathcal{H})$ 使得
$$ST = I + F;$$
(iii) 存在 $S \in \mathcal{B}(\mathcal{K},\mathcal{H})$ 和紧算子 $K \in \mathcal{B}(\mathcal{H})$ 使得
$$ST = I + K.$$

证 如果 (i) 成立, 则 $\mathcal{R}(T)$ 是闭的并且 $n(T) < \infty$. 令
$$S = T^{\dagger},$$
$$F = -P_{\mathcal{N}(T)}.$$
则 F 是有限秩算子并且
$$ST = I + F.$$
于是 (ii) 成立. 注意到有限秩算子必为紧算子, 所以 (iii) 成立. 下面假设 (iii) 成立. 因为 K 是紧算子, 据定理 5.5.1 和 5.5.2 可知 $\mathcal{R}(ST)$ 是闭的并且 $\mathcal{N}(ST)$ 是有限维的. 一方面, 由于 $\mathcal{N}(T) \subset \mathcal{N}(ST)$, 于是 $\mathcal{N}(T)$ 是有限维的. 另一方面, 因为 $\mathcal{R}(ST)$ 是闭的, 因此 $\mathcal{R}(T^*S^*)$ 是闭的, 从而
$$d(T^*S^*) = \dim \mathcal{R}(T^*S^*)^{\perp}.$$
注意 $\mathcal{R}(T^*S^*) \subset \mathcal{R}(T^*)$, 所以
$$d(T^*) \leqslant d(T^*S^*)$$
$$= \dim \mathcal{R}(T^*S^*)^{\perp}$$
$$= \dim \mathcal{N}(ST),$$
从而 $d(T^*)$ 是有限数. 于是 T^* 是右半 Fredholm 算子. 由定理 7.2.1 可知 T 是左半 Fredholm 算子, 亦即 (i) 成立. □

定理 7.2.3 设 $T \in \mathcal{B}(\mathcal{H},\mathcal{K})$. 下面三个叙述等价:
(i) T 是右半 Fredholm 算子;
(ii) 存在 $S \in \mathcal{B}(\mathcal{K},\mathcal{H})$ 和有限秩算子 $F \in \mathcal{B}(\mathcal{K})$ 使得
$$TS = I + F;$$
(iii) 存在 $S \in \mathcal{B}(\mathcal{K},\mathcal{H})$ 和紧算子 $K \in \mathcal{B}(\mathcal{K})$ 使得
$$TS = I + K.$$

证 结合定理 7.2.1 和 7.2.2 即得所需结论. □

利用定理 7.2.2 和 7.2.3 可推出左半 Fredholm 算子和右半 Fredholm 算子的相关性质.

§7.2 Fredholm 算子

定理 7.2.4 设 $T \in \mathcal{B}(\mathcal{H},\mathcal{K})$ 和 $S \in \mathcal{B}(\mathcal{K},\mathcal{H})$ 是给定的算子.

(i) 如果 ST 是左半 Fredholm 算子, 则 T 是左半 Fredholm 算子;

(ii) 如果 TS 是右半 Fredholm 算子, 则 T 是右半 Fredholm 算子.

证 (i) 设 ST 是左半 Fredholm 算子. 由定理 7.2.2 可知存在 $L \in \mathcal{B}(\mathcal{H})$ 和紧算子 $K \in \mathcal{B}(\mathcal{H})$ 使得

$$(LS)T = LST = I + K.$$

再由定理 7.2.2 可得 T 是左半 Fredholm 算子.

(ii) 类似于 (i) 的证明可得 (ii). □

定义 7.2.2 设 $T \in \mathcal{B}(\mathcal{H},\mathcal{K})$. 如果 T 既是左半 Fredholm 算子, 又是右半 Fredholm 算子, 则 T 称为 Fredholm 算子.

由定义 7.2.2 可见, T 是 Fredholm 算子当且仅当 $\mathcal{R}(T)$ 闭的并且 $n(T)$ 和 $d(T)$ 均为有限数.

例 7.2.1 设 $T \in \mathcal{B}(\mathcal{H},\mathcal{K})$. 如果 T 是 Fredholm 算子, 则 T^* 和 $T^\dagger$ 为 Fredholm 算子.

Fredholm 算子具有很多较好的性质, 下面一一给出.

定理 7.2.5 设 $T \in \mathcal{B}(\mathcal{H},\mathcal{K})$. 则下面叙述等价:

(i) T 是 Fredholm 算子;

(ii) 存在 $S \in \mathcal{B}(\mathcal{K},\mathcal{H})$ 和有限秩算子 $F_1 \in \mathcal{B}(\mathcal{H})$, $F_2 \in \mathcal{B}(\mathcal{K})$ 使得

$$ST = I + F_1,$$
$$TS = I + F_2;$$

(iii) 存在 $S \in \mathcal{B}(\mathcal{K},\mathcal{H})$ 和紧算子 $K_1 \in \mathcal{B}(\mathcal{H})$, $K_2 \in \mathcal{B}(\mathcal{K})$ 使得

$$ST = I + K_1,$$
$$TS = I + K_2.$$

证 如果 T 是 Fredholm 算子, 则 $\mathcal{R}(T)$ 是闭的, $n(T) < \infty$, $d(T) < \infty$. 令

$$S = T^\dagger,$$
$$F_1 = -P_{\mathcal{N}(T)},$$
$$F_2 = -P_{\mathcal{R}(T)^\perp}.$$

显然, F_1 和 F_2 是有限秩算子并且

$$ST = I + F_1,$$
$$TS = I + F_2.$$

故 (ii) 成立. 又因为有限秩算子是紧算子, 从而 (iii) 成立.

反之, 如果 (iii) 成立, 由定理 7.2.2 和 7.2.3 可知 T 既是左半 Fredholm 算子, 又是右半 Fredholm 算子. 故 T 是 Fredholm 算子. □

由定理 7.2.5 容易推出乘积算子的相关性质.

定理 7.2.6 设 $T \in \mathcal{B}(\mathcal{H}, \mathcal{K})$ 和 $S \in \mathcal{B}(\mathcal{K}, \mathcal{H})$ 为给定的算子. 如果 TS 是 Fredholm 算子, 则 T 是右半 Fredholm 算子, S 是左半 Fredholm 算子.

证 如果 TS 是 Fredholm 算子, 由定理 7.2.5 可知存在 $R \in \mathcal{B}(\mathcal{K})$ 和紧算子 $K_1 \in \mathcal{B}(\mathcal{K})$, $K_2 \in \mathcal{B}(\mathcal{K})$ 使得

$$TSR = I + K_1,$$
$$RTS = I + K_2.$$

再由定理 7.2.2 和定理 7.2.3 即得 T 是右半 Fredholm 算子, S 是左半 Fredholm 算子. □

习题 7.5 设 $T \in \mathcal{B}(\mathcal{H}, \mathcal{K})$ 和 $S \in \mathcal{B}(\mathcal{K}, \mathcal{H})$ 为给定的算子. 如果 T, S 和 TS 中任意两个是 Fredholm 算子, 则第三个也是 Fredholm 算子.

定义 7.2.3 设 $T \in \mathcal{B}(\mathcal{H}, \mathcal{K})$. 如果 T 是左半 Fredholm 算子或右半 Fredholm 算子, 则称 T 为半 Fredholm 算子. 如果 T 是半 Fredholm 算子, 则

$$i(T) = n(T) - d(T)$$

称为 T 的 Fredholm 指标. 在不引起混淆的情况下, Fredholm 指标简称为指标.

设 $T \in \mathcal{B}(\mathcal{H}, \mathcal{K})$. 如果 T 是左半 Fredholm 算子, 则

$$i(T) \in \mathbb{Z} \cup \{-\infty\};$$

如果 T 是右半 Fredholm 算子, 则

$$i(T) \in \mathbb{Z} \cup \{+\infty\}.$$

总之, 当 T 为半 Fredholm 算子时,

$$i(T) \in \mathbb{Z} \cup \{\pm\infty\}.$$

习题 7.6 设 $T \in \mathcal{B}(\mathcal{H})$. 如果 T 是半 Fredholm 算子, 则 T^* 和 $T^\dagger$ 均为半 Fredholm 算子并且

$$i(T) = -i(T^*) = -i(T^\dagger).$$

例 7.2.2 如果 $K \in \mathcal{B}(\mathcal{H}, \mathcal{K})$ 是紧算子, 则 $I - K$ 是 Fredholm 算子并且 $i(I - K) = 0$.

事实上, 由定理 5.5.1, 定理 5.5.2 和 5.5.6 直接得出.

§7.2 Fredholm 算子

定理 7.2.7 设 $T \in \mathcal{B}(\mathcal{H}, \mathcal{K})$ 和 $S \in \mathcal{B}(\mathcal{K}, \mathcal{H})$ 为给定的算子. 如果 T 和 S 是 Fredholm 算子, 则 TS 和 ST 是 Fredholm 算子并且

$$i(TS) = i(ST) = i(T) + i(S).$$

证 因为 T 和 S 为 Fredholm 算子, 因此 $T^\dagger$ 和 $S^\dagger$ 必存在并且

$$\begin{aligned} TSS^\dagger T^\dagger &= T(I - P_{\mathcal{R}(S)^\perp})T^\dagger \\ &= TT^\dagger - TP_{\mathcal{R}(S)^\perp}T^\dagger \\ &= I - P_{\mathcal{R}(T)^\perp} - TP_{\mathcal{R}(S)^\perp}T^\dagger, \end{aligned}$$

$$\begin{aligned} S^\dagger T^\dagger TS &= S^\dagger (I - P_{\mathcal{N}(T)})S \\ &= S^\dagger S - S^\dagger P_{\mathcal{N}(T)}S \\ &= I - P_{\mathcal{N}(S)} - S^\dagger P_{\mathcal{N}(T)}S. \end{aligned}$$

注意 T 和 S 是 Fredholm 算子, 于是 $\mathcal{N}(T), \mathcal{N}(S), \mathcal{R}(T)^\perp$ 和 $\mathcal{R}(S)^\perp$ 均为有限维的. 因此

$$-P_{\mathcal{R}(T)^\perp} - TP_{\mathcal{R}(S)^\perp}T^\dagger$$

和

$$-P_{\mathcal{N}(S)} - S^\dagger P_{\mathcal{N}(T)}S$$

均为有限秩算子. 结合定理 7.2.5 可知 TS 是 Fredholm 算子.

下面证明

$$i(TS) = i(T) + i(S).$$

令

$$\mathcal{M} = \mathcal{R}(S) \cap \mathcal{N}(T).$$

则 $\mathcal{M} \subset \mathcal{N}(T)$, 从而 $\mathcal{M}$ 是有限维空间. 一方面, 不难验证

$$\begin{aligned} \mathcal{N}(TS) &= \mathcal{N}(S) \oplus S^\dagger(\mathcal{R}(S) \cap \mathcal{N}(T)) \\ &= \mathcal{N}(S) \oplus S^\dagger(\mathcal{M}). \end{aligned}$$

因此

$$n(TS) = n(S) + \dim \mathcal{M}.$$

另一方面, 因为 $\mathcal{M} \subset \mathcal{R}(S)$ 且 $\mathcal{M} \subset \mathcal{N}(T)$, 因此存在闭子空间 $\mathcal{M}_1 \subset \mathcal{R}(S)$ 和 $\mathcal{M}_2 \subset \mathcal{N}(T)$ 使得

$$\mathcal{R}(S) = \mathcal{M} \oplus \mathcal{M}_1,$$
$$\mathcal{N}(T) = \mathcal{M} \oplus \mathcal{M}_2.$$

注意 $d(S) < \infty$ 和
$$\mathcal{M}_2 \cap \mathcal{R}(S) = \mathcal{M}_2 \cap (\mathcal{N}(T) \cap \mathcal{R}(S))$$
$$= \mathcal{M}_2 \cap \mathcal{M} = \{0\},$$

因此存在闭子空间 $\mathcal{M}_3 \subset \mathcal{H}$ 使得
$$\mathcal{H} = (\mathcal{R}(S) \dotplus \mathcal{M}_2) \oplus \mathcal{M}_3.$$

显然,
$$\dim \mathcal{M}_3 = d(S) - \dim \mathcal{M}_2.$$

此时
$$\mathcal{R}(T) = T(\mathcal{R}(S)) + T(\mathcal{M}_2) + T(\mathcal{M}_3)$$
$$= T(\mathcal{R}(S)) + T(\mathcal{M}_3).$$

可以证明
$$T(\mathcal{R}(S)) \cap T(\mathcal{M}_3) = \{0\}.$$

事实上, 如果 $u \in T(\mathcal{R}(S)) \cap T(\mathcal{M}_3)$, 则存在 $x \in \mathcal{R}(S)$ 和 $y \in \mathcal{M}_3$ 使得
$$Tx = u = Ty,$$

从而
$$T(x - y) = 0.$$

于是 $x - y \in \mathcal{N}(T)$. 由于
$$\mathcal{N}(T) = \mathcal{M} \oplus \mathcal{M}_2,$$

所以存在 $f \in \mathcal{M}$ 和 $g \in \mathcal{M}_2$ 使得
$$x - y = f + g.$$

由
$$\mathcal{M}_3 = (\mathcal{R}(S) \dotplus \mathcal{M}_2)^\perp = \mathcal{R}(S)^\perp \cap \mathcal{M}_2^\perp,$$

可得
$$(x - y, y) = (f + g, y) = (f, y) + (g, y) = 0,$$

从而
$$\|y\|^2 = (y, y) = (x, y) = 0.$$

故
$$y = 0,$$

所以
$$u = Ty = 0.$$
由此发现
$$\mathcal{R}(T) = T(\mathcal{R}(S)) \dotplus T(\mathcal{M}_3).$$
因为 $\mathcal{N}(T) \subset \mathcal{R}(S) \dotplus \mathcal{M}_2$, 因此
$$\dim \mathcal{M}_3 = \dim T(\mathcal{M}_3).$$
于是
$$d(TS) = \dim \mathcal{M}_3 + d(T).$$
故
$$\begin{aligned} i(TS) &= n(TS) - d(TS) \\ &= n(S) + \dim \mathcal{M} - d(T) - \dim \mathcal{M}_3. \end{aligned}$$
注意到
$$\dim \mathcal{M}_3 = d(S) - \dim \mathcal{M}_2,$$
可得
$$\begin{aligned} i(TS) &= n(S) + \dim \mathcal{M} - d(T) - \dim \mathcal{M}_3 \\ &= n(S) + \dim \mathcal{M} - d(T) - d(S) + \dim \mathcal{M}_2 \\ &= n(S) - d(S) + \dim \mathcal{M} + \dim \mathcal{M}_2 - d(T). \end{aligned}$$
由于
$$\mathcal{N}(T) = \mathcal{M} \oplus \mathcal{M}_2,$$
于是
$$\dim \mathcal{M} + \dim \mathcal{M}_2 = n(T).$$
所以
$$i(TS) = i(T) + i(S).$$
完全类似地可证 ST 是 Fredholm 算子并且
$$i(ST) = i(T) + i(S).$$

$\square$

定理 7.2.8 设 $T \in \mathcal{B}(\mathcal{H}, \mathcal{K})$, $S \in \mathcal{B}(\mathcal{K}, \mathcal{H})$. 如果 T 和 S 是左 (右) 半 Fredholm 算子, 则 TS 是左 (右) 半 Fredholm 算子并且
$$i(TS) = i(T) + i(S).$$

证 仅需证明左半 Fredholm 算子的情况. 如果 T 和 S 是左半 Fredholm 算子, 由定理 7.2.2 知存在 $Z \in \mathcal{B}(\mathcal{K},\mathcal{H})$ 和 $W \in \mathcal{B}(\mathcal{H},\mathcal{K})$ 使得 $ZT-I$ 和 $WS-I$ 均为紧算子, 从而

$$WZTS - I = W[(ZT-I)+I]S - I$$
$$= W(ZT-I)S + WS - I$$

是紧算子. 再结合定理 7.2.2 即得 TS 是左半 Fredholm 算子. 为证明

$$i(TS) = i(T) + i(S),$$

分情况讨论:

首先, 如果 T 和 S 为 Fredholm 算子, 由定理 7.2.7 即得所需结论.

其次, 如果 T 是左半 Fredholm 算子且 $d(T) = \infty$, 则 $i(T) = -\infty$, 从而

$$i(T) + i(S) = -\infty.$$

不难发现 $\mathcal{R}(TS) \subset \mathcal{R}(T)$, 从而 $\mathcal{R}(T)^\perp \subset \mathcal{R}(TS)^\perp$. 因此

$$d(TS) = \infty.$$

于是

$$i(TS) = n(TS) - d(TS) = i(T) + i(S).$$

最后, 如果 S 是左半 Fredholm 算子且 $d(S) = \infty$, 则 $i(S) = -\infty$, 从而

$$i(T) + i(S) = -\infty.$$

用反证法, 假设

$$i(TS) \neq i(T) + i(S).$$

由于 TS 是左半 Fredholm 算子, 于是 $i(TS) < \infty$, 从而 TS 是 Fredholm 算子. 据定理 7.2.6 可知 T 是右半 Fredholm 算子, 所以 T 是 Fredholm 算子. 注意, T 和 TS 均为 Fredholm 算子, 所以 S 也是 Fredholm 算子, 这与 $d(S) = \infty$ 矛盾. □

§7.3 Fredholm 算子的扰动理论

首先介绍 Fredholm 算子在紧算子下的扰动理论.

定理 7.3.1 设 $T \in \mathcal{B}(\mathcal{H},\mathcal{K})$, $K \in \mathcal{B}(\mathcal{H},\mathcal{K})$. 如果 T 是 Fredholm 算子, K 是紧算子, 则 $T+K$ 是 Fredholm 算子并且

$$i(T) = i(T+K).$$

证 如果 T 是 Fredholm 算子, 则 $\mathcal{R}(T)$ 是闭的并且 $\mathcal{N}(T)$ 和 $\mathcal{R}(T)^\perp$ 是有限

维的. 由于
$$T^\dagger(T+K) = T^\dagger T + T^\dagger K$$
$$= I - P_{\mathcal{N}(T)} + T^\dagger K,$$
$$(T+K)T^\dagger = TT^\dagger + KT^\dagger$$
$$= I - P_{\mathcal{R}(T)^\perp} + KT^\dagger,$$

其中 $P_{\mathcal{N}(T)}$, $P_{\mathcal{R}(T)^\perp}$, $T^\dagger K$ 和 $KT^\dagger$ 均为紧算子. 据定理 7.2.5 可得 $T+K$ 是 Fredholm 算子. 下面证明 T 和 $T+K$ 的指标相等. 注意

$$T^\dagger(T+K) = I - P_{\mathcal{N}(T)} + T^\dagger K,$$

于是, 利用定理 7.2.7 和例 7.2.2 可知

$$i(T^\dagger) + i(T+K) = i(T^\dagger(T+K))$$
$$= i(I - P_{\mathcal{N}(T)} + T^\dagger K) = 0,$$

从而
$$i(T+K) = -i(T^\dagger).$$

结合
$$i(T) = -i(T^\dagger)$$

即得
$$i(T) = i(T+K).$$

$\square$

定理 7.3.2 设 $T \in \mathcal{B}(\mathcal{H},\mathcal{K})$, $K \in \mathcal{B}(\mathcal{H},\mathcal{K})$. 如果 T 是左 (右) 半 Fredholm 算子, K 是紧算子, 则 $T+K$ 是左 (右) 半 Fredholm 算子并且 T 和 $T+K$ 的指标相等.

证 设 T 是左半 Fredholm 算子. 利用与定理 7.3.1 类似的方法可得 $I - T^\dagger(T+K)$ 是紧算子, 据定理 7.2.2 即得 $T+K$ 是左半 Fredholm 算子. 如果 $d(T) < \infty$, 则 T 是 Fredholm 算子. 由定理 7.3.1 可知 T 和 $T+K$ 的指标相等; 如果 $d(T) = \infty$, 可以推出 $d(T+K) = \infty$. 若不然, 假设 $d(T+K)$ 是有限数. 注意 $T+K$ 是左半 Fredholm 算子, 因此 $T+K$ 是 Fredholm 算子. 由定理 7.3.1 即得 T 是 Fredholm 算子. 这与 $d(T) = \infty$ 矛盾. 故 T 和 $T+K$ 的指标相等.

设 T 是右半 Fredholm 算子. 则 T^* 是左半 Fredholm 算子. 类似的方法即得 $T^* + K^*$ 是左半 Fredholm 算子并且 T^* 和 $T^* + K^*$ 的指标相等. 于是 $T+K$ 是右半 Fredholm 算子并且

$$i(T) = -i(T^*) = -i(T^* + K^*) = i(T+K).$$

$\square$

由上面两个定理可知, Fredholm 算子在紧算子的扰动下其 Fredholm 性和指标是不变的. 那么, 有没有非紧算子的扰动?

定理 7.3.3 设 $T \in \mathcal{B}(\mathcal{H},\mathcal{K})$, $S \in \mathcal{B}(\mathcal{H},\mathcal{K})$. 如果 T 是 Fredholm 算子且 $\|S\| < \gamma(T)$, 则 $T+S$ 是 Fredholm 算子并且
$$i(T) = i(T+S).$$

证 因为
$$\gamma(T) = \|T^\dagger\|^{-1},$$
因此
$$\|T^\dagger S\| \leqslant \|T^\dagger\|\|S\| = \frac{1}{\gamma(T)}\|S\| < 1,$$
从而 $I + T^\dagger S$ 为可逆算子. 由于
$$T^\dagger(T+S) = T^\dagger T + T^\dagger S = I + T^\dagger S - P_{\mathcal{N}(T)},$$
其中 $I + T^\dagger S$ 为可逆算子, $P_{\mathcal{N}(T)}$ 是有限秩算子, 利用定理 7.3.1 可知
$$T^\dagger(T+S) = (I + T^\dagger S) - P_{\mathcal{N}(T)}$$
是 Fredholm 算子并且其指标为零. 注意 T 是 Fredholm 算子, 从而 $T^\dagger$ 是 Fredholm 算子. 所以 $T+S$ 是 Fredholm 算子. 再据定理 7.2.7 和
$$i(T) = -i(T^\dagger),$$
可得
$$\begin{aligned}0 &= i(T^\dagger(T+S)) \\ &= i(T^\dagger) + i(T+S) \\ &= -i(T) + i(T+S),\end{aligned}$$
从而
$$i(T) = i(T+S).$$
$\square$

例 7.3.1 设 S_r 是 ℓ_2 上的右移算子. 如果 $|\lambda| < 1$, 则 $S_r - \lambda I$ 是 Fredholm 算子.

事实上, 因为 S_r 是 Fredholm 算子并且 $\gamma(T) = 1$, 利用定理 7.3.3 即可.

习题 7.7 设 S_l 是 ℓ_2 上的左移算子. 如果 $|\lambda| \neq 1$, 则 $S_l - \lambda I$ 是 Fredholm 算子.

定理 7.3.4 设 $T \in \mathcal{B}(\mathcal{H},\mathcal{K})$, $S \in \mathcal{B}(\mathcal{H},\mathcal{K})$. 如果 T 是左 (右) 半 Fredholm

算子且 $\|S\| < \gamma(T)$, 则 $T + S$ 是左 (右) 半 Fredholm 算子并且
$$n(T + S) \leqslant n(T),$$
$$d(T + S) \leqslant d(T).$$

证 仅讨论左半 Fredholm 算子的情况. 右半 Fredholm 算子的情况类似. 由于 $\|S\| < \gamma(T)$, 于是
$$\|T^\dagger S\| \leqslant \|T^\dagger\|\|S\| = \gamma(T)^{-1}\|S\| < 1,$$
从而 $I + T^\dagger S$ 是可逆算子. 再由 T 的左半 Fredholm 性可知 $P_{\mathcal{N}(T)}$ 是紧算子, 结合定理 7.3.2 即得
$$T^\dagger(T + S) = T^\dagger T + T^\dagger S = (I + T^\dagger S) - P_{\mathcal{N}(T)}$$
是 Fredholm 算子, 从而 $T + S$ 是左半 Fredholm 算子.

现在证明
$$n(T + S) \leqslant n(T).$$
对任意的 $x \in \mathcal{N}(T + S)$, 易知
$$Tx = -Sx.$$
结合推论 7.1.2 即得
$$\gamma(T)\mathrm{dist}(x, \mathcal{N}(T)) \leqslant \|Tx\| = \|Sx\| < \gamma(T)\|x\|,$$
从而
$$\mathrm{dist}(x, \mathcal{N}(T)) < \|x\|.$$
由此可证
$$n(T + S) \leqslant n(T).$$
事实上, 若
$$n(T + S) > n(T),$$
则
$$\dim P_{\mathcal{N}(T+S)}\mathcal{N}(T) \leqslant n(T) < n(T + S).$$
于是 $P_{\mathcal{N}(T+S)}\mathcal{N}(T)$ 是 $\mathcal{N}(T+S)$ 的真子集. 令 $x_0 \in \mathcal{N}(T+S) \cap (P_{\mathcal{N}(T+S)}\mathcal{N}(T))^\perp$. 则对任意的 $y \in \mathcal{N}(T)$ 有
$$(x_0, y) = (P_{\mathcal{N}(T+S)}x_0, y) = (x_0, P_{\mathcal{N}(T+S)}y) = 0,$$
从而 $x_0 \in \mathcal{N}(T)^\perp$. 于是
$$\|x_0\| = \mathrm{dist}(x_0, \mathcal{N}(T)).$$

这与
$$\mathrm{dist}(x, \mathcal{N}(T)) < \|x\|, \quad x \in \mathcal{N}(T+S)$$
矛盾.

最后证明
$$d(T+S) \leqslant d(T).$$

不妨假设 $d(T) < \infty$. 则 T 是 Fredholm 算子. 由定理 7.3.3 即得
$$i(T+S) = i(T).$$

再结合上面推出的不等式
$$n(T+S) \leqslant n(T),$$

可知
$$d(T+S) \leqslant d(T).$$
□

通常, 我们用 $\Phi_+(\mathcal{H},\mathcal{K})$ 和 $\Phi_-(\mathcal{H},\mathcal{K})$ 分别表示 $\mathcal{B}(\mathcal{H},\mathcal{K})$ 中的所有左半 Fredholm 算子和右半 Fredholm 算子的全体. 记
$$\Phi(\mathcal{H},\mathcal{K}) = \Phi_-(\mathcal{H},\mathcal{K}) \cap \Phi_+(\mathcal{H},\mathcal{K}).$$

换言之, $\Phi(\mathcal{H},\mathcal{K})$ 为从 $\mathcal{H}$ 到 $\mathcal{K}$ 的 Fredholm 算子之全体.

由定理 7.3.3 和 7.3.4 可得以下推论.

推论 7.3.5 $\Phi_+(\mathcal{H},\mathcal{K})$, $\Phi_-(\mathcal{H},\mathcal{K})$ 和 $\Phi(\mathcal{H},\mathcal{K})$ 分别是 $\mathcal{B}(\mathcal{H},\mathcal{K})$ 中的开集.

§7.4 Weyl 算子

本节介绍 Weyl 算子及其基本性质.

定义 7.4.1 设 $T \in \mathcal{B}(\mathcal{H},\mathcal{K})$. 如果 T 是左半 Fredholm 算子且 $n(T) \leqslant d(T)$, 则 T 称为左半 Weyl 算子; 如果 T 是右半 Fredholm 算子且 $n(T) \geqslant d(T)$, 则 T 称为右半 Weyl 算子. 如果 T 既是左半 Weyl 算子, 又是右半 Weyl 算子, 则 T 称为 Weyl 算子.

习题 7.8 设 $T \in \mathcal{B}(\mathcal{H},\mathcal{K})$. 则
(i) T 是左半 Weyl 算子当且仅当 T^* 是右半 Weyl 算子;
(ii) T 是 Weyl 算子当且仅当 T 是 Fredholm 算子并且 $i(T) = 0$;
(iii) T 是 Weyl 算子当且仅当 T^* 是 Weyl 算子.

例 7.4.1 可逆算子是 Weyl 算子. 如果 $K \in \mathcal{B}(\mathcal{H})$ 是紧算子, 则 $I - K$ 是 Weyl 算子.

§7.4 Weyl 算子

定理 7.4.1 设 $T \in \mathcal{B}(\mathcal{H}, \mathcal{K})$. 下面叙述是等价的:

(i) T 是左 (右) 半 Weyl 算子;

(ii) 存在左 (右) 可逆算子 $S \in \mathcal{B}(\mathcal{H}, \mathcal{K})$ 和有限秩算子 $F \in \mathcal{B}(\mathcal{H}, \mathcal{K})$ 使得
$$T = S + F;$$

(iii) 存在左 (右) 可逆算子 $S \in \mathcal{B}(\mathcal{H}, \mathcal{K})$ 和紧算子 $K \in \mathcal{B}(\mathcal{H}, \mathcal{K})$ 使得
$$T = S + K.$$

证 我们只需证明左半 Weyl 算子的情况, 右半 Weyl 算子的结论类似可证. 假设 (i) 成立. 如果 T 是左半 Weyl 算子, 则 T 是左半 Fredholm 算子并且
$$n(T) \leqslant d(T).$$
注意 $n(T)$ 是有限的, 因此存在从 $\mathcal{N}(T)$ 到 $\mathcal{R}(T)^\perp$ 的有限秩算子 F_1 使得 F_1 是单射. 令
$$F = \begin{pmatrix} 0 & 0 \\ 0 & F_1 \end{pmatrix} : \mathcal{N}(T)^\perp \oplus \mathcal{N}(T) \longrightarrow \mathcal{R}(T) \oplus \mathcal{R}(T)^\perp.$$
由于 T 可表示为
$$T = \begin{pmatrix} T_1 & 0 \\ 0 & 0 \end{pmatrix} : \mathcal{N}(T)^\perp \oplus \mathcal{N}(T) \longrightarrow \mathcal{R}(T) \oplus \mathcal{R}(T)^\perp,$$
其中 T_1 是从 $\mathcal{N}(T)^\perp$ 到 $\mathcal{R}(T)$ 的可逆算子, 于是
$$T - F = \begin{pmatrix} T_1 & 0 \\ 0 & -F_1 \end{pmatrix} : \mathcal{N}(T)^\perp \oplus \mathcal{N}(T) \longrightarrow \mathcal{R}(T) \oplus \mathcal{R}(T)^\perp$$
是单射并且值域是闭的, 从而 $T - F$ 是左可逆算子. 现在, 记
$$S = T - F,$$
即得 (ii) 成立.

如果 (ii) 成立, 则 $T - S$ 是有限秩算子, 从而 $T - S$ 为紧算子. 于是 (iii) 成立.

设 (iii) 成立. 注意 S 是左可逆算子, 因此 S 是左半 Fredholm 算子且
$$d(S) \geqslant 0.$$
若 $d(S) < \infty$, 则 S 是 Fredholm 算子且 $i(S) \leqslant 0$, 结合定理 7.3.1 可知
$$T = S + K$$
是 Fredholm 算子且 $i(T) \leqslant 0$, 从而 T 是左半 Weyl 算子; 若 $d(S) = \infty$, 则 $d(T) = \infty$. 若不然, 假设 $d(T) < \infty$. 注意 S 是左半 Fredholm 算子, 由定理 7.3.2

可知
$$T = S + K$$
是左半 Fredholm 算子, 再结合 $d(T) < \infty$, 即得 T 是 Fredholm 算子. 此时, 由定理 7.3.1 可推出
$$S = T - K$$
是 Fredholm 算子. 这与 $d(S) = \infty$ 矛盾. 故 T 是左半 Weyl 算子. □

定理 7.4.2 设 $T \in \mathcal{B}(\mathcal{H}, \mathcal{K})$. 下面叙述是等价的.

(i) T 是 Weyl 算子;

(ii) 存在可逆算子 $S \in \mathcal{B}(\mathcal{H}, \mathcal{K})$ 和有限秩算子 $F \in \mathcal{B}(\mathcal{H}, \mathcal{K})$ 使得
$$T = S + F;$$

(iii) 存在可逆算子 $S \in \mathcal{B}(\mathcal{H}, \mathcal{K})$ 和紧算子 $K \in \mathcal{B}(\mathcal{H}, \mathcal{K})$ 使得
$$T = S + K.$$

证 设 T 是 Weyl 算子. 则 T 是 Fredholm 算子且 $n(T) = d(T)$. 由于 $n(T)$ 和 $d(T)$ 是有限数, 于是存在从 $\mathcal{N}(T)$ 到 $\mathcal{R}(T)^\perp$ 的有限秩算子 F_1 使得 F_1 是可逆的. 令
$$F = \begin{pmatrix} 0 & 0 \\ 0 & F_1 \end{pmatrix} : \mathcal{N}(T)^\perp \oplus \mathcal{N}(T) \longrightarrow \mathcal{R}(T) \oplus \mathcal{R}(T)^\perp.$$

由于 T 可表示为
$$T = \begin{pmatrix} T_1 & 0 \\ 0 & 0 \end{pmatrix} : \mathcal{N}(T)^\perp \oplus \mathcal{N}(T) \longrightarrow \mathcal{R}(T) \oplus \mathcal{R}(T)^\perp,$$

其中 T_1 是从 $\mathcal{N}(T)^\perp$ 到 $\mathcal{R}(T)$ 的可逆算子, 于是, 容易验证
$$T - F = \begin{pmatrix} T_1 & 0 \\ 0 & -F_1 \end{pmatrix} : \mathcal{N}(T)^\perp \oplus \mathcal{N}(T) \longrightarrow \mathcal{R}(T) \oplus \mathcal{R}(T)^\perp$$

是可逆算子. 令
$$S = T - F,$$

即可得知 (i) 蕴涵 (ii). (ii) 蕴涵 (iii) 是显然的, 而 (iii) 蕴涵 (i) 是定理 7.3.1 的直接推论. □

结合定理 7.4.1 和 7.4.2 可得 Fredholm 算子的另一种刻画.

推论 7.4.3 设 $T \in \mathcal{B}(\mathcal{H}, \mathcal{K})$. 则 T 是 Fredholm 算子当且仅当 T 可表示为
$$T = S + K,$$

§7.4 Weyl 算子

其中 $S \in \mathcal{B}(\mathcal{H}, \mathcal{K})$ 是左可逆或右可逆的 Fredholm 算子, $K \in \mathcal{B}(\mathcal{H}, \mathcal{K})$ 是紧算子. 此外, 不难发现

(i) 如果 $i(T) \leqslant 0$, 则 S 是左可逆算子;
(ii) 如果 $i(T) \geqslant 0$, 则 S 是右可逆算子;
(iii) 如果 $i(T) = 0$, 则 S 是可逆算子.

证 由定理 7.4.1 和定理 7.4.2 直接推出. □

现在介绍 Weyl 算子的扰动理论. 由定理 7.3.1, 7.3.2 以及 7.3.3 直接推出:

定理 7.4.4 设 $T \in \mathcal{B}(\mathcal{H}, \mathcal{K})$, $K \in \mathcal{B}(\mathcal{H}, \mathcal{K})$. 则

(i) 如果 T 是左 (右) 半 Weyl 算子, K 是紧算子, 则 $T + K$ 是左 (右) 半 Weyl 算子;
(ii) 如果 T 是 Weyl 算子, K 是紧算子, 则 $T + K$ 是 Weyl 算子.

定理 7.4.5 设 $T \in \mathcal{B}(\mathcal{H}, \mathcal{K})$ 是 Weyl 算子. 如果 $S \in \mathcal{B}(\mathcal{H}, \mathcal{K})$ 且 $\|S\| < \gamma(T)$, 则 $T + S$ 也是 Weyl 算子.

左半 Weyl 算子和右半 Weyl 算子也有关于非紧算子的扰动定理.

定理 7.4.6 设 $T \in \mathcal{B}(\mathcal{H}, \mathcal{K})$ 是左 (右) 半 Weyl 算子. 则存在 $\eta > 0$ 使得对每一个 $S \in \mathcal{B}(\mathcal{H}, \mathcal{K})$, $\|S\| < \eta$ 有 $T + S$ 是左 (右) 半 Weyl 算子且

$$i(T + S) = i(T).$$

证 不妨假设 T 是左半 Weyl 算子. 若不然, 考虑 T^* 即可. 取 $\eta < \frac{1}{3}\gamma(T)$. 对 $S \in \mathcal{B}(\mathcal{H}, \mathcal{K})$, $\|S\| < \eta$, 由定理 7.3.4 可知 $T + S$ 是左 Fredholm 算子且

$$n(T + S) \leqslant n(T),$$
$$d(T + S) \leqslant d(T).$$

下面分两种情况进行讨论.

先考虑 T 为单射的情况. 因为 T 是单射, 因此

$$n(T + S) \leqslant 0,$$

从而 $T + S$ 是左可逆算子. 显然, $T + S$ 是左半 Weyl 算子. 对任意的 $x \in \mathcal{H}$, 又因为 T 是单射, 因此

$$\|x\| \leqslant \gamma(T)^{-1}\|Tx\|$$
$$\leqslant \gamma(T)^{-1}(\|(T + S)x\| + \|S\|\|x\|)$$
$$\leqslant \gamma(T)^{-1}\|(T + S)x\| + \frac{1}{3}\|x\|,$$

从而
$$\frac{2}{3}\gamma(T)\|x\| \leqslant \|(T+S)x\|.$$

所以
$$\gamma(T+S) = \inf_{x \notin \mathcal{N}(T+S)} \frac{\|(T+S)x\|}{\operatorname{dist}(x, \mathcal{N}(T+S))}$$
$$= \inf_{x \neq 0} \frac{\|(T+S)x\|}{\|x\|}$$
$$\geqslant \frac{2}{3}\gamma(T) > \eta.$$

于是, $T+S$ 是左半 Fredholm 算子并且单射, $\|S\| \leqslant \gamma(T+S)$. 再由定理 7.3.4 即得
$$T = (T+S) - S$$

是左可逆算子且
$$d(T) \leqslant d(T+S).$$

综上, 我们有
$$n(T) = n(T+S),$$
$$d(T) = d(T+S),$$

从而
$$i(T) = i(T+S).$$

现在考虑 T 不是单射的情况. 此时, T 和 S 可表示为
$$T = \begin{pmatrix} 0 & T_2 \end{pmatrix} : \mathcal{N}(T) \oplus \mathcal{N}(T)^\perp \longrightarrow \mathcal{K},$$
$$S = \begin{pmatrix} S_1 & S_2 \end{pmatrix} : \mathcal{N}(T) \oplus \mathcal{N}(T)^\perp \longrightarrow \mathcal{K}.$$

不难看出 T_2 左可逆算子并且
$$d(T) = d(T_2),$$
$$\gamma(T) = \gamma(T_2),$$
$$\|S_2\| \leqslant \|S\|.$$

由于 T_2 是左可逆算子, $\|S_2\| < \eta$ 并且 $\eta < \frac{1}{3}\gamma(T_2)$, 因此, 利用上面的论证可知 $T_2 + S_2$ 是左可逆算子且
$$i(T_2 + S_2) = i(T_2).$$

结合 $T_2 + S_2$ 和 T_2 的单射性即得
$$d(T_2 + S_2) = d(T_2).$$

记

$$A = \begin{pmatrix} 0 & T_2 + S_2 \end{pmatrix} : \mathcal{N}(T) \oplus \mathcal{N}(T)^\perp \longrightarrow \mathcal{K},$$
$$F = \begin{pmatrix} S_1 & 0 \end{pmatrix} : \mathcal{N}(T) \oplus \mathcal{N}(T)^\perp \longrightarrow \mathcal{K}.$$

因为 $\mathcal{N}(T)$ 是有限维的, $T_2 + S_2$ 是左可逆算子且

$$d(T_2 + S_2) = d(T_2),$$

因此 F 是有限秩算子, A 是左半 Fredholm 算子并且

$$n(A) = n(T),$$
$$d(A) = d(T_2) = d(T).$$

注意 T 是左半 Weyl 算子, 于是

$$n(A) \leqslant d(A),$$

从而 A 为左半 Weyl 算子. 利用定理 7.3.2 可知

$$T + S = A + F$$

是左半 Weyl 算子且

$$i(T + S) = i(A) = n(A) - d(A) = n(T) - d(T) = i(T).$$

□

用 $\mathcal{W}_+(\mathcal{H}, \mathcal{K})$ 和 $\mathcal{W}_-(\mathcal{H}, \mathcal{K})$ 表示 $\mathcal{B}(\mathcal{H}, \mathcal{K})$ 中的左半 Weyl 算子之全体和右半 Weyl 算子之全体. 记

$$\mathcal{W}(\mathcal{H}, \mathcal{K}) = \mathcal{W}_-(\mathcal{H}, \mathcal{K}) \cap \mathcal{W}_+(\mathcal{H}, \mathcal{K}).$$

由定理 7.4.6 推出:

推论 7.4.7 $\mathcal{W}_+(\mathcal{H}, \mathcal{K})$ 和 $\mathcal{W}_-(\mathcal{H}, \mathcal{K})$ 分别为 $\mathcal{B}(\mathcal{H}, \mathcal{K})$ 中的开集, 从而 $\mathcal{W}(\mathcal{H}, \mathcal{K})$ 是 $\mathcal{B}(\mathcal{H}, \mathcal{K})$ 中的开集.

§7.5 Browder 算子

Browder 算子涉及线性算子的升标和降标. 与以往相同, 用 $\alpha(T)$ 和 $\beta(T)$ 表示算子 T 的升标和降标.

定义 7.5.1 设 $T \in \mathcal{B}(\mathcal{H})$. 如果 T 是左半 Fredholm 算子并且 $\alpha(T)$ 是有限数, 则 T 称为左半 Browder 算子; 如果 T 是右半 Fredholm 算子并且 $\beta(T)$ 是有限数, 则 T 称为右半 Browder 算子. 如果 T 既是左半 Browder 算子又是右半 Browder 算子, 则 T 称为 Browder 算子.

设 $T \in \mathcal{B}(\mathcal{H})$. 不难发现
$$\alpha(T) = \beta(T^*).$$

于是, T 是左半 Browder 算子当且仅当 T^* 是右半 Browder 算子, 从而 T 是 Browder 算子当且仅当 T^* 是 Browder 算子. 另一方面, 易知 T 是 Browder 算子当且仅当 T 是 Fredholm 算子且 $\alpha(T)$ 和 $\beta(T)$ 均为有限数. 因此, Browder 算子既是 Drazin 可逆算子, 又是 Fredholm 算子. 所以, Browder 算子具有 Drazin 可逆算子具备的所有性质, 如柱心–幂零分解以及原点的某一空心邻域包含在正则点集内等, 在此不再叙述. 为了研究 Browder 算子的其他性质, 先给出一个引理.

引理 7.5.1 设 $T \in \mathcal{B}(\mathcal{H})$. 如果 m 是给定的正整数, 则下面结论成立.

(i) $\alpha(T) \leqslant m$ 当且仅当对每一个 $n \in \mathbb{N}$ 有
$$\mathcal{R}(T^m) \cap \mathcal{N}(T^n) = \{0\};$$

(ii) $\beta(T) \leqslant m$ 当且仅当对每一个 $n \in \mathbb{N}$ 有
$$\mathcal{R}(T^n) + \mathcal{N}(T^m) = \mathcal{H}.$$

证 (i) 假设 $\alpha(T) \leqslant m$ 且 n 是任意自然数. 如果 $y \in \mathcal{R}(T^m) \cap \mathcal{N}(T^n)$, 则存在 $x \in \mathcal{H}$ 使得
$$T^m x = y,$$
从而
$$T^{m+n} x = T^n y = 0.$$
于是 $x \in \mathcal{N}(T^{m+n})$. 因为 $\alpha(T) \leqslant m$, 因此
$$\mathcal{N}(T^{m+n}) = \mathcal{N}(T^m),$$
所以 $x \in \mathcal{N}(T^m)$. 故
$$y = T^m x = 0,$$
从而
$$\mathcal{R}(T^m) \cap \mathcal{N}(T^n) = \{0\}.$$

反之, 假设对每一个 $n \in \mathbb{N}$ 有
$$\mathcal{R}(T^m) \cap \mathcal{N}(T^n) = \{0\}.$$
如果 $x \in \mathcal{N}(T^{m+1})$, 则
$$T^m x \in \mathcal{R}(T^m) \cap \mathcal{N}(T) \subset \mathcal{R}(T^m) \cap \mathcal{N}(T^n) = \{0\},$$
从而 $x \in \mathcal{N}(T^m)$. 故 $\mathcal{N}(T^{m+1}) \subset \mathcal{N}(T^m)$. 注意 $\mathcal{N}(T^m) \subset \mathcal{N}(T^{m+1})$ 是显然的,

所以
$$\mathcal{N}(T^m) = \mathcal{N}(T^{m+1}),$$
从而 $\alpha(T) \leqslant m$.

(ii) 设 $\beta(T) \leqslant m$ 且 n 是任一自然数. 记 $\mathcal{M}$ 是 $\mathcal{R}(T^n)$ 在 $\mathcal{H}$ 中的代数补空间, 则
$$\mathcal{H} = \mathcal{R}(T^n) \dotplus \mathcal{M}.$$
于是 $\mathcal{H}$ 中的任一元 x 均可表示为
$$x = u + w,$$
其中 $u \in \mathcal{M}, w \in \mathcal{R}(T^n)$. 注意 $\beta(T) \leqslant m$, 因此
$$\mathcal{R}(T^m) = \mathcal{R}(T^{m+n}).$$
故, 对于 $u \in \mathcal{M}$, 存在 $v \in \mathcal{H}$ 使得
$$T^m u = T^{m+n} v.$$
令
$$y = u - T^n v,$$
$$z = T^n v + w.$$
容易验证 $y \in \mathcal{N}(T^m), z \in \mathcal{R}(T^n)$ 并且
$$x = u + w = y + T^n v + w = y + z.$$
因此
$$\mathcal{H} = \mathcal{R}(T^n) + \mathcal{N}(T^m).$$

反之, 假设对任一自然数 n 有
$$\mathcal{H} = \mathcal{R}(T^n) + \mathcal{N}(T^m).$$
则
$$\mathcal{R}(T^m) \subset T^m(\mathcal{N}(T^m)) + T^m(\mathcal{R}(T^n)) = \mathcal{R}(T^{m+n}),$$
从而 $\mathcal{R}(T^m) \subset \mathcal{R}(T^{m+1})$. 注意到 $\mathcal{R}(T^{m+1}) \subset \mathcal{R}(T^m)$ 是显然的, 于是
$$\mathcal{R}(T^m) = \mathcal{R}(T^{m+1}).$$
故 $\beta(T) \leqslant m$. □

定理 7.5.2 设 $T \in \mathcal{B}(\mathcal{H})$.

(i) 如果 $\alpha(T) < \infty$, 则 $n(T) \leqslant d(T)$;

(ii) 如果 $\beta(T) < \infty$, 则 $d(T) \leqslant n(T)$;

(iii) 如果 $\alpha(T) = \beta(T) < \infty$, 则 $n(T) = d(T)$.

证 (i) 令 $m = \alpha(T)$. 不失一般性, 仅需考虑 $d(T) < \infty$ 的情况即可. 若不然, 结论显然成立. 如果 $\alpha(T) < \infty$, 由引理 7.5.1 (i) 可知

$$\mathcal{N}(T) \cap \mathcal{R}(T^m) = \{0\},$$

从而

$$n(T) \leqslant \operatorname{codim}\mathcal{R}(T^m).$$

注意 $d(T) < \infty$, 从而 T 是右半 Fredholm 算子, 故 T^m 是右半 Fredholm 算子. 所以 $n(T) < \infty$. 由此即知 T 是 Fredholm 算子. 对任意的 $n \geqslant m$, 由定理 7.2.7 和 $\alpha(T) = m$ 可得

$$n \cdot i(T) = i(T^n) = n(T^n) - d(T^n) = n(T^m) - d(T^n).$$

如果 $\beta(T) < \infty$, 则 $\beta(T) = m$, 从而

$$n \cdot i(T) = n(T^m) - d(T^m).$$

于是 $n \cdot i(T)$ 是与 n 无关的常数, 故 $i(T) = 0$. 所以

$$n(T) = d(T).$$

如果 $\beta(T) = \infty$, 则

$$\lim_{n \to \infty} d(T^n) = \infty.$$

于是, 当 n 足够大时

$$i(T) < 0.$$

所以

$$n(T) < d(T).$$

(ii) 假设 $m = \beta(T)$. 与 (i) 类似, 我们仅考虑 $n(T) < \infty$ 的情况. 由于 $\beta(T) < \infty$, 根据引理 7.5.1 (ii) 即得

$$\mathcal{N}(T^m) + \mathcal{R}(T) = \mathcal{H},$$

从而

$$d(T) \leqslant n(T^m).$$

注意, $n(T) < \infty$ 蕴涵着 $n(T^m) < \infty$, 于是 $d(T)$ 是有限数, 从而 T 是 Fredholm 算子. 类似于 (i) 的证明, 利用 T^n 的指标定理可知, 当 $\alpha(T) < \infty$ 时

$$n(T) = d(T);$$

§7.5 Browder 算子

当 $\alpha(T) = \infty$ 时
$$n(T) > d(T).$$

(iii) 由 (i) 和 (ii) 推出. □

推论 7.5.3 左 (右) 半 Browder 算子是左 (右) 半 Weyl 算子, Browder 算子是 Weyl 算子.

证 由定理 7.5.2 可知左 (右) 半 Browder 算子是左 (右) 半 Weyl 算子, 从而 Browder 算子必为 Weyl 算子. □

习题 7.9 由定理 7.5.2 (iii) 能否推出 Drazin 可逆算子必为 Weyl 算子?

对于给定的算子而言, 计算零度和亏度比起计算升标和降标要简单些. 因此, 下面定理提供了判断 Browder 算子的简单方法.

定理 7.5.4 设 $T \in \mathcal{B}(\mathcal{H})$ 是 Weyl 算子. 如果 $\alpha(T) < \infty$ 或者 $\beta(T) < \infty$, 则 T 为 Browder 算子.

证 假设 $\alpha(T) < \infty$ 并记 $n = \alpha(T)$. 因为 T 是 Weyl 算子, 因此 T^n 和 T^{n+1} 均为 Weyl 算子, 从而
$$n(T^n) - d(T^n) = n(T^{n+1}) - d(T^{n+1}).$$
注意 n 是 T 的升标, 于是
$$n(T^n) = n(T^{n+1}),$$
从而
$$d(T^n) = d(T^{n+1}).$$
故
$$\mathcal{R}(T^n)^\perp = \mathcal{R}(T^{n+1})^\perp,$$
即
$$\mathcal{R}(T^n) = \mathcal{R}(T^{n+1}).$$
所以 $\beta(T)$ 是有限数. □

现在讨论 Browder 算子的扰动. 为此, 先介绍一个引理.

引理 7.5.5 设 $T \in \mathcal{B}(\mathcal{H})$ 和 $K \in \mathcal{B}(\mathcal{H})$ 是可交换的.
(i) 如果 T 是满射, K 是紧算子, 则 $\beta(T - K) < \infty$;
(ii) 如果 T 是下方有界的, K 是紧算子, 则 $\alpha(T - K) < \infty$.

证 (i) 如果 T 是满射且 K 是紧算子, 据定理 7.3.2 可知 $T - K$ 是右半 Fredholm 算子. 记
$$S = T - K.$$

对任意的正整数 k, 由定理 7.2.8 即得 S^k 是右半 Fredholm 算子, 从而 $\mathcal{R}(S^k)$ 是闭的且 $d(S^k)$ 是有限数.

在商空间 $\mathcal{H}/\mathcal{R}(S^k)$ 上定义算子 $\widehat{T}: \mathcal{H}/\mathcal{R}(S^k) \longrightarrow \mathcal{H}/\mathcal{R}(S^k)$ 如下:
$$\widehat{T}\widehat{x} = \widehat{Tx}, \quad \widehat{x} = x + \mathcal{R}(S^k) \in \mathcal{H}/\mathcal{R}(S^k).$$

对任意的 $y \in \mathcal{H}$, 由于 T 是满射, 因此存在 $x \in \mathcal{H}$ 使得
$$Tx = y,$$
从而
$$\widehat{y} = \widehat{Tx} = \widehat{T}\widehat{x}.$$

于是 $\widehat{T}$ 是满射. 注意到 $d(S^k) < \infty$ 可得 $\mathcal{H}/\mathcal{R}(S^k)$ 是有限维空间, 从而 $\widehat{T}$ 是单射. 所以
$$\mathcal{N}(T) \subset \mathcal{R}(S^k).$$

由于 T 和 K 可交换, 从而 T 和 S^k 亦交换. 结合 T 的满射性即得
$$T\mathcal{R}(S^k) = \mathcal{R}(TS^k) = \mathcal{R}(S^k T)$$
$$= S^k \mathcal{R}(T) = \mathcal{R}(S^k).$$

因此, 对任意的 $z \in \mathcal{R}(S^k)$, 总存在 $y \in \mathcal{R}(S^k)$ 使得
$$z = Ty.$$

注意, 对每一个 $x \in \mathcal{H}$, 由推论 7.1.2 和 $\mathcal{N}(T) \subset \mathcal{R}(S^k)$ 推出
$$\|Tx - z\| = \|Tx - Ty\|$$
$$= \|T(x - y)\|$$
$$\geqslant \gamma(T)\mathrm{dist}(x - y, \mathcal{N}(T))$$
$$\geqslant \gamma(T)\mathrm{dist}(x - y, \mathcal{R}(S^k)).$$

注意 $y \in \mathcal{R}(S^k)$, 从而
$$\|Tx - z\| \geqslant \gamma(T)\mathrm{dist}(x, \mathcal{R}(S^k)).$$

由 $z \in \mathcal{R}(S^k)$ 的任意性不难发现, 对每一个 $x \in \mathcal{H}$ 有
$$\mathrm{dist}(Tx, \mathcal{R}(S^k)) \geqslant \gamma(T)\mathrm{dist}(x, \mathcal{R}(S^k)).$$

现在证明 $\beta(S) < \infty$. 用反证法, 假设 $\beta(S) = \infty$. 则 $\mathcal{R}(S^{n+1})$ 是 $\mathcal{R}(S^n)$ 的真子集. 对每一个 n, 由 Riesz 引理可知存在 $x_n \in \mathcal{R}(S^n)$, $\|x_n\| = 1$ 使得
$$\mathrm{dist}(x_n, \mathcal{R}(S^{n+1})) \geqslant \frac{1}{2}.$$

§7.5 Browder 算子

由此可得 $\mathcal{H}$ 中的单位点列 $\{x_n\}$. 对任意正整数 n 和 m, 不妨设 $m > n$, 则

$$Kx_m - Kx_n = Kx_m + Sx_n - Tx_n.$$

注意

$$K\mathcal{R}(S^m) = \mathcal{R}(KS^m) = \mathcal{R}(S^m K) \subset \mathcal{R}(S^m),$$

于是 $Kx_m \in \mathcal{R}(S^m)$. 再结合 $Sx_n \in \mathcal{R}(S^{n+1})$ 和 $m > n$ 可知 $Kx_m + Sx_n \in \mathcal{R}(S^{n+1})$. 令

$$w = Kx_m + Sx_n.$$

则

$$\begin{aligned}
\|Kx_m - Kx_n\| &= \|w - Tx_n\| \\
&\geqslant \mathrm{dist}(Tx_n, \mathcal{R}(S^{n+1})) \\
&\geqslant \gamma(T)\mathrm{dist}(x_n, \mathcal{R}(S^{n+1})) \\
&\geqslant \frac{1}{2}\gamma(T).
\end{aligned}$$

由于 T 是满射, 于是 $\gamma(T) > 0$, 从而 $\{Kx_n\}$ 没有收敛子列. 这与 K 的紧性矛盾.

(ii) 如果 T 是下方有界的, 则 T^* 是满射. 注意到

$$\alpha(T - K) = \beta(T^* - K^*)$$

可知, 对 T^* 和 K^* 应用 (i) 即得 (ii). □

定理 7.5.6 设 $T \in \mathcal{B}(\mathcal{H})$ 和 $K \in \mathcal{B}(\mathcal{H})$ 是可交换的. 如果 K 是紧算子, 则
 (i) T 是左半 Browder 算子当且仅当 $T + K$ 是左半 Browder 算子;
 (ii) T 是右半 Browder 算子当且仅当 $T + K$ 是右半 Browder 算子;
 (iii) T 是 Browder 算子当且仅当 $T + K$ 是 Browder 算子.

证 先证明 (ii). 设 T 是右半 Browder 算子. 由定理 7.3.2 可知 T 是右半 Fredholm 算子当且仅当 $T + K$ 是右半 Fredholm 算子. 于是仅需证明 $\beta(T + K)$ 为有限数即可. 因为 T 是右半 Browder 算子, 因此 $\beta(T)$ 是有限数. 记 $n = \beta(T)$. 则 $\mathcal{R}(T^n)$ 是闭的并且

$$\mathcal{R}(T^n) = \mathcal{R}(T^{n+1}).$$

由于 T 和 K 是可交换的, 所以 $K\mathcal{R}(T^n) \subset \mathcal{R}(T^n)$. 令

$$T_1 = T|_{\mathcal{R}(T^n)} : \mathcal{R}(T^n) \longrightarrow \mathcal{R}(T^n),$$
$$K_1 = K|_{\mathcal{R}(T^n)} : \mathcal{R}(T^n) \longrightarrow \mathcal{R}(T^n).$$

不难验证 T_1 是满射, K_1 是紧算子, 并且 T_1 和 K_1 是可交换的. 据引理 7.5.5 即得

$\beta(T_1+K_1)$ 为有限的. 故, 存在正整数 k 使得对每一个 $m>k$ 有

$$\mathcal{R}((T_1+K_1)^k) = \mathcal{R}((T_1+K_1)^m)$$
$$= \mathcal{R}((T+K)^m T^n)$$
$$\subset \mathcal{R}((T+K)^m).$$

一方面, 由于 T 是右半 Fredholm 算子, 于是 T^n 是右半 Fredholm 算子, 从而 $d(T^n)$ 为有限数. 另一方面, 由 T_1 的满射性和 K_1 的紧性可得 T_1+K_1 是右半 Fredholm 算子, 从而商空间 $\mathcal{R}(T^n)/\mathcal{R}((T_1+K_1)^k)$ 是有限维的. 故 $\dim \mathcal{H}/\mathcal{R}((T_1+K_1)^k) < \infty$. 于是, 对每一个 $m>k$ 有 $d((T+K)^m) < \infty$, 从而 $\beta(T+K) < \infty$.

反之, 假设 $T+K$ 是右半 Brwoder 算子. 由于 $T+K$ 和 $-K$ 是交换的, 根据上面的论证可得 $T=(T+K)-K$ 是右半 Browder 算子.

对 T^* 应用 (ii) 即得 (i), 而结合 (i) 和 (ii) 可得 (iii). □

定理 7.4.2 指出给定的算子是 Weyl 算子当且仅当该算子可分解为可逆算子和紧算子之和. 那么, Browder 算子有没有类似的分解? 当然, Browder 算子作为 Weyl 算子, 其可分解为可逆算子和紧算子之和, 但是反过来怎么样? 换句话说, 可逆算子和紧算子之和是否是 Browder 算子? 如果不是, 加什么条件才能保证 Browder 性?

定理 7.5.7 设 $T \in \mathcal{B}(\mathcal{H})$. 则下面条件等价:

(i) T 是 Browder 算子;

(ii) 存在可逆算子 $S \in \mathcal{B}(\mathcal{H})$ 和有限秩算子 $F \in \mathcal{B}(\mathcal{H})$ 使得 S 和 F 是可交换的并且

$$T = S + F;$$

(iii) 存在可逆算子 $S \in \mathcal{B}(\mathcal{H})$ 和紧算子 $K \in \mathcal{B}(\mathcal{H})$ 使得 S 和 F 是可交换的并且

$$T = S + K.$$

证 设 T 是 Browder 算子并记

$$n = \alpha(T) = \beta(T).$$

由定理 6.4.6 可知 T 可表示为

$$T = \begin{pmatrix} T_1 & 0 \\ 0 & T_2 \end{pmatrix} : \mathcal{R}(T^n) \dotplus \mathcal{N}(T^n) \longrightarrow \mathcal{R}(T^n) \dotplus \mathcal{N}(T^n),$$

其中 T_1 是可逆算子, T_2 是幂零算子. 令

$$S = \begin{pmatrix} T_1 & 0 \\ 0 & I \end{pmatrix} : \mathcal{R}(T^n) \dotplus \mathcal{N}(T^n) \longrightarrow \mathcal{R}(T^n) \dotplus \mathcal{N}(T^n),$$

§7.5 Browder 算子

$$F = \begin{pmatrix} 0 & 0 \\ 0 & T_2 - I \end{pmatrix} : \mathcal{R}(T^n) \dotplus \mathcal{N}(T^n) \longrightarrow \mathcal{R}(T^n) \dotplus \mathcal{N}(T^n).$$

则 S 和 F 是可交换的并且

$$T = S + F.$$

一方面, 因为 T_1 是可逆算子, 因此 S 是可逆算子. 另一方面, 又因为 T 是 Weyl 算子, 因此 T^n 也是 Weyl 算子, 从而 $\mathcal{N}(T^n)$ 是有限维的. 故 F 为有限秩算子. 所以 (ii) 成立. 注意到有限秩算子必为紧算子即得 (iii).

反之, 假设 (iii) 成立. 由于 S 为可逆算子, 于是 S 为 Browder 算子. 因此, 据定理 7.5.6 可得 $S + K$ 是 Browder 算子, 从而 T 是 Browder 算子. 换言之, (i) 成立. □

左 (右) 半 Browder 算子也可表示为可交换的左 (右) 可逆算子与紧 (有限秩) 算子之和, 其证明比定理 7.5.7 的证明要复杂, 会涉及半正规算子以及 Kato 分解等. 于是, 只给出有关左 (右) 半 Browder 算子的结论, 证明可参阅 [1].

定理 7.5.8 设 $T \in \mathcal{B}(\mathcal{H})$. 则下面条件等价:

(i) T 是左 (右) 半 Browder 算子;

(ii) 存在左 (右) 可逆算子 $S \in \mathcal{B}(\mathcal{H})$ 和有限秩算子 $F \in \mathcal{B}(\mathcal{H})$ 使得 S 和 F 是可交换的并且

$$T = S + F;$$

(iii) 存在左 (右) 可逆算子 $S \in \mathcal{B}(\mathcal{H})$ 和紧算子 $K \in \mathcal{B}(\mathcal{H})$ 使得 S 和 K 是可交换的并且

$$T = S + K.$$

第八章 本质谱理论的简介

20 世纪初, 在研究微分方程的过程中, Weyl 发现微分算子的有些谱点与边界条件的选取无关, 从而引出本质谱的概念. 目前, 本质谱理论是算子理论中的热门研究内容之一, 它在纯数学和应用数学领域中有着重要的应用. 本章主要介绍本质谱, Weyl 谱和 Browder 谱及其基本性质.

§8.1 本 质 谱

本质谱是 Fredholm 算子理论中的重要研究内容. 下面介绍常用的几种本质谱及其基本性质.

定义 8.1.1 设 $T \in \mathcal{B}(\mathcal{H})$. 集合

$$\sigma_{le}(T) = \{\lambda \in \mathbb{C} : T - \lambda I \text{不是左半 Fredholm 算子}\},$$
$$\sigma_{re}(T) = \{\lambda \in \mathbb{C} : T - \lambda I \text{不是右半 Fredholm 算子}\}$$

分别称为 T 的左本质谱和右本质谱. T 的左本质谱和右本质谱的并集称为 T 的本质谱, 简记为 $\sigma_e(T)$. 换言之,

$$\sigma_e(T) = \{\lambda \in \mathbb{C} : T - \lambda I \text{不是 Fredholm 算子}\}.$$

通常, 人们称

$$\rho_F(T) = \mathbb{C} \backslash \sigma_e(T)$$

为 T 的 Fredholm 域.

设 $T \in \mathcal{B}(\mathcal{H})$. 由 Fredholm 算子的紧扰动理论可知, T 是 Fredholm 算子当且

仅当 $T+K$ 是 Fredholm 算子, 其中 K 是任一紧算子. 因此 T 是 Fredholm 算子当且仅当 T 是 Calkin 代数 $\mathcal{B}(\mathcal{H})/\mathcal{B}_0(\mathcal{H})$ 中的可逆元. 于是, 利用 Banach 代数理论可以证明: 如果 $\mathcal{H}$ 是无穷维的且 $T \in \mathcal{B}(\mathcal{H})$, 则 T 的本质谱 $\sigma_e(T)$ 为非空的. 类似, 无穷维空间上的算子 T 的左本质谱 $\sigma_{le}(T)$ 和右本质谱 $\sigma_{re}(T)$ 也是非空集合. 再结合推论 7.3.5 可得左本质谱 $\sigma_{le}(T)$, 右本质谱 $\sigma_{re}(T)$ 以及 $\sigma_e(T)$ 均为闭集. 于是有以下定理.

定理 8.1.1 设 $T \in \mathcal{B}(\mathcal{H})$. 如果 $\mathcal{H}$ 是无穷维空间, 则 $\sigma_{le}(T), \sigma_{re}(T)$ 以及 $\sigma_e(T)$ 是复平面中的非空闭集.

左本质谱, 右本质谱和本质谱具有类似于左谱, 右谱和谱的性质.

定理 8.1.2 设 $T \in \mathcal{B}(\mathcal{H})$. 则
(i) $\lambda \in \sigma_{le}(T)$ 当且仅当 $\overline{\lambda} \in \sigma_{re}(T^*)$;
(ii) $\sigma_{le}(T) \subset \sigma_l(T)$ 并且 $\sigma_{re}(T) \subset \sigma_r(T)$, 从而 $\sigma_e(T) \subset \sigma(T)$;
(iii) $\sigma_{le}(T) = \sigma_{le}(T+K), \sigma_{re}(T) = \sigma_{re}(T+K), \sigma_e(T) = \sigma_e(T+K)$, 其中 $K \in \mathcal{B}(\mathcal{H})$ 是紧算子.

证 直接验证即得 (i) 和 (ii), 利用 Fredholm 算子的紧扰动理论可得 (iii). □

习题 8.1 设 $T \in \mathcal{B}(\mathcal{H})$. 则
$$\sigma_l(T) = \sigma_{le}(T) \cup \{\lambda \in \mathbb{C} : 0 < n(T - \lambda I) < \infty\},$$
$$\sigma_r(T) = \sigma_{re}(T) \cup \{\lambda \in \mathbb{C} : 0 < d(T - \lambda I) < \infty\}.$$

定理 8.1.3 设 $T \in \mathcal{B}(\mathcal{H})$. 在集合 $\mathbb{C} \setminus (\sigma_{le}(T) \cap \sigma_{re}(T))$ 的每一个分支上 $i(T - \lambda I)$ 是常数. 如果 λ 是 $\sigma(T)$ 的边界点并且 $\lambda \notin \sigma_{le}(T) \cap \sigma_{re}(T)$, 则
$$i(T - \lambda I) = 0.$$

证 由定理 7.4.6 可知 $i(T - \lambda I)$ 在集合 $\mathbb{C}\setminus(\sigma_{le} \cap \sigma_{re}(T))$ 的每一个分支上是常数. 如果 λ 是 $\sigma(T)$ 的边界点并且 $\lambda \notin \sigma_{le}(T) \cap \sigma_{re}(T)$, 则存在 $\lambda_n \in \rho(T)$ 使得
$$\lim_{n \to \infty} \lambda_n = \lambda.$$
注意, $T - \lambda_n I$ 是可逆算子, 从而
$$i(T - \lambda_n I) = 0.$$
结合定理 7.4.6 可知
$$i(T - \lambda I) = \lim_{n \to \infty} i(T - \lambda_n I) = 0.$$

□

§8.1 本 质 谱

例 8.1.1 设 S_r 是 ℓ_2 空间上的右移算子. 则
$$\sigma_{re}(S_r) = \sigma_{le}(S_r) = \{\lambda \in \mathbb{C}: |\lambda| = 1\}.$$

此外
$$i(S_r - \lambda I) = \begin{cases} -1, & |\lambda| < 1; \\ 0, & |\lambda| > 1. \end{cases}$$

事实上, 当 $|\lambda| > 1$ 时, 由于 $\lambda \in \rho(S_r)$, 于是
$$i(S_r - \lambda I) = 0.$$

当 $|\lambda| = 1$ 时, 由例 3.6.3 可知 $\mathcal{R}(S_r - \lambda I)$ 不闭, 从而 $\lambda \in \sigma_{re}(S_r) \cap \sigma_{le}(S_r)$. 当 $|\lambda| < 1$ 时, 对任意的 $x \in \ell_2$, 不难验证

$$\begin{aligned} \|(S_r - \lambda I)x\| &= \|S_r x - \lambda x\| \\ &\geqslant |\|S_r x\| - \|\lambda x\|| \\ &= |\|x\| - |\lambda|\|x\|| \\ &= (1 - |\lambda|)\|x\|. \end{aligned}$$

于是 $S_r - \lambda I$ 是单射并且 $\mathcal{R}(S_r - \lambda I)$ 是闭的. 再由例 3.6.3 和例 3.2.2 可得
$$\dim \mathcal{R}(S_r - \lambda I)^\perp = \dim \mathcal{N}(S_l - \overline{\lambda} I) = 1,$$

从而
$$d(S_r - \lambda I) = 1.$$

所以
$$\sigma_{re}(S_r) = \sigma_{le}(S_r) = \{\lambda \in \mathbb{C}: |\lambda| = 1\},$$

并且
$$i(S_r - \lambda I) = -1, \quad |\lambda| < 1.$$

引理 8.1.4 设 $T \in \mathcal{B}(\mathcal{H})$ 是左半 Fredholm 算子, 并记
$$\mathcal{M} = \bigcap_{n=1}^{\infty} \mathcal{R}(T^n).$$

则有下面结论:

(i) $\mathcal{M}$ 是闭子空间;

(ii) $\widehat{T} = T|_{\mathcal{M}}: \mathcal{M} \longrightarrow \mathcal{M}$ 是右可逆算子, 并且 $n(\widehat{T}) \leqslant n(T)$;

(iii) 存在 $\delta > 0$ 使得
$$n(\widehat{T} - \lambda I) = n(\widehat{T}), \quad |\lambda| < \delta,$$
$$n(T - \lambda I) = n(\widehat{T}), \quad 0 < |\lambda| < \delta.$$

证 (i) 对每一个自然数 n, 由于 T^n 是左半 Fredholm 算子, 因此 $\mathcal{R}(T^n)$ 是闭的, 从而 $\mathcal{M}$ 是闭子空间.

(ii) 对任意的正整数 n, 不难验证
$$(\mathcal{R}(T^{n+1}) \cap \mathcal{N}(T)) \subset (\mathcal{R}(T^n) \cap \mathcal{N}(T)).$$
注意 $\mathcal{N}(T)$ 是有限维的, 从而 $\mathcal{R}(T^n) \cap \mathcal{N}(T)$ 是有限维的. 于是存在自然数 m 使得对一切 $n \geqslant m$ 有
$$\mathcal{R}(T^m) \cap \mathcal{N}(T) = \mathcal{R}(T^n) \cap \mathcal{N}(T).$$
任取 $y \in \mathcal{M}$. 每一个 $n \geqslant m$, 因为 $\mathcal{M} \subset \mathcal{R}(T^{n+1})$, 因此存在 $x_n \in \mathcal{R}(T^n)$ 使得
$$y = Tx_n,$$
从而 $x_n - x_m \in \mathcal{N}(T)$. 结合 $x_n - x_m \in \mathcal{R}(T^m)$, 即得 $x_n - x_m \in \mathcal{N}(T) \cap \mathcal{R}(T^m)$. 故 $x_n - x_m \in \mathcal{N}(T) \cap \mathcal{R}(T^n)$. 所以, 对每一个 $n \geqslant m$ 均有 $x_m \in \mathcal{R}(T^n)$, 换言之, $x_m \in \mathcal{M}$. 故
$$y = Tx_m = \widehat{T}x_m,$$
从而
$$\mathcal{R}(\widehat{T}) = \mathcal{M}.$$
另一方面, 由于
$$\mathcal{N}(\widehat{T}) = \mathcal{N}(T) \cap \mathcal{M} \subset \mathcal{N}(T),$$
于是
$$n(\widehat{T}) \leqslant n(T).$$

(iii) 因为 $\widehat{T}$ 是右可逆算子, 据定理 7.3.4 和定理 7.4.6 可知存在 $\delta > 0$ 使得当 $|\lambda| < \delta$ 时
$$n(\widehat{T} - \lambda I) \leqslant n(\widehat{T}),$$
$$d(\widehat{T} - \lambda I) \leqslant d(\widehat{T}),$$
$$i(\widehat{T} - \lambda I) = i(\widehat{T}).$$
结合
$$d(\widehat{T}) = 0$$
可得
$$n(\widehat{T} - \lambda I) = n(\widehat{T}).$$
如果 $\lambda \neq 0$, 对任意的 $y \in \mathcal{N}(T - \lambda I)$ 和每一个自然数 n 有
$$T^n y = \lambda^n y,$$

§8.1 本质谱

所以
$$y = T^n(\lambda^{-n}y).$$
于是 $y \in \mathcal{M}$, 从而 $\mathcal{N}(T - \lambda I) \subset \mathcal{M}$. 因此
$$n(T - \lambda I) = n(\widehat{T} - \lambda I).$$
注意
$$n(\widehat{T} - \lambda I) = n(\widehat{T}), \quad |\lambda| < \delta,$$
故
$$n(T - \lambda I) = n(\widehat{T}), \quad 0 < |\lambda| < \delta.$$
□

定理 8.1.5 设 $T \in \mathcal{B}(\mathcal{H})$. 如果 T 是半 Fredholm 算子, 则存在 $\delta > 0$ 使得当 $0 < |\lambda| < \delta$ 时 $n(T - \lambda)$ 和 $d(T - \lambda I)$ 是常数.

证 不妨假设 T 是左半 Fredholm 算子, 不然考虑 T^* 即可. 令
$$\mathcal{M} = \bigcap_{n=1}^{\infty} \mathcal{R}(T^n).$$
由引理 8.1.4 可知 $\widehat{T} = T|_{\mathcal{M}} : \mathcal{M} \longrightarrow \mathcal{M}$ 是右可逆算子并且存在 $\delta_1 > 0$ 使得
$$n(\widehat{T} - \lambda I) = n(\widehat{T}), \quad |\lambda| < \delta_1,$$
$$n(T - \lambda I) = n(\widehat{T}), \quad 0 < |\lambda| < \delta_1.$$
另一方面, 由于 T 是左半 Fredholm 算子, 根据定理 7.4.6 可得存在 $\delta_2 > 0$ 使得
$$i(T - \lambda I) = i(T), \quad |\lambda| < \delta_2.$$
令
$$\delta = \min\{\delta_1, \delta_2\}.$$
当 $0 < |\lambda| < \delta$ 时, 注意
$$n(T - \lambda I) = n(\widehat{T}),$$
$$d(T - \lambda I) = i(T) - n(T - \lambda I)$$
$$= i(T) - n(\widehat{T}),$$
从而 $n(T - \lambda I)$ 和 $d(T - \lambda I)$ 均为常数. □

定理 8.1.6 设 $T \in \mathcal{B}(\mathcal{H})$. 如果 λ 为 $\sigma(T)$ 的边界点, 则下面条件之一成立:
  (i) $\lambda \in \sigma_{le}(T) \cap \sigma_{re}(T)$;
  (ii) λ 是 $\sigma(T)$ 的孤立点.

证 设 λ 是 $\sigma(T)$ 的边界点. 如果 $\lambda \notin \sigma_{le}(T) \cap \sigma_{re}(T)$, 则 $T - \lambda I$ 是半 Fredholm 算子. 由定理 8.1.5 可知, 存在 $\delta > 0$ 使得当 $0 < |\mu - \lambda| < \delta$ 时有 $T - \mu I$ 是半 Fredholm 算子, 并且 $n(T - \mu I)$ 和 $d(T - \mu I)$ 是常数. 注意 λ 是 $\sigma(T)$ 的边界点, 于是存在 $\mu_0 \in \rho(T)$ 使得 $0 < |\mu_0 - \lambda| < \delta$, 从而

$$n(T - \mu I) = n(T - \mu_0 I) = 0, \quad 0 < |\mu - \lambda| < \delta,$$
$$d(T - \mu I) = d(T - \mu_0 I) = 0, \quad 0 < |\mu - \lambda| < \delta.$$

换言之,
$$\{\mu \in \mathbb{C} : 0 < |\mu - \lambda| < \delta\} \subset \rho(T).$$

故 λ 是 $\sigma(T)$ 的孤立点. $\square$

定理 8.1.7 设 $T \in \mathcal{B}(\mathcal{H})$. 如果 λ 为 $\sigma(T)$ 的孤立点, 则 $T - \lambda I$ 是 Weyl 算子当且仅当 $\lambda \notin \sigma_{le}(T) \cap \sigma_{re}(T)$.

证 如果 $T - \lambda I$ 是 Weyl 算子, 则 $T - \lambda I$ 是 Fredholm 算子. 故 $\lambda \notin \sigma_{le}(T) \cap \sigma_{re}(T)$.

反之, 如果 $\lambda \notin \sigma_{le}(T) \cap \sigma_{re}(T)$, 则 $T - \lambda I$ 是半 Fredholm 算子. 注意 λ 为 $\sigma(T)$ 的孤立点, 于是 λ 是 $\sigma(T)$ 的边界点. 结合定理 8.1.3 即得

$$i(T - \lambda I) = 0.$$

所以 $T - \lambda I$ 是 Weyl 算子. $\square$

§8.2 Weyl 谱

定义 8.2.1 设 $T \in \mathcal{B}(\mathcal{H})$. 集合

$$\sigma_{lw}(T) = \{\lambda \in \mathbb{C} : T - \lambda I \text{不是左半 Weyl 算子}\},$$
$$\sigma_{rw}(T) = \{\lambda \in \mathbb{C} : T - \lambda I \text{不是右半 Weyl 算子}\}$$

分别称为 T 的左 Weyl 谱和右 Weyl 谱. 集合

$$\sigma_w(T) = \{\lambda \in \mathbb{C} : T - \lambda I \text{不是 Weyl 算子}\}$$

称为 T 的 Weyl 谱.

习题 8.2 如果 $T \in \mathcal{B}(\mathcal{H})$, 则

(i) $\lambda \in \sigma_{lw}(T)$ 当且仅当 $\overline{\lambda} \in \sigma_{rw}(T^*)$;

(ii) $\sigma_w(T) = \sigma_{lw}(T) \cup \sigma_{rw}(T)$;

(iii) $\sigma_w(T + K) = \sigma_w(T)$, $\sigma_{lw}(T + K) = \sigma_{lw}(T)$, $\sigma_{rw}(T + K) = \sigma_{rw}(T)$, 其中 $K \in \mathcal{B}(\mathcal{H})$ 是紧算子.

§8.2 Weyl 谱

(iv) $\sigma_{le}(T) \subset \sigma_{lw}(T)$, $\sigma_{re}(T) \subset \sigma_{rw}(T)$, $\sigma_e(T) \subset \sigma_w(T)$.

定理 8.2.1 设 $T \in \mathcal{B}(\mathcal{H})$. 则 $\sigma_{lw}(T), \sigma_{rw}(T), \sigma_w(T)$ 是复平面上的非空闭集.

证 一方面, 由定理 8.1.1 和习题 8.2 (iv) 可知 $\sigma_{lw}(T), \sigma_{rw}(T)$ 和 $\sigma_w(T)$ 分别为非空的. 另一方面, 据推论 7.4.7 即得 $\sigma_{lw}(T), \sigma_{rw}(T)$ 和 $\sigma_w(T)$ 为闭集. □

定理 8.2.2 设 $T \in \mathcal{B}(\mathcal{H})$. 则

$$\sigma_{lw}(T) = \bigcap_{K \in \mathcal{B}_0(\mathcal{H})} \sigma_{ap}(T + K),$$

$$\sigma_{rw}(T) = \bigcap_{K \in \mathcal{B}_0(\mathcal{H})} \sigma_\delta(T + K),$$

$$\sigma_w(T) = \bigcap_{K \in \mathcal{B}_0(\mathcal{H})} \sigma(T + K).$$

证 先证明

$$\sigma_{lw}(T) = \bigcap_{K \in \mathcal{B}_0(\mathcal{H})} \sigma_{ap}(T + K).$$

事实上, 如果 $\lambda \notin \sigma_{lw}(T)$, 则 $T - \lambda I$ 是左半 Weyl 算子. 由定理 7.4.1 可知存在紧算子 $K \in \mathcal{B}(\mathcal{H})$ 使得 $T + K - \lambda I$ 是左可逆算子, 从而 $\lambda \notin \sigma_{ap}(T + K)$. 于是

$$\lambda \notin \bigcap_{K \in \mathcal{B}_0(\mathcal{H})} \sigma_{ap}(T + K).$$

反之, 如果

$$\lambda \notin \bigcap_{K \in \mathcal{B}_0(\mathcal{H})} \sigma_{ap}(T + K),$$

则存在紧算子 $K \in \mathcal{B}(\mathcal{H})$ 使得 $T + K - \lambda I$ 是左可逆算子, 从而 $T + K - \lambda I$ 是左半 Weyl 算子. 据定理 7.4.4 可知 $T - \lambda I$ 是左半 Weyl 算子, 从而 $\lambda \notin \sigma_{lw}(T)$.

同样, 利用定理 7.4.1, 7.4.2 和 7.4.4 可以证明其余两个等式. □

借助左 (右) 本质谱可以刻画左 (右)Weyl 谱.

定理 8.2.3 设 $T \in \mathcal{B}(\mathcal{H})$. 则

$$\sigma_{lw}(T) = \sigma_{le}(T) \cup \bigcup_{n=1}^{\infty} \{\lambda \notin \sigma_{le}(T) : i(T - \lambda I) = n\},$$

$$\sigma_{rw}(T) = \sigma_{re}(T) \cup \bigcup_{n=1}^{\infty} \{\lambda \notin \sigma_{re}(T) : i(T - \lambda I) = -n\}.$$

进一步, 我们有
$$\sigma_w(T) = \sigma_e(T) \cup \bigcup_{n=1}^{\infty} \{\lambda \notin \sigma_e(T) : i(T - \lambda I) = \pm n\}.$$

证 由左半 Weyl 算子和右半 Weyl 算子的定义直接证明第一个和第二个等式, 由此推出第三个等式. □

习题 8.3 设 S_l 是 ℓ_2 空间上的左移算子.
(i) 求 $\sigma_{le}(S_l), \sigma_{re}(S_l), \sigma_e(S_l)$ 以及 $\sigma_{lw}(S_l), \sigma_{rw}(S_l), \sigma_w(S_l)$;
(ii) 对每一个自然数 n, 求出
$$\{\lambda \notin \sigma_e(S_l) : i(S_l - \lambda I) = n\};$$
(iii) 借助 (i) 和 (ii) 验证定理 8.2.3 的结论.

§8.3 Browder 谱

定义 8.3.1 设 $T \in \mathcal{B}(\mathcal{H})$. 集合
$$\sigma_{lb}(T) = \{\lambda \in \mathbb{C} : T - \lambda I \text{ 不是左半 Browder 算子}\},$$
$$\sigma_{rb}(T) = \{\lambda \in \mathbb{C} : T - \lambda I \text{ 不是右半 Browder 算子}\}$$
分别称为 T 的左 Browder 谱和右 Browder 谱. 集合
$$\sigma_b(T) = \{\lambda \in \mathbb{C} : T - \lambda I \text{ 不是 Browder 算子}\}$$
称为 T 的 Browder 谱.

定理 8.3.1 设 $T \in \mathcal{B}(\mathcal{H})$. 则
(i) $\lambda \in \sigma_{lb}(T)$ 当且仅当 $\overline{\lambda} \in \sigma_{rb}(T^*)$;
(ii) $\sigma_b(T) = \sigma_{lb}(T) \cup \sigma_{rb}(T)$;
(iii) $\sigma_{lw}(T) \subset \sigma_{lb}(T)$, $\sigma_{rw}(T) \subset \sigma_{rb}(T)$, $\sigma_w(T) \subset \sigma_b(T)$.

证 因为 $T - \lambda I$ 是左半 Browder 算子当且仅当 $T^* - \overline{\lambda} I$ 是右半 Browder 算子, 因此 (i) 成立. 由 Browder 算子的定义即可得出 (ii). 据推论 7.5.3 可知 (iii). □

定理 8.3.2 设 $T \in \mathcal{B}(\mathcal{H}), K \in \mathcal{B}(\mathcal{H})$. 如果 K 是紧算子并且 T 和 K 为可交换的, 则
$$\sigma_{lb}(T) = \sigma_{lb}(T + K),$$
$$\sigma_{rb}(T) = \sigma_{rb}(T + K),$$
$$\sigma_b(T) = \sigma_b(T + K).$$

证 由定理 7.5.6 直接推出. □

定理 8.3.3 设 $T \in \mathcal{B}(\mathcal{H})$. 则
$$\sigma_{lb}(T) = \bigcap_{K \in \mathcal{B}_0(\mathcal{H}), KT=TK} \sigma_{ap}(T+K),$$
$$\sigma_{rb}(T) = \bigcap_{K \in \mathcal{B}_0(\mathcal{H}), KT=TK} \sigma_{\delta}(T+K).$$

进一步, 我们还有
$$\sigma_b(T) = \bigcap_{K \in \mathcal{B}_0(\mathcal{H}), KT=TK} \sigma(T+K).$$

证 证明方法类似于定理 8.2.2. 利用定理 7.5.6, 7.5.7 和 7.5.8 可以证得. □

如果 $\Delta \subset \mathbb{C}$, 用 iso$\Delta$ 和 accΔ 分别表示 Δ 的孤立点和聚点.

定理 8.3.4 设 $T \in \mathcal{B}(\mathcal{H})$. 则
$$\sigma(T) = \sigma_b(T) \cup \mathrm{iso}\sigma(T),$$
$$\sigma_{ap}(T) = \sigma_{lb}(T) \cup \mathrm{iso}\sigma_{ap}(T),$$
$$\sigma_{\delta}(T) = \sigma_{rb}(T) \cup \mathrm{iso}\sigma_{\delta}(T).$$

证 先证第一个等式. $\sigma_b(T) \cup \mathrm{iso}\sigma(T) \subset \sigma(T)$ 是显然的. 为了证明反包含关系, 假设 $\lambda \in \sigma(T) \setminus \sigma_b(T)$. 则 $T - \lambda I$ 是 Browder 算子, 从而 $T - \lambda I$ 是 Drazin 可逆算子. 由定理 6.4.8 可知 $\lambda \in \mathrm{iso}\sigma(T)$.

再证第二个等式. 由于 $\sigma_{lb}(T) \subset \sigma_{ap}(T)$, 因此
$$\sigma_{lb}(T) \cup \mathrm{iso}\sigma_{ap}(T) \subset \sigma_{ap}(T).$$

如果 $\lambda \in \sigma_{ap}(T) \setminus \sigma_{lb}(T)$, 则 $T - \lambda I$ 是左半 Browder 算子, 从而 $T - \lambda I$ 是左半 Fredholm 算子. 令
$$\mathcal{M} = \bigcap_{n=1}^{\infty} \mathcal{R}((T - \lambda I)^n),$$

并且记
$$\widehat{T} - \lambda I_{\mathcal{M}} = (T - \lambda I)|_{\mathcal{M}} : \mathcal{M} \longrightarrow \mathcal{M}.$$

由引理 8.1.4 可知 $\widehat{T} - \lambda I_{\mathcal{M}}$ 是右可逆算子并且存在 $\delta_1 > 0$ 使得
$$n(T - \mu I) = n(\widehat{T} - \lambda I_{\mathcal{M}}), \quad 0 < |\lambda - \mu| < \delta_1,$$
$$n(\widehat{T} - \mu I_{\mathcal{M}}) = n(\widehat{T} - \lambda I_{\mathcal{M}}), \quad |\lambda - \mu| < \delta_1.$$

对每一个正整数 n, 不难发现 $\mathcal{N}((T - \lambda I)^n)$ 是有限维的, 并且 $\mathcal{N}((\widehat{T} - \lambda I_{\mathcal{M}})^n) \subset \mathcal{N}((T - \lambda I)^n)$. 结合 $\alpha(T - \lambda I)$ 为有限数即得 $\alpha(\widehat{T} - \lambda I_{\mathcal{M}})$ 为有限数. 又因为

$\widehat{T} - \lambda I_{\mathcal{M}}$ 是右可逆算子, 于是
$$\beta(\widehat{T} - \lambda I_{\mathcal{M}}) = 0.$$
故 $\widehat{T} - \lambda I_{\mathcal{M}}$ 是可逆算子. 于是, 存在 $\delta_2 > 0$ 使得
$$n(\widehat{T} - \mu I_{\mathcal{M}}) = 0, \quad |\lambda - \mu| < \delta_2.$$
另一方面, 当 $|\lambda - \mu| < \gamma(T - \lambda I)$ 时, 由于 $T - \lambda I$ 是左半 Fredholm 算子, 于是 $T - \mu I$ 是左半 Fredholm 算子. 令
$$\delta = \min\{\delta_1, \delta_2, \gamma(T - \lambda I)\}.$$
对任意的 μ, 当 $0 < |\lambda - \mu| < \delta$ 时, $T - \mu I$ 是左 Fredholm 算子并且
$$n(T - \mu I) = n(\widehat{T} - \lambda I_{\mathcal{M}}) = n(\widehat{T} - \mu I_{\mathcal{M}}) = 0,$$
从而 $T - \mu I$ 是左可逆算子. 于是
$$\{\mu \in \mathbb{C} : 0 < |\lambda - \mu| < \delta\} \subset \mathbb{C} \backslash \sigma_{ap}(T).$$
故 $\lambda \in \mathrm{iso}\sigma_{ap}(T)$.

对 T^* 应用第二个等式即得第三个等式. $\square$

引理 8.3.5 设 $T \in \mathcal{B}(\mathcal{H})$ 是左半 Fredholm 算子.

(i) 如果 $\alpha(T) < 0$, 则 $0 \notin \mathrm{acc}\sigma_p(T)$;

(ii) 如果 $\alpha(T) = \infty$, 则存在 $\delta > 0$ 使得
$$\{\lambda \in \mathbb{C} : 0 < |\lambda| < \delta\} \subset \sigma_p(T).$$

证 令
$$\mathcal{M} = \bigcap_{n=1}^{\infty} \mathcal{R}(T^n),$$
并记
$$\widehat{T} = T|_{\mathcal{M}}.$$
由引理 8.1.4 可知 $\widehat{T}$ 是右可逆算子并且存在 $\delta > 0$ 使得
$$n(\widehat{T} - \lambda I) = n(\widehat{T}), \quad |\lambda| < \delta,$$
$$n(T - \lambda I) = n(\widehat{T}), \quad 0 < |\lambda| < \delta.$$

如果 $\alpha(T) < \infty$, 利用定理 8.3.4 第二个等式的证明方法即可得出 $\widehat{T}$ 是可逆算子, 从而存在原点的某一领域 U 使得 $U \subset \rho(\widehat{T})$. 由此可证
$$U \backslash \{0\} \subset \mathbb{C} \backslash \sigma_p(T).$$

若不然, 假设存在 $\mu \in U \setminus \{0\}$ 使得 $\mu \in \sigma_p(T)$. 于是存在 $x \in \mathcal{H}$ 使得

$$Tx = \mu x.$$

对每一个正整数 n, 不难发现

$$T^n x = \mu^n x,$$

从而 $x \in \mathcal{M}$. 于是

$$\widehat{T} x = \mu x.$$

这与 $\widehat{T}$ 的可逆性矛盾. 因此 $0 \notin \mathrm{acc}\sigma_p(T)$.

如果 $\alpha(T) = \infty$, 则 $n(\widehat{T}) > 0$. 若不然, 假设 $n(\widehat{T}) = 0$. 则

$$\mathcal{N}(T) \cap \mathcal{M} = \{0\},$$

从而存在正整数 m 使得

$$\mathcal{N}(T) \cap \mathcal{R}(T^m) = \{0\}.$$

于是

$$\mathcal{N}(T^{m+1}) = \mathcal{N}(T^m),$$

从而 $\alpha(T) < \infty$, 矛盾. 故, 当 $0 < |\lambda| < \delta$ 时

$$n(T - \lambda I) = n(\widehat{T}) > 0,$$

即

$$\{\lambda \in \mathbb{C} : 0 < |\lambda| < \delta\} \subset \sigma_p(T). \qquad \square$$

定理 8.3.6 设 $T \in \mathcal{B}(\mathcal{H})$. 则

$$\sigma_b(T) = \sigma_w(T) \cup \mathrm{acc}\sigma(T),$$
$$\sigma_{lb}(T) = \sigma_{lw}(T) \cup \mathrm{acc}\sigma_{ap}(T),$$
$$\sigma_{rb}(T) = \sigma_{rw}(T) \cup \mathrm{acc}\sigma_\delta(T).$$

证 由定理 8.3.4 可知 $\sigma(T) \setminus \sigma_b(T) \subset \mathrm{iso}\sigma(T)$, 因此 $\mathrm{acc}\sigma(T) \subset \sigma_b(T)$. 又由定理 8.3.1 可知 $\sigma_w(T) \subset \sigma_b(T)$, 于是

$$\sigma_w(T) \cup \mathrm{acc}\sigma(T) \subset \sigma_b(T).$$

反之, 如果 $\lambda \in \sigma_b(T) \setminus \sigma_w(T)$, 则 $T - \lambda I$ 是 Weyl 算子, 但是 $T - \lambda I$ 不是 Browder 算子. 由定理 7.5.4 可知

$$\alpha(T - \lambda I) = \beta(T - \lambda I) = \infty.$$

结合引理 8.3.5 即得 $\lambda \in \mathrm{acc}\sigma(T)$.

类似可证第二个等式, 再对 T^* 应用第二个等式即得第三个等式. □

推论 8.3.7 设 $T \in \mathcal{B}(\mathcal{H})$. 则 $\sigma_{lb}(T)$, $\sigma_{rb}(T)$ 和 $\sigma_b(T)$ 分别是复平面中的非空闭集.

习题 8.4 如果 $T \in \mathcal{B}(\mathcal{H})$ 是自共轭算子, 不难验证

$$\sigma_w(T) = \sigma_b(T),$$
$$\sigma(T) \backslash \sigma_w(T) = \{\lambda \in \mathrm{iso}\sigma(T) : 0 < n(T - \lambda I) < \infty\}.$$

如果 $T \in \mathcal{B}(\mathcal{H})$ 满足习题 8.4 中的第一个等式, 则称 T 满足 Browder 定理; 如果满足习题 8.4 中的第二个等式, 则称 T 满足 Weyl 定理. 那么, 哪些算子满足 Browder 定理或 Weyl 定理? 这是近年来算子理论中的热门研究课题之一. 有关 Browder 定理和 Weyl 定理的文章很多, 请感兴趣的读者自行查看.

参考文献

[1] P. Aiena. Fredholm and Local Spectral Theory, with Applications to Multipliers. Kluwer Academic Publishers, Dordrecht: 2004.

[2] P. Aiena. Semi-Fredholm Operators. Perturbation Theory and Localized SVEP, Ediciones IVIC, Instituto Venezolano de Investigaciones Científicas, 2007.

[3] C. Apostol. The reduced minimum modulus. Michigan Math. J., 32(3): 279–294, 1985.

[4] P. du Bois-Reymond. Bermerkungen über $\Delta z = \frac{\partial^2 z}{\partial x^2} + \frac{\partial^2 z}{\partial y^2} = 0$. J. Reine Angew Math., 103: 204–229, 1888.

[5] S. L. Campbell, C. D. Meyer. Generalized Inverses of Linear Transformations. Society for Industrial and Applied Mathematics, Philadelphia, 2009.

[6] R. E. Cline. Elements of the Theory of Generalized Inverses for Matrices. Education Development Center, Inc., Birkhäuser, 1979.

[7] J. B. Conway. A Course in Functional Analysis. Second Edition, Springer-Verlag, New York, 1990.

[8] E. B. Davies. Linear Operators and Their Spectra. Cambridge University Press, New York, 2007.

[9] H. Du, C. Deng. Moore-Penrose inverses of products and differences of orthogonal projections. Acta Anal. Funct. Appl., 8(2): 104–109, 2006.

[10] D. S. Djordjević, N. Č. Dinčić. Reverse order law for the Moore-Penrose inverse. J. Math. Anal. Appl., 361(1): 252–261, 2010.

[11] J. Dieudonné. History of Functional Analysis. North-Holland Publishing Company, Amsterdam, 1981.

[12] R. G. Douglas. Banach Algebra Techniques in Operator Theory. 2nd Edition Springer-Verlag, New York, 1998.

[13] P. A. Fillmore, J. P. Williams. On operator ranges. Advances in Math., 7(3): 254–281, 1971.

[14] I. Fredholm. Sur une classe d'équations fonctionnelles. Acta Math., 27(1): 365–390, 1903.

[15] I. Gohberg, S. Goldberg, M. A. Kaashoek. Classes of Linear Operators. Vol. I. Birkhäuser Verlag, Boston, 1990.

[16] I. Gohberg, S. Goldberg, M. A. Kaashoek. Classes of Linear Operators. Vol. II. Birkhäuser Verlag, Boston, 1993.

[17] S. Grabiner. Ascent, descent and compact perturbations. Proc. Amer. Math. Soc. 71(1): 79–80, 1978.

[18] 关肇直, 张恭庆, 冯德兴. 线性泛函分析入门. 上海: 上海科学技术出版社, 1979.

[19] 海国君, 阿拉坦仓. 极分解定理的注记. 数学学报, 已接受.

[20] P. R. Halmos. A Hilbert Space Problem Book. 2nd Edition Spring-Verlag, New York, 1974.

[21] H. G. Heuser. Functional Analysis. John Wiley & Sons, Chichester, 1982.

[22] D. Hilbert. Grundzügeeiner allgemeinen Theorie der linearen Integralgleichungen. Chelsea Publishing Company, New York, 1953. (reprint of six articles which appeared originally in the Götingen Nachrichten (1904), 49–51; (1904), 213–259; (1905), 307–338; (1906), 157–227; (1906), 439–480; (1910), 355–417.)

[23] 江泽坚, 孙善利. 泛函分析. 2 版. 北京: 高等教育出版社, 2005.

[24] M. A. Kaashoek. Ascent, descent, nullity and defect: a note on a paper by A. E. Taylor. Math. Ann., 172(2): 105–115, 1967.

[25] T. Kato. Perturbation Theory for Linear Operators. Reprint of the 1980 Edition Springer-verlag, Berlin, 1995.

[26] D. C. Lay. Spectral analysis using ascent, descent, nullity and defect. Math. Ann., 184(3): 197–214, 1970.

[27] 马吉溥. 关于 $\mathcal{R}(A_x)$ 闭的连续算子族 A_x 的 Moore-Pense 广义逆 $A_x^{\dagger}$ 连续的充要条件. 中国科学 (A 辑), 6: 561–568, 1990.

[28] M. Z. Nashed. Generalized Inverses and Applications. Academic Press, New York, 1976.

[29] R. Penrose. A generalized inverse for matrices. Proc. Cambridge Philos. Soc., 51(3): 406–413, 1955.

[30] W. Rudin. Functional Analysis. McGraw-Hill Inc., New York, 1973.

[31] M. Schechter. Principles of Functional Analysis. 2nd Edition, American Mather1atical Society, Providence, 2002.

[32] R. Shatten. Norm Ideals of Completely Continuous Operators. 2nd Edition Springer-Verlag, Berlin, 1970.

[33] 孙炯, 王忠. 线性算子的谱分析. 北京: 科学出版社, 2005.

[34] A. E. Taylor. Theorems on ascent, descent, nullity and defect of linear operators. Math. Ann., 163(1): 18–49, 1966.

[35] A. E. Taylor. D. C. Lay, Introduction to Functional Analysis. 2nd Edition, John Wiley & Sons, New York, 1980.

[36] 童裕孙. 泛函分析教程. 2 版. 上海: 复旦大学出版社, 2008.

[37] Y. Y. Tseng. The charateristic value problem of Hermitian functional operators in a non-Hilbert spaces. Doctoral Dissertation in Math., University of Chicago, Chicago, 1933.

[38] Y. Y. Tseng. Generalized inverses of unbounded operators between two unitary spaces. Dokl. Akad. Nauk. SSSR(N.S.), 67, 431–434, 1949.

[39] Y. Y. Tseng. Properties and classification of generalized inverses of closed operators. Dokl. Akad. Nauk. SSSR(N.S.).,67: 607–610, 1949.

[40] Y. Y. Tseng. Sur les solutions des équations opératrices fonctionnelles entre les espaces unitaires. C. R. Acad. Sci. Paris, 228: 640–641, 1949.

[41] 王国荣. 矩阵与算子广义逆. 北京: 科学出版社, 1994.

[42] G. R. Wang. The reverse order law for the Drazin inverses of multiple matrix products. Linear Algebra Appl., 348(1), 265–272, 2002.

[43] 王玉文. Banach 空间中算子广义逆理论及其应用. 北京: 科学出版社, 2005.

[44] E. Zeidler. Applied Function Analysis Main Principles and Their Appliactions. Springer-verlag, New York, 1995.

主要符号表

$\mathbb{R}$	实数域
$\mathbb{C}$	复数域
$\mathcal{X}, \mathcal{Y}$	线性空间
$\mathcal{H}, \mathcal{K}$	Hilbert 空间
$\mathcal{B}(\mathcal{H}, \mathcal{K})$	从 $\mathcal{H}$ 到 $\mathcal{K}$ 的有界线性算子之全体
$\mathcal{B}(\mathcal{H})$	$\mathcal{H}$ 上的有界线性算子之全体
I	单位算子
$P_\mathcal{M}$	$\mathcal{M}$ 上的正交投影算子
T^*	T 的共轭算子
$T^\dagger$	T 的 Moore-Penrose 逆
T^l	T 的左逆
T^r	T 的右逆
$\alpha(T)$	T 的升标
$\beta(T)$	T 的降标
T^D	T 的 Drazin 逆
$T^\sharp$	T 的群逆
$\mathrm{ind}T$	T 的 Drazin 指标
$\mathcal{N}(T)$	T 的零空间
$\mathcal{R}(T)$	T 的值域
$n(T)$	T 的零度
$d(T)$	T 的亏度
$i(T)$	T 的 Fredholm 指标

$\rho(T)$	T 的预解集
$\sigma(T)$	T 的谱集
$r(T)$	T 的谱半径
$\sigma_p(T)$	T 的点谱
$\sigma_c(T)$	T 的连续谱
$\sigma_r(T)$	T 的剩余谱
$\sigma_{ap}(T)$	T 的近似点谱
$\sigma_{com}(T)$	T 的压缩谱
$\sigma_\delta(T)$	T 的亏谱
$\sigma_{left}(T)$	T 的左谱
$\sigma_{right}(T)$	T 的右谱
$\sigma_{le}(T)$	T 的左本质谱
$\sigma_{re}(T)$	T 的右本质谱
$\sigma_e(T)$	T 的本质谱
$\sigma_{lw}(T)$	T 的左 Weyl 谱
$\sigma_{rw}(T)$	T 的右 Weyl 谱
$\sigma_w(T)$	T 的 Weyl 谱
$\sigma_{lb}(T)$	T 的左 Browder 谱
$\sigma_{rb}(T)$	T 的右 Browder 谱
$\sigma_b(T)$	T 的 Browder 谱

索　引

ℓ_2 空间, 5
k-幂零算子, 177

Bessel 不等式, 15
Browder 谱, 230
Browder 算子, 213

Cauchy-Schwarz 不等式, 2

Drazin 逆, Drazin 指标, 173

EP 算子, 185

Fredholm 算子, 199
Fredholm 域, 223
Fredholm 择一定理, 151
Fredholm 指标, 200

Hilbert-Schmidt 定理, 155
Hilbert-Schmidt 算子, 138
Hilbert 空间, 10

Moore-Penrose 逆, 170

Neumann 级数, 78

Parseval 等式, 20

Weyl 谱, 228
Weyl 算子, 208

B

半 Fredholm 算子, 200
本质谱, 223
闭集, 12
闭图像定理, 24
闭子空间, 12
标准正交系, 15
不变子空间, 53
部分等距算子, 115

C

乘积空间, 12

D

代数补空间, 42
单射, 64
单位向量, 9
等距算子, 118
等距同构, 118
第二预解等式, 73
第一预解等式, 73

索 引

点谱, 85

F

范数, 9

G

共轭算子, 49
广义逆, 166

J

基, 8
积分算子, 26
极分解, 125
极化恒等式, 9
几何重数, 85
迹, 142
迹类算子, 141
降标, 39
紧算子, 127
近似点谱, 91

K

可分 Hilbert 空间, 20
可逆算子, 63
亏度, 197
亏谱, 85

L

连续谱, 86
零度, 196
零空间, 36

M

满射, 65
幂零算子, 80

N

内积, 9
内逆, 162
拟可逆算子, 125

拟幂零算子, 80
拟正常算子, 125

P

平方根算子, 109
平行四边形法则, 9
谱半径, 76
谱集, 69

Q

群逆, 182

R

弱极限, 131
弱收敛, 131

S

升标, 39
生成子空间, 8
剩余谱, 86
双射, 65
算子多项式, 83

T

特征向量, 85
特征值, 85
特征子空间, 85
投影算子, 43
拓扑补, 46
拓扑直和, 46

W

外逆, 162
维数, 8
无穷维空间, 8

X

下方有界, 88
线性空间, 7

线性算子, 23

Y

压缩谱, 91
有界线性泛函, 47
有界线性算子, 24
有限秩算子, 127
酉算子, 118
右 Browder 谱, 230
右 Weyl 谱, 228
右半 Browder 算子, 213
右半 Fredholm 算子, 197
右半 Weyl 算子, 208
右本质谱, 223
右可逆算子, 94
右逆, 94
右谱, 96
右移算子, 27
余维数, 42
预解集, 69
预解式, 72
约化子空间, 53
约化最小模, 193

Z

正常算子, 97

正交, 9
正交补, 12
正交分解, 14
正交分解定理, 13
正交基, 18
正交投影算子, 47
正交系, 15
正算子, 106
正则点, 69
正则型域, 91
直和, 41
值域, 36
柱心 – 幂零分解, 183
自共轭算子, 102
左 Browder 谱, 230
左 Weyl 谱, 228
左半 Browder 算子, 213
左半 Fredholm 算子, 197
左半 Weyl 算子, 208
左本质谱, 223
左可逆算子, 94
左逆, 94
左谱, 95
左移算子, 27

现代数学基础图书清单

(书号前缀为 978-7-04-0xxxxx-x)

序号	书号	书名	作者
1	21717-9	代数和编码（第三版）	万哲先 编著
2	22174-9	应用偏微分方程讲义	姜礼尚、孔德兴、陈志浩
3	23597-5	实分析（第二版）	程民德、邓东皋、龙瑞麟 编著
4	22617-1	高等概率论及其应用	胡迪鹤 著
5	24307-9	线性代数与矩阵论（第二版）	许以超 编著
6	24465-6	矩阵论	詹兴致
7	24461-8	可靠性统计	茆诗松、汤银才、王玲玲 编著
8	24750-3	泛函分析第二教程（第二版）	夏道行 等编著
9	25317-7	无限维空间上的测度和积分 —— 抽象调和分析（第二版）	夏道行 著
10	25772-4	奇异摄动问题中的渐近理论	倪明康、林武忠
11	27261-1	整体微分几何初步（第三版）	沈一兵 编著
12	26360-2	数论 I —— Fermat 的梦想和类域论	[日]加藤和也、黑川信重、斋藤毅 著
13	26361-9	数论 II —— 岩泽理论和自守形式	[日]黑川信重、栗原将人、斋藤毅 著
14	38040-8	微分方程与数学物理问题（中文校订版）	[瑞典]纳伊尔·伊布拉基莫夫 著
15	27486-8	有限群表示论（第二版）	曹锡华、时俭益
16	27431-8	实变函数论与泛函分析（上册，第二版修订本）	夏道行 等编著
17	27248-2	实变函数论与泛函分析（下册，第二版修订本）	夏道行 等编著
18	28707-3	现代极限理论及其在随机结构中的应用	苏淳、冯群强、刘杰 著
19	30448-0	偏微分方程	孔德兴
20	31069-6	几何与拓扑的概念导引	古志鸣 编著
21	31611-7	控制论中的矩阵计算	徐树方 著
22	31698-8	多项式代数	王东明 等编著
23	31966-8	矩阵计算六讲	徐树方、钱江 著
24	31958-3	变分学讲义	张恭庆 编著
25	32281-1	现代极小曲面讲义	[巴西] F. Xavier、潮小李 编著
26	32711-3	群表示论	丘维声 编著
27	34675-6	可靠性数学引论（修订版）	曹晋华、程侃 著
28	34311-3	复变函数专题选讲	余家荣、路见可 主编
29	35738-7	次正常算子解析理论	夏道行
30	34834-7	数论 —— 从同余的观点出发	蔡天新
31	36268-8	多复变函数论	萧荫堂、陈志华、钟家庆
32	36168-1	工程数学的新方法	蒋耀林
33	34525-4	现代芬斯勒几何初步	沈一兵、沈忠民
34	36472-9	数论基础	潘承洞 著
35	36950-2	Toeplitz 系统预处理方法	金小庆 著
36	37037-9	索伯列夫空间	王明新
37	37252-6	伽罗瓦理论 —— 天才的激情	章璞 著
38	37266-3	李代数（第二版）	万哲先 编著

续表

序号	书号	书名	作者
39	38651-6	实分析中的反例	汪林
40	38890-9	泛函分析中的反例	汪林
41	37378-3	拓扑线性空间与算子谱理论	刘培德
42	31845-6	旋量代数与李群、李代数	戴建生 著
43	33260-5	格论导引	方捷
44	39503-7	李群讲义	项武义、侯自新、孟道骥
45	39502-0	古典几何学	项武义、王申怀、潘养廉
46	40458-6	黎曼几何初步	伍鸿熙、沈纯理、虞言林
47	41057-0	高等线性代数学	黎景辉、白正简、周国晖
48	41305-2	实分析与泛函分析（续论）（上册）	匡继昌
49	41285-7	实分析与泛函分析（续论）（下册）	匡继昌
50	41223-9	微分动力系统	文兰
51	41350-2	阶的估计基础	潘承洞、于秀源
52	41513-1	非线性泛函分析（第三版）	郭大钧
53	41408-0	代数学（上）（第二版）	莫宗坚、蓝以中、赵春来
54	41420-2	代数学（下）（修订版）	莫宗坚、蓝以中、赵春来
55	41873-6	代数编码与密码	许以超、马松雅 编著
56	43913-7	数学分析中的问题和反例	汪林
57	44048-5	椭圆型偏微分方程	刘宪高
58	46483-2	代数数论	黎景辉
59	45613-4	调和分析	林钦诚
60	46862-5	紧黎曼曲面引论	伍鸿熙、吕以辇、陈志华
61	47674-3	拟线性椭圆型方程的现代变分方法	沈尧天、王友军、李周欣
62	47926-3	非线性泛函分析	袁荣
63	49636-9	现代调和分析及其应用讲义	苗长兴
64	49759-5	拓扑空间和线性拓扑空间中的反例	汪林
65		Hilbert 空间上的广义逆算子与 Fredholm 算子	海国君、阿拉坦仓

网上购书： www.hepmall.com.cn, www.gdjycbs.tmall.com, academic.hep.com.cn, www.china-pub.com, www.amazon.cn, www.dangdang.com

其他订购办法：

各使用单位可向高等教育出版社电子商务部汇款订购。书款通过银行转账，支付成功后请将购买信息发邮件或传真，以便及时发货。购书免邮费，发票随书寄出（大批量订购图书，发票随后寄出）。

单位地址：北京西城区德外大街4号
电　话：010-58581118
传　真：010-58581113
电子邮箱：gjdzfwb@pub.hep.cn

通过银行转账：
户　　名：高等教育出版社有限公司
开 户 行：交通银行北京马甸支行
银行账号：110060437018010037603

郑重声明

高等教育出版社依法对本书享有专有出版权。任何未经许可的复制、销售行为均违反《中华人民共和国著作权法》，其行为人将承担相应的民事责任和行政责任；构成犯罪的，将被依法追究刑事责任。为了维护市场秩序，保护读者的合法权益，避免读者误用盗版书造成不良后果，我社将配合行政执法部门和司法机关对违法犯罪的单位和个人进行严厉打击。社会各界人士如发现上述侵权行为，希望及时举报，本社将奖励举报有功人员。

反盗版举报电话　（010）58581999　58582371　58582488
反盗版举报传真　（010）82086060
反盗版举报邮箱　dd@hep.com.cn
通信地址　北京市西城区德外大街4号　高等教育出版社法律事务与版权管理部
邮政编码　100120